多股螺旋弹簧

(第二版)

王时龙　易力力　杨文翰　肖雨亮　董建鹏　著

科学出版社

北京

内 容 简 介

本书系统地阐述多股螺旋弹簧(简称多股簧)的设计理论、制造方法和推广应用。主要内容包括多股簧的基础理论、静态及动态设计方法、制造回弹试验及理论研究、制造工艺及数控加工机床、检测和试验、疲劳寿命预测等。最后介绍循环载荷下多股簧钢丝扭动微动机理,以及不同工况及循环次数的变化对多股簧钢丝扭动微动和损伤机理的影响。

本书第一版于 2011 年由科学出版社出版。第二版根据 2011 年以来多股簧的重大研究进展,对内容进行了调整和增删,使之可为科研院所、厂矿企业、高等院校从事弹簧设计、制造、使用的科研人员和工程技术人员提供重要依据,也可为机械设计相关科研人员和工程技术人员提供参考。

图书在版编目(CIP)数据

多股螺旋弹簧/王时龙等著. — 2 版. — 北京:科学出版社,2025.6. -- ISBN 978-7-03-081790-7

Ⅰ.TH135

中国国家版本馆CIP数据核字第2025MU1285号

责任编辑:张艳芬 李 娜 / 责任校对:崔向琳
责任印制:师艳茹 / 封面设计:无极书装

科学出版社 出版
北京东黄城根北街 16 号
邮政编码:100717
http://www.sciencep.com

北京富资园科技发展有限公司印刷
科学出版社发行 各地新华书店经销

*

2011年10月第 一 版 开本:720×1000 1/16
2025 年 6月第 二 版 印张:13 3/4
2025 年 6月第二次印刷 字数:277 000
定价:130.00 元
(如有印装质量问题,我社负责调换)

前　言

多股螺旋弹簧(简称多股簧)是重要的机械基础件。多股簧各股钢丝紧密接触，产生摩擦阻尼作用，与传统单股螺旋弹簧(简称单股簧)相比可达到更好的吸振和减振效果。因而，它是航空发动机和自动武器等产品的关键复位零件。另外，多股簧还广泛应用于振动设备(如振动筛、振动粉碎设备等)、高精度台面和平稳性要求高的运输车辆等，以取代传统的单股金属弹簧和橡胶弹簧。然而，多股簧的设计和制造更复杂，成本更高，并且国内外学者对其研究不够深入，相关研究资料零散。国内外关于弹簧的设计手册对多股簧部分均只进行了简单介绍，并参照单股簧理论进行多股簧的静态设计和制造，缺乏试验验证，理论与实际相差甚远。在此背景下，作者以多股簧基础理论与先进制造技术为题，对多股簧的成形原理、设计方法、制造技术、加工机床、检测设备、疲劳寿命、材料磨损等进行深入研究，开展了大量试验验证，并在2011年于科学出版社出版《多股螺旋弹簧》一书。第一版出版以来，民用市场对多股簧的需求不断增长，对非标多股簧的快速设计制造提出了更高要求。因此，作者课题组经过长期研究和试验，总结撰写了本书第二版。相比第一版，第二版在几何-力学建模、静态响应、动态响应、冲击响应、制造回弹、模块化加工装备、疲劳寿命分析等方面进行了深入研究。

全书共10章。第1章和第2章阐述多股簧应用背景、基础理论及多股簧几何-力学耦合模型。第3章和第4章阐述多股簧静态和动态设计方法。第5章阐述多股簧制造回弹机理及工艺参数快速设计方法。第6章阐述多股簧制造工艺及成形后热处理技术。第7章阐述多股簧数控加工机床及数控加工机床钢丝张力控制系统。第8章阐述多股簧动态参数检测的新型设备，可以检测在冲击振动状态下的多股簧簧杆各质点的运动位移、速度、加速度等。第9章阐述多股簧疲劳失效研究。第10章阐述多股簧微动磨损，通过建立多股簧在冲击载荷下各股钢丝间法向接触力及角位移的数学模型，研究不同工况及循环次数的变化对多股簧钢丝扭动微动行为和损伤机理的影响。

参与本书撰写工作的主要有王时龙(前言、第1章、第2章及第7章部分内容)，周杰(第3章、第5章部分内容)，赵昱(第3章、第4章部分内容)，杨文翰(第2章、第5章部分内容)，董建鹏(第4章部分内容)，易力力(第5章、第7章及第8章部分内容)，萧红(第5章部分内容)，刘志鹏(第5章、第10章部分内容)，雷松(第6章)，张其、蔡万强(第7章部分内容)，肖雨亮(第8章部分内容)，张瑞(第9章)，李小勇(第10章部分内容)。全书由王时龙、杨文翰统稿，易力力定稿。康玲、闵建军、田志锋、彭玉鑫、程建宏、洪茂成、邹政、杨建锁、张明明、赖斌武、田波、李恩田、程成、刘青、黄骋、张安锐、陈国翀、殷瑞等完成了大量本书相关的研究工作，在此一并表示感谢。

  本书得到国家自然科学基金委员会、教育部科学技术研究重点项目、重庆市科技攻关项目的支持，同时得到重庆望江工业有限公司、重庆工商大学及西南交通大学摩擦学研究所的大力协助，在此致以最诚挚的谢意。

  限于作者水平，书中难免存在不足之处，敬请广大读者批评指正。

作 者

目 录

前言
第1章 绪论 ··· 1
  1.1 多股簧的特性 ·· 1
  1.2 多股簧的用途 ·· 2
  1.3 多股簧的国内外研究进展 ·· 6
    1.3.1 多股簧基础理论的研究进展 ·· 6
    1.3.2 多股簧响应特性的研究进展 ·· 8
    1.3.3 多股簧制造回弹的研究进展 ·· 9
    1.3.4 多股簧加工装备的研究进展 ·· 10
    1.3.5 多股簧疲劳失效的研究进展 ·· 11
    1.3.6 多股簧扭动微动的研究进展 ·· 12
第2章 多股簧基础理论 ··· 14
  2.1 基于相角梯度的侧丝中心线几何描述方法 ··· 14
  2.2 多股簧最优冷绕捻距设计准则 ·· 22
  2.3 多股簧侧丝变形 ··· 28
  2.4 多股簧侧丝几何数值求解方法 ·· 30
    2.4.1 接触区域的离散处理 ·· 32
    2.4.2 钢丝平衡方程的离散处理 ··· 35
    2.4.3 丝间接触力及接触变形 ··· 36
  2.5 几何模型有限元仿真及试验验证 ··· 38
    2.5.1 有限元仿真 ··· 39
    2.5.2 扫描试验 ·· 41
    2.5.3 几何模型验证 ··· 42
第3章 多股簧静态设计方法 ·· 45
  3.1 细长曲杆的弹性力学理论 ··· 45
    3.1.1 细长曲杆的曲率分量和扭率 ··· 45
    3.1.2 细长曲杆的受力平衡方程 ··· 46
  3.2 多股簧静态响应模型 ·· 49
    3.2.1 多股簧静态响应模型的建立 ··· 49
    3.2.2 数值算例 ·· 57

3.3 多股簧准静态响应试验 ... 61
3.3.1 试验装置 ... 61
3.3.2 试验结果 ... 62

第 4 章 多股簧动态设计方法 ... 64
4.1 多股簧动态响应的非线性模型 ... 64
4.1.1 动态模型及其参数识别 ... 64
4.1.2 参数识别试验 ... 71
4.2 多股簧系统稳态谐波响应的非线性分析方法 ... 73
4.2.1 多股簧系统的运动微分方程 ... 73
4.2.2 稳态谐波响应的分析方法 ... 74
4.2.3 试验验证 ... 77
4.3 多股簧冲击响应特性 ... 79
4.3.1 多股簧冲击载荷响应模型 ... 79
4.3.2 基于摄动法的非线性改进模型 ... 80
4.3.3 多股簧冲击响应特性试验 ... 83

第 5 章 多股簧制造回弹试验及理论研究 ... 90
5.1 弹塑性有限元法 ... 90
5.1.1 弹塑性成形的基础理论 ... 90
5.1.2 非线性的有限元求解 ... 92
5.2 基于 ABAQUS 软件的分析方法 ... 93
5.2.1 材料特性 ... 94
5.2.2 分析步确定 ... 95
5.2.3 单元类型及网格划分 ... 96
5.3 ABAQUS 软件准静态分析 ... 96
5.4 单股簧绕制成形及卸载回弹的模拟分析 ... 98
5.4.1 有限元模型 ... 99
5.4.2 有限元计算结果 ... 100
5.5 多股簧绕制成形及卸载回弹的模拟分析 ... 102
5.5.1 几何模型 ... 102
5.5.2 边界条件及网格划分 ... 103
5.5.3 有限元计算结果 ... 104
5.5.4 多股簧股间钢丝的载荷分布分析 ... 105
5.5.5 单股钢丝与单股簧的分析 ... 106

第 6 章 多股簧制造工艺 ... 110
6.1 多股簧的材料 ... 110
6.1.1 钢丝材料简介 ... 110

6.1.2　钢丝材料的力学性能参数 111
　6.2　多股簧的绕制成形方法 112
　　6.2.1　多股簧的绕制工艺 112
　　6.2.2　张力控制对多股簧绕制成形的影响 113
　6.3　多股簧的后处理 114
　　6.3.1　热处理 114
　　6.3.2　稳定化(立定)处理 116
　　6.3.3　机械强化处理 116
　6.4　多股簧的表面处理 117
　　6.4.1　表面预处理 118
　　6.4.2　表面氧化处理 119
　　6.4.3　表面磷化处理 119

第7章　多股簧数控加工机床 120
　7.1　高精度多股簧数控加工机床 120
　　7.1.1　机床结构设计 120
　　7.1.2　机床加工工序 122
　7.2　全自动多股簧大型数控加工机床 124
　　7.2.1　机床结构设计 125
　　7.2.2　机床控制系统设计 126
　7.3　机床张力控制系统的设计与实现 128
　　7.3.1　张力控制系统设计 128
　　7.3.2　张力控制智能算法设计 130
　　7.3.3　张力控制系统实现 139

第8章　多股簧检测和试验 142
　8.1　多股簧冲击试验机研发背景 142
　8.2　冲击试验机的研制 144
　　8.2.1　总体方案设计 144
　　8.2.2　冲击试验机布局设计 145
　8.3　检测装置设计 147
　　8.3.1　数据采集与处理 148
　　8.3.2　数据处理与算法 149
　8.4　冲击试验机试验案例 152
　8.5　多股簧疲劳试验装置 155

第9章　多股簧疲劳失效研究 157
　9.1　多股簧轴向载荷下的有限元仿真 157
　　9.1.1　多股簧有限元建模 157

  9.1.2 模型有效性验证 ··· 160
  9.1.3 多股簧疲劳寿命预测 ··· 161
 9.2 多股簧疲劳试验及分析 ··· 165
 9.3 多股簧断裂分析 ··· 171
  9.3.1 多股簧疲劳断裂 ·· 171
  9.3.2 断口形貌分析 ··· 172

第 10 章 多股簧循环载荷下扭动微动机理研究 ······················ 179
 10.1 扭动微动机理研究 ·· 179
  10.1.1 扭动微动接触 ·· 179
  10.1.2 循环载荷下的扭动微动 ·· 182
 10.2 多股簧钢丝扭动微动半解析方法 ·································· 184
  10.2.1 半解析方法 ·· 184
  10.2.2 循环载荷下的应力计算 ·· 187
  10.2.3 多股簧扭动微动试验 ··· 190
 10.3 多股簧钢丝椭圆接触研究 ··· 197
  10.3.1 多股簧钢丝椭圆接触分析 ····································· 197
  10.3.2 椭圆接触表层下应力分布 ····································· 199

参考文献 ·· 204

第1章 绪 论

多股簧是由钢索(通常由 3~14 股、1~3 层、0.4~14mm 的碳素弹簧钢丝缠绕而成)卷制而成的圆柱形螺旋弹簧,如图 1.1 所示。多股簧最初用于西班牙国内革命中的苏制机关枪内,由三根钢丝绕制而成,作为复进簧使用。经过几十年的研究和不断发展,具有中心股的多股簧已被生产制造并投入实际应用中。目前,多股簧主要由多股压缩弹簧、多股拉伸弹簧和多股扭转弹簧组成。其中,应用最为广泛的是多股压缩弹簧,而多股扭转弹簧应用较少。与单股簧相比,多股簧具有更高的强度及独特的吸振、减振效果,因而是航空发动机和自动武器等产品的关键零件。另外,多股簧还广泛应用于振动设备(如振动筛、振动粉碎设备等)、高精度台面和平稳性要求高的运输车辆等,以取代传统的单股金属弹簧和橡胶弹簧[1-4]。

图 1.1 多股簧

1.1 多股簧的特性

多股簧的一个重要特性是弹簧在高速往复复位过程中,钢索本身受到扭矩作用,使钢丝产生拧紧和角偏转,各股钢丝紧密接触,产生摩擦阻尼作用,从而达到良好的吸振和减振效果。多股簧的另一个重要特性是强度高、使用寿命长。对于普通的单股簧,若簧丝出现断裂等情况,弹簧即失效,只能重新更换,而很多情况下没有时间和机会更换已失效的弹簧。当多股簧的某根簧丝出现断裂时,弹簧本身的使用没有受到多大影响,并且多股簧多采用直径较小的碳素弹簧钢丝制成,钢丝直径越小,强度越高。因此,相较于单股簧,多股簧因其强度高、消振能力及抗冲击能力强、使用寿命长和安全性高等优点,具有广阔的应用前景,几乎所有使用单股簧的场合,均可考虑使用多股簧进行替代,以提高使用性能[5,6]。然而,多股簧制造工艺复杂、制造成本高且产品质量难以可靠保证等,其应用领域受到了一定的限制。

1.2 多股簧的用途

1. 航空发动机减振簧及外部管路支撑用隔振器

多股簧应用于航空发动机与飞机机翼结构的连接部分(图 1.2),具有低频大阻尼及高频低刚度的变参数性能,因而能够有效降低机体振动,与传统橡胶减振源相比,具有抗油、抗腐蚀、抗温差、抗高温、耐老化及体积小等优点[7]。

图 1.2　航空发动机中的减振簧

作为外部管路支撑用隔振器,多股簧主要用于安装固定各种液压、燃油管路,对振动加以控制,利用隔振装置耗散振动能量,减少或削弱振动的传播,从而以降低传递率来提高管路系统的环境适应性。

2. 潜艇发动机隔振支座

潜艇在水下作战时,减小自身发出的噪声是遂行作战任务、防止被敌舰发现的重要要求。发动机的振动是潜艇噪声的主要来源之一,为了降低噪声,通常将发动机安装在隔振支座上。现有隔振支座常采用橡胶弹簧作为主要减振元件,然而潜艇内空间狭小,发动机工作时温度较高,且发动机组所处环境属于高油污环境,橡胶弹簧长期在该环境下工作易出现老化、性能明显退化等问题从而导致减振效果变差,降低了潜艇的可靠性和安全性,增加了维护难度和成本。

多股簧由钢丝制成,其性能稳定,受温度的影响小,在高油污环境下也能保持性能稳定,因此其已在潜艇发动机隔振支座上获得应用,将取代橡胶弹簧成为该装置的关键零件,从而有效提高潜艇的作战效能。

3. 汽车内仪器仪表的多股簧减振器

安装在汽车内的仪器仪表设备，虽经过了底盘悬挂系统的第一次减振，但在汽车行驶过程中由于惯性及动载荷的作用，仍会产生一定程度的振动。为保证仪器仪表的示值精度，维持其正常的使用寿命，需要在仪器仪表和安装机座之间安装减振器，以对仪器仪表整体进行隔振或减振。现有的汽车仪器仪表系统减振器一般是传统的单股簧减振机构或橡胶减振器。单股簧减振机构依靠弹簧材料的内摩擦产生阻尼，但是该阻尼作用不大，且易产生谐振，因此减振效果不好；橡胶减振器虽然内摩擦和阻尼较大，但是易老化且弹性受到温度变化的影响。

多股簧减振器是一种新型的减振器，具有强度高、承受载荷较大、快速吸收能量使振动迅速衰减、结构简单、体积小、使用寿命长等优点，可以用作减振器或隔振器弹簧，能够解决安装在汽车上自重较大的精密仪器仪表的减振问题，具有较好的应用前景[8]。

4. 枪炮中的多股簧

在自动及半自动武器中，复进簧用于阻缓活动机件的后移，并通过储存的势能将其复位。复进簧为活动机件的复进、闭锁和供弹提供能量，是枪炮实现自动化的关键零件。因此，复进簧的可靠性及使用寿命是决定武器可靠性及使用寿命的重要因素。与受载后单股簧钢丝受扭转不同，具有特殊结构的多股簧侧丝主要受到拉伸作用，这使得多股簧较单股簧具有更长的寿命，发射次数可以达到单股复进簧[7]。此外，多股簧由多根钢丝组成，个别钢丝发生断裂后多股簧依然可以短暂工作，降低了枪炮发生故障的可能性。因此，在很多轻型枪炮及包括航空自动炮、高射机枪在内的大口径自动枪炮中均使用了多股复进簧[9]。MG42 机枪、AR-15 突击步枪(图 1.3)、SIG Sauer P229 手枪(图 1.4)等枪炮中的复进簧都为多股簧。

除了多股压缩弹簧，多股扭转弹簧也在枪炮中发挥了重要作用。击锤弹簧为枪炮中的击锤提供了旋转的动能，通过击针完成击发。击锤弹簧的可靠性及使用寿命保证了枪炮的可靠性及使用寿命。因此，具有更长疲劳寿命的多股击锤弹簧获得了广泛应用，如 AK-47 自动步枪中就使用了多股击锤弹簧(图 1.5)。

5. 机械装备中的复位簧

棘轮机构可以保证设备的安全性，在起重机等重型装备中十分常见。由棘轮机构的结构原理可知，棘爪的稳定复位是保证机构正常工作的决定性因素。因此，棘爪复位簧的可靠性及疲劳寿命十分关键。如果棘爪复位簧选择不当，轻则需经常更换，严重影响效率，重则有引发事故的风险。

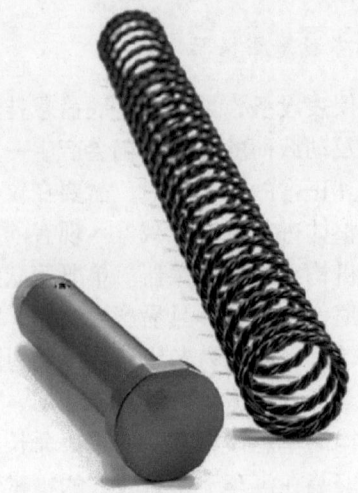

图 1.3　MG42 机枪、AR-15 突击步枪内的多股簧

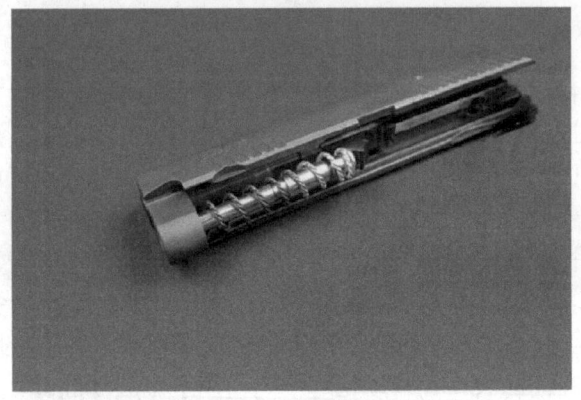

图 1.4　SIG Sauer P229 手枪内的多股簧

图 1.5　AK-47 自动步枪内的多股簧

某钢铁厂的铸造起重机内使用了棘轮机构，原配普通棘爪复位簧寿命很短，不超过八个月，因此需要经常更换。更换棘爪复位簧操作复杂，十分耗时，在此期间，需要中断炼钢车间的生产，造成加工效率下降及效益损失。在将单股棘爪复位簧换成多股棘爪复位簧之后(图 1.6)，棘轮机构更换棘爪复位簧的频率降低超过 70%，显著提高了生产效率。

图 1.6　棘轮机构内的多股簧

6. 摩托车中的减振弹簧

摩托车作为一种经济、灵活且适用性强的交通工具，在偏远地区具有不可替代的作用。随着越来越多的城市加入禁摩队伍[10]，偏远地区成为摩托车的主要消费市场。因此，摩托车在复杂、颠簸路面的表现成为摩托车的重要性能指标。传统摩托车减振器中的单股簧在频繁的不规律剧烈振动作用下，性能会很快退化。某摩托车企业将减振器中的单股簧换成多股簧后(图 1.7)，其减振器的寿命和舒适性得到了明显提升。

图 1.7　摩托车后减振器中的多股簧

综上，多股簧是军工及民用领域的重要零件。随着越来越多的企业意识到多股簧的优点，多股簧在民用领域的需求越来越大。早期多股簧作为武器装备中的关键零部件，其设计制造方法对我国严格保密。我国的军工产业起步较晚，导致我国的多股簧研制在相当长的时间内处于落后状态。多股簧的研发周期长、制造良品率低下、可靠性差等，制约了相关军工和民用产品的发展。为了填补国内多股簧设计制造及理论分析的空白，近年来，作者课题组开展了大量的研究。在多股簧的制造装备方面，作者课题组研制了三代多股簧数控加工专用机床，先后解决了多股簧的数控精密制造和全自动制造效率低的问题。在基础理论方面，作者课题组基于二次螺旋建立了多股簧几何模型。在力学响应方面，作者课题组建立了多股簧静态响应的两态模型和动态响应的现象模型。在疲劳寿命方面，作者课题组研究了多股簧丝间的微动磨损，并基于试验法与有限元法进行了多股簧疲劳寿命的研究。在制造回弹方面，作者课题组基于试验法与有限元法进行了多股簧冷绕回弹的研究。然而，多股簧冷绕成形工艺参数的设计效率依然很低，静态响应模型的精度仍然不足，动态响应预测模型的研究尚为空白。这是因为多股簧丝间相互作用的相关研究尚未深入。多股簧丝间的相互作用会导致侧丝变形及丝间摩擦，是多股簧非线性刚度及迟滞阻尼的主要成因。因此，分析多股簧内丝间相互作用，建立多股簧的力学-几何耦合模型，提出多股簧静动态响应预测模型，探明多股簧制造回弹规律对于提高多股簧设计制造效率、推广多股簧的应用具有重大意义。

7. 其他方面的应用

黄之初等[8]把多股簧应用于新型变激励振动磨上，保证了磨机在变激励作用下四维运动的稳定性和安全性，同时对磨机共振时出现的大振幅起到弹性限位的作用。宋方臻等[11,12]从转子系统的动力学角度入手，将多股簧应用于立式冲击破碎机，利用其非线性特性降低了共振幅值，提高了机器的稳定性，达到了良好的减振降噪和延长轴承寿命的效果。田正东等[13]基于多股簧和磁流变阻器相结合的思想设计出船用智能抗冲击隔离器，同时解决了中低频减振和高频抗冲击的问题。

1.3 多股簧的国内外研究进展

1.3.1 多股簧基础理论的研究进展

几何模型是多股簧理论研究的基础，对多股簧的动静态响应、制造回弹、疲劳寿命等研究至关重要。除了多股簧制造方法及少量现象模型外，绝大部分多股簧的理论研究和有限元分析都强烈依赖精确的几何模型。

多股簧中心线对应的几何参数包括弹簧中径、弹簧螺距、弹簧螺旋角，钢丝中心线几何参数包括侧丝分布圆半径、侧丝捻距、侧丝捻角、侧丝捻向。此外，还有芯丝直径、侧丝直径、侧丝股数、钢索层数等基础参数。建立多股簧钢索中外层钢丝数量、外层钢丝直径、外层钢丝捻距等参数与外层钢丝分布圆直径之间的关系是多股簧几何模型研究的重点之一。多股簧钢索与普通钢丝绳在结构上有相似之处，因此有的学者直接套用了普通钢丝绳的计算公式来计算多股簧的钢索结构参数。Costello 等[14]在研究钢丝绳中各股钢丝之间的接触力时假设钢索横截面上各股钢丝的截面为椭圆，利用相邻外层钢丝的椭圆截面两两相切同时与中心钢丝相切的关系提出了钢丝绳中外层钢丝分布圆的计算方法。Costello 等[15]、Sathikh 等[16]在计算多股簧几何参数时均沿用了这一椭圆假设。普通钢丝绳多由数量极多的细钢丝绕制而成，钢丝捻距相对较大，因此各外层钢丝在钢丝绳截面的投影近似为椭圆，可以采用椭圆假设进行分析，得到的结果精度通常能够满足工程应用的需求。然而，多股簧钢索与普通钢丝绳最显著的区别在于构成多股簧的钢索中一层之内的钢丝数量较少而钢丝直径较大，外层钢丝捻距较小，而捻角较大，因此外层钢丝在钢索截面上的投影与椭圆相差较大，此时利用椭圆假设计算得到的外层钢丝分布圆直径往往误差较大。

王时龙等[17]在利用有限元法研究多股簧冲击响应问题时，使用连续的分段函数建立了并圈多股簧钢丝空间曲线模型，并据此建立了有限元模型。Wang 等[18]和彭玉鑫[19]提出了一种基于指数方程的更简便的并圈多股簧钢丝空间曲线模型，利用该模型建立的并圈多股簧三维模型如图 1.8 所示。此外，钱学毅[20]将复合形优化理论与计算机程序设计方法相结合，研究了多股簧几何参数的计算机辅助优化设计方法，但该研究没有具体涉及多股簧的空间曲线模型。

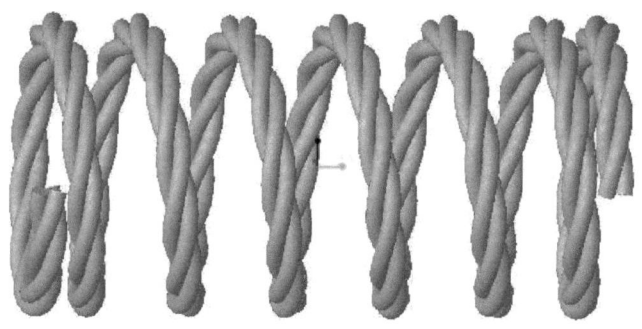

图 1.8　并圈多股簧三维模型

需要注意的是，上述所有的多股簧几何模型仍然只是近似模型，忽略了钢丝直径对其空间位置的影响，不考虑丝间接触相互作用的影响并将侧丝中心线假设为二次螺旋曲线。这个假设简化了几何建模的过程，但是忽略了丝间接触的影响，其预测结果与实际情况不符[21]。为了使多股簧获得更优的性能，需要将多股簧侧丝的捻距设计得尽可能小[22,23]。然而，多股簧侧丝间的相互作用随着侧丝捻距的减小而增强，也就是说，在多股簧几何建模时，侧丝间接触的相互作用是不可忽略的。

1.3.2 多股簧响应特性的研究进展

1. 多股簧静态响应模型的研究进展

机械结构的复位簧是多股簧的主要应用之一，因此多股簧静态响应模型是多股簧设计和制造的重要工具。然而，关于多股簧静态响应的研究很少。随着多股簧的广泛应用，高精度的静态响应模型是急需研究的重要内容。

当多股簧用作机械系统中的复位簧时，往往对多股簧卸载阶段的恢复力有一定的要求。因此，需要对多股簧卸载阶段的刚度进行设计。然而，现有静态响应模型无法描述多股簧的迟滞阻尼，因此对多股簧卸载阶段恢复力的分析还不成熟。弹簧手册基于普通单股簧的刚度模型给出了简单的多股簧刚度模型[1,3]。此模型不考虑任何丝间相互作用，将多股簧视为独立的若干根单股簧，因此精度很低。Costello等[15]基于Love(勒夫)弹性曲杆理论分析了三股多股簧的轴向静态响应。然而，Costello等[15]没有考虑丝间的接触变形及丝间相互作用导致的钢丝变形，因此此模型获得的多股簧静态刚度接近常数，这与事实不符。

为了发挥多股簧的良好性能，多股簧侧丝的捻距一般被设计得尽可能小，侧丝间的挤压无法忽略，侧丝也不再是二次螺旋线。因此，该二次螺旋假设限制了现有多股簧轴向静态响应理论及有限元模型的精度，导致现有模型的精度随着多股簧捻距的减小而降低。此外，为了对多股簧进行静态设计，需要获取多组多股簧几何参数与弹簧静态响应的对应关系，然后利用机器学习等算法对目标静态响应多股簧对应的几何参数进行反求。如果采用有限元法或试验法，则会消耗大量的时间成本。

2. 多股簧及其系统动态响应的研究进展

多股簧是一种弹性-阻尼器件。由于受载后内丝间存在复杂的相互作用及摩擦接触，多股簧的动态响应表现出非线性刚度和迟滞阻尼特性。基于试验数据建立的现象模型可以用较简单的表达式描述具有复杂响应行为的对象，这一类模型通常还能获得比理论模型更高的精度。

最简单的一类迟滞模型是等效线性模型，该类模型将迟滞特性直接用一个线性黏滞阻尼替代，因此精度难以保证，于道文[9]、闵建军等[24, 25]在研究多股簧动态特性时使用了这一模型。Bouc[26]提出了一种基于微分方程表达的迟滞模型，Wen[27]对该模型进行了扩展，形成了目前广泛应用的Bouc-Wen模型。丁传俊[28]基于修正的Bouc-Wen模型分析了多股簧的动态响应特性，并提出了模型参数识别的自适应无迹卡尔曼滤波(adaptive unscented Kalman filter, AUKF)算法和改进反向差分演进(weighted opposition-based learing differential evolution, WODE)算法。Ikhouane 等[29]研究了 Bouc-Wen 模型的参数取值问题，发现原始 Bouc-Wen 模型的参数中存在冗余并且只有当模型参数满足一定条件时，模型才有物理意义，进而提出了一种参数更少、更便于参数识别的归一化 Bouc-Wen 模型。

谐波平衡法[30]是求解非线性系统强迫振动稳态谐波响应的一类简单而有效的方法。虽然非线性系统在周期激励下有可能产生非周期的稳态响应，但在工程中基于多股簧构建的动态系统中通常未出现这种现象，因此谐波平衡法是一种适用于求解含多股簧系统的稳态谐波响应的解析方法。为了方便求出含高次谐波的解，许多学者对谐波平衡法进行了改进。Lau 等[31]将谐波平衡法与 Newton-Raphson（牛顿-拉弗森）法相结合，提出了一种半解析方法，即增量谐波平衡(incremental harmonic balance, IHB)法，该方法同时具有谐波平衡法的简单明晰和 Newton-Raphson 法便于计算的特点，在非线性系统稳态响应的分析中得到了大量应用；Ling 等[32]利用快速傅里叶变换(fast Fourier transform, FFT)算法提出了一种快速 Galerkin 方法，该方法可以减小计算量，提高增量谐波平衡法的计算速度。

非线性系统随机响应的分析解析方法主要有 FPK(Fokker-Planck-Kolmogorov)方法、随机平均法、摄动法、矩函数微分方程法、截断法、等效非线性化方法以及等效线性化方法等[33]。其中，等效线性化方法在分析 Bouc-Wen 模型描述的迟滞系统的随机响应中应用较多，从公开报道的文献来看，这种方法的分析精度也可以达到工程应用的要求[34, 35]，但是目前相关研究还都集中在原始 Bouc-Wen 模型上，而描述多股簧动态响应必然需要采用某种修正的 Bouc-Wen 模型。因此，若要利用等效线性化方法分析多股簧系统的随机响应问题，尚需进行进一步研究。

1.3.3 多股簧制造回弹的研究进展

回弹是多股簧制造的主要难点。在冷绕成形及强压处理过程中，多股簧的回弹不可避免。由于多股簧的侧丝为变形的二次螺旋线，其回弹比单股簧的一次螺旋曲线更为显著且难以控制，这大大增加了成形工艺参数的设计难度。

萧红[36]利用物理试验和数值仿真分析了钢丝张力、多股簧冷绕螺距、钢索捻距、钢丝直径对单层多股簧冷绕回弹的影响。张安锐[37]利用数值仿真分析了多股簧冷绕螺距及芯轴直径对多层多股簧冷绕弹复量的影响。目前，多股簧的回弹分析主要依赖试验和有限元仿真，导致其耗时较长。

由于特殊的几何结构，在多股簧进行冷绕成形及强压处理时，多股簧的侧丝主要受拉弯作用，且多股簧的回弹主要来源于侧丝回弹。拉弯回弹的研究方法分为试验法、理论法及数值仿真三种[38]。

试验法主要通过物理试验得到弹复量。影响制造回弹的主要因素有材料属性[39]、相对弯曲半径[40]、模具形状[41]及轴向拉力[42]。翟瑞雪[38]和丁学会[43]利用试验法研究了不同加载方式下型材平面拉弯的弹复量。曾渝等[44]利用单向拉伸试验分析了 6106 铝板的拉伸性能与材料属性、模具半径等参数的关系。

理论法根据弹塑性弯曲理论和必要的简化假设，建立成形过程的力学模型并进行求解。基于经典弹塑性弯曲理论和拉弯弹复理论建立了拉弯的力学模型，研究了拉弯变形的机理并预测了拉弯弹复量。Yu 等[45]利用弯曲工程理论研究了板条的拉弯变形机理，分析了轴向拉力对弹复量的影响并给出了弹复公式。翟瑞雪[38]基于塑性弯曲理论研究了不同加载方式下任意截面型材平面拉弯的弹复解析理论。刘天骄[46]建立了先拉后弯的弹复理论，研究了弹复量与弯曲半径及轴向拉力的关系。Alhammadi 等[47]建立了宽板在先拉后弯和先拉后弯再补拉下的弹复理论。殷仁龙[48]利用弹塑性弯曲理论研究了单股簧冷绕时钢丝截面内的应力应变，分析了单股簧冷绕弹复量，并给出了芯轴直径的选择方法。王文骞[49]利用计算机系统函数（ANSYS/LS-DYNA）分析了数控绕簧机卷绕单股簧时弹簧的变形，以及轴向、径向的弹复量。

1.3.4 多股簧加工装备的研究进展

德国罗氏公司于 20 世纪 90 年代研发出一整套多股簧生产和检测设备，包括专用绕簧机和试验多股簧动力学性能的冲击试验机。作为敏感的军工技术，多股簧制造技术一直被国外封锁，国内很难查阅到相关研究文献和资料。

由于研究起步较晚，我国的弹簧行业总体技术水平比先进工业化国家落后 30 年[50]。20 世纪 90 年代，国内的多股簧加工设备均属于纯机械传动式的半自动化老式生产设备，大多数通过现有车床改造而成，产品废品率高达 80%以上[51]。

半自动化老式多股簧加工机床运行时存在各种问题。王时龙等[52, 53]研究了各股钢丝张力在加工过程中的动态控制问题，为研制出高精度的多股簧机床提供了指导。周杰[54]研制出第一代多股簧数控加工机床，该机床能够实现拧索与绕簧同步进行，见图 1.9。该机床采用四轴联动的伺服驱动控制系统，能够通过无级调速实现各种加工参数的微调，且能够加工各种工艺参数的弹簧，增强了机床的加工能力。通过伺服驱动控制系统能够方便地控制各轴按程序指定速度运转，实现了数控自动化，降低了劳动强度，提高了加工效率。同时，采用研华科技有限公司的控制器对各股钢丝进行张力控制，使得各股钢丝张力得到有效控制，钢索质量得到提高，进而提高了多股簧产品的质量。然而，第一代多股簧数据加工机床还存在很多问题，无法满足多股簧加工的工艺要求。在加工过程中，钢丝的走丝路径与机床各零部件摩擦较多，干扰较大，使得钢丝张力控制不精确，存在较大的误差，以致钢索的捻距和直径一致性下降，影响了产品的整体质量。此外，装钢丝的线盒设计不合理，钢丝装入线盒需手动卷绕，既费时又费力，严重影响了多股簧的生产效率。

图 1.9 第一代多股簧数控加工机床

针对第一代多股簧数控加工机床存在的问题，Peng 等[55]、黄河等[56]以简化整体结构、优化数控系统、改善张力控制为目标，研发出第二代多股簧数控加工机床，见图 1.10。第二代多股簧数控加工机床相比于第一代多股簧数控加工机床有了很大改进，代表着国内目前最先进的多股簧加工设备，其弹簧的加工效率和加工质量得到了显著提升。在伺服驱动系统上采用五轴联动替代四轴联动，增加了绞线装置的工位切换控制轴，控制绞线装置在加工开始和加工结束剪切时能够自动进退调整工位，以便于工人操作，从而提高了加工效率。然而，第二代多股簧数控加工机床结构紧凑，钢丝盘很小，依然无法满足大规模加工需求。

图 1.10 第二代多股簧数控加工机床

1.3.5 多股簧疲劳失效的研究进展

目前，国内外学者对多股簧的疲劳失效进行了研究。多股簧的疲劳特性分析主要包括多股簧疲劳寿命分析和钢丝疲劳断口分析。

在疲劳寿命分析方面，多股簧中各根钢丝的应力应变分析是关键之一。

Costello 等[14, 57, 58]基于钢索截面上各根钢丝的截面均为椭圆的假设，运用 Love 力平衡理论对细扭杆捻制钢索和绕制弹簧时各股钢丝之间的接触应力进行了研究。于道文[9, 59]通过弹簧簧圈阻尼振动理论计算了多股簧的动应力，并从理论上证明了由摩擦阻尼引起的动应力的减小是多股簧有效寿命长于单股簧的主要原因。在 Costello 等[14, 57, 58]与于道文[9, 59]对多股簧的力学分析研究中，求解过程非常复杂。为了进行多股簧的力学特性分析及后续研究，可采用快速有效的有限元法。萧红等[60]基于多股簧钢丝中心曲线的数学模型，进行了多股簧压缩过程的 Abaqus 有限元分析，给出了多股簧钢丝的应力应变特性，发现当弹簧被轴向压缩时，钢丝张紧并偏转一定角度，因而钢丝间紧密接触并产生摩擦阻尼。张晓峰等[61]以三股钢丝的多股簧为例，通过 ANSYS 软件建立了多股簧的有限元模型，然后进行静态受力分析和动态受力分析，以研究冲击载荷质量和速度对多股簧性能的影响。刘森林等[62]基于弹簧的动态特性对多股簧的疲劳寿命进行预测，但是没有考虑多股簧工作时钢丝各点处于多轴应力状态。Darban 等[63]运用多种疲劳准则来预测多股簧的疲劳寿命，发现钢丝股数的增加会降低钢丝间的摩擦作用，从而提高多股簧的疲劳寿命。然而，Darban 等[63]和于道文[9, 59]的研究缺乏试验验证，而且 Darban 等[63]研究的多股簧捻角过大，更接近单股簧组而非多股簧，实际上无法制造出合格的弹簧。

在钢丝疲劳断口分析方面，对多股簧中疲劳断裂钢丝的微观分析是分析多股簧疲劳失效原因的重要方法，但是目前对多股簧的微观分析研究相当少。满海鸥等[64]以某发射器故障为例，分析了发射器故障产生的原因，由于多股簧、普通弹簧和钢丝绳具有结构上的相似之处，因此对普通弹簧和钢丝绳的疲劳断口分析进行了总结。国外很多学者也对单股簧的疲劳断裂进行了分析研究，Del 等[65]利用有限元软件对圆柱螺旋弹簧进行了应力分析，利用疲劳分析软件进行了多轴疲劳试验，进而得出了弹簧内侧为弹簧疲劳源区的结论。

1.3.6 多股簧扭动微动的研究进展

张德坤等[66]以点接触式提升钢丝绳为研究对象，分析了钢丝绳内部钢丝的微动磨损及其疲劳断裂行为，将钢丝间的微小错动简化为上钢丝静止、下钢丝往复振动，因此属于径向微动磨损试验范畴。Zhu 等[67]提出了复合微动和复杂微动的概念，以复合微动为例，该微动模式由切向与径向两个分量耦合而成，其接触状态随循环次数的增加而不断改变。这种微动损伤在涡轮发动机的榫槽配合面、齿形连接配合面、螺旋副配合面上非常常见。Cai 等[68]对 LZ50 钢、7075 铝合金等材料进行了扭动微动磨损试验研究，揭示了这些材料的扭动微动运行和损伤机理以及接触界面的氧化行为。作者课题组建立了受冲击载荷时多股簧内任意两根钢丝间正压力和扭转角度的数学模型，通过数学模型得到的试验参数在新型扭动微动试验机上实现了多股簧钢丝球面/球面接触方式的扭动微动[69]。

多股簧与钢丝绳空间结构类似,在工作时,钢丝与钢丝之间互相挤压和接触,存在不同振幅的微动磨损情况。对于多股簧,工作时同层与不同层之间的钢丝彼此紧密接触,接触区域存在微小的相对位移,从而产生接触压力。钢丝绳在使用过程中,钢丝经过反复拉伸和弯曲,表面存在不同程度的微动磨损,而且钢丝还要承受交变载荷,这些因素是钢丝绳失效报废的重要原因。因此,开展接触点(线、面)之间的微动机理研究对于分析多股簧的疲劳寿命具有重要意义。

第 2 章 多股簧基础理论

由于复杂的几何结构，多股簧具有复杂的内丝接触状态。这些接触导致了多股簧的特殊力学性能，因此精确的几何模型是多股簧理论及有限元研究的基础。然而，内丝间的相互作用使得侧丝中心线发生变形，增加了侧丝中心线几何求解难度。现有的多股簧几何模型忽略了丝间的接触变形及侧丝间相互作用导致的侧丝变形，将侧丝中心线的空间曲线假设成二次螺旋线[36, 70]，二次螺旋假设下的模型无法分析侧丝间的相互作用，限制了多股簧理论研究的精度。在多股簧三维建模时，为了防止侧丝间的干涉，二次螺旋假设下的侧丝最小捻距受到限制，对有限元分析的精度产生很大的影响。为了降低建立几何与力学耦合模型的难度，本章提出基于相角梯度的侧丝中心线几何描述方法。在此几何描述方法的基础上，本章建立一种考虑丝间接触变形、侧丝间相互作用导致的侧丝变形的多股簧几何模型。基于无摩擦假设，本章根据丝间几何干涉条件、Love 弹性曲杆理论以及弹塑性线接触模型[71]确定侧丝间的接触区域，同时计算出侧丝中心线几何及侧丝间的接触变形，分析多股簧中心线的曲率及侧丝捻距对侧丝中心线几何的影响。

2.1 基于相角梯度的侧丝中心线几何描述方法

如图 2.1 所示，绕制成多股簧的直钢索由一根芯丝与 n_e 根侧丝组成。侧丝捻距为 p_{e0}，侧丝捻角为 α_{e0}，芯丝半径为 R_{c0}，侧丝半径为 R_{e0}。在直钢索状态下，钢丝之间的接触变形非常小，可以忽略。若忽略侧丝与芯丝间的接触变形，则直钢索中侧丝的分布圆半径为

$$r_{he0} = R_{c0} + R_{e0} \tag{2.1}$$

由于直钢索中的侧丝中心线为一次螺旋曲线，所以侧丝捻角与侧丝捻距之间的关系可以表示为

$$\tan\alpha_{e0} = \frac{p_{e0}}{2\pi r_{he0}} \tag{2.2}$$

为了描述直钢索的几何结构，建立笛卡儿坐标系 $\{e_x, e_y, e_z\}$，并使 e_z 向量与直钢索的中心线重合。直钢索中侧丝中心线参数方程 ψ_{e0} 可以表示为

$$\boldsymbol{\psi}_{e0} = \begin{bmatrix} r_{he0} \cos\phi_{e0} \\ -r_{he0} \sin\phi_{e0} \\ r_{he0}\phi \tan\alpha_{e0} \end{bmatrix} \quad (2.3)$$

式中，ϕ_{e0} 为侧丝中心线在 $(\boldsymbol{e}_x,\boldsymbol{e}_y)$ 平面内的极角，且 $\phi_{e0}=\phi+\phi_{ez}$，ϕ 为一个自由参数，表示侧丝中心线相对于直钢索中心线的扫略角，ϕ_{ez} 为侧丝中心线与 $(\boldsymbol{e}_x,\boldsymbol{e}_y)$ 平面的交点在 $(\boldsymbol{e}_x,\boldsymbol{e}_y)$ 平面内的极角。

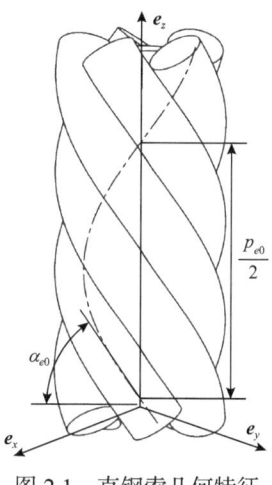

图 2.1 直钢索几何特征

为了确保多股簧的非线性力学特性，绕制成多股簧的钢索通常被设计得尽可能紧，即侧丝捻距一般设计得较小。此外，为了保证钢索结构的稳定性，侧丝与芯丝应当保持接触[72]。因此，在直钢索的内部，侧丝与芯丝间接触、侧丝间接触等同时发生(图 2.2)。

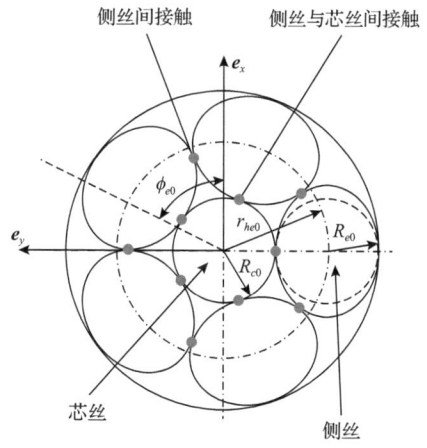

图 2.2 直钢索内丝接触状态

在多股簧冷绕成形过程中,直钢索被绕制成多股簧。在绕制过程中,侧丝从直钢索中的一次螺旋线变成多股簧中的形态。现有几何模型忽略了丝间接触变形及丝间接触导致的侧丝变形,将侧丝中心线定义为二次螺旋曲线[36, 70]。由于钢丝间的复杂接触关系及相互影响,钢丝表面会出现接触变形且侧丝的中心线会产生变形,并不是二次螺旋。为了描述变形后侧丝的几何结构,需要建立多股簧成形后侧丝变形的几何描述方法。

忽略成形过程中芯丝的轴向应变($R_c = R_{c0}$)并假设侧丝与芯丝材料相同,则多股簧中侧丝的分布圆半径 r_{he} 可以表示为

$$r_{he} = R_{c0} + R_e - 2\delta_{ec} \tag{2.4}$$

式中,R_e 为多股簧内侧丝的半径;δ_{ec} 为侧丝与芯丝之间的接触变形。

R_e 可以表示为

$$R_e = R_{e0}(1 - \nu\xi_e) \tag{2.5}$$

式中,ν 为钢丝材料的泊松比;ξ_e 为侧丝的轴向拉伸应变。

为了描述多股簧的几何结构,建立如图 2.3 所示的笛卡儿坐标系 $\{e_x, e_y, e_z\}$,并使 e_z 向量与多股簧的轴重合。考虑压缩弹簧,多股簧中心线的旋向与侧丝中心线的旋向相反,多股簧中心线参数方程可以表示为

$$\boldsymbol{\psi}_s = \begin{bmatrix} r\cos\theta_s \\ r\sin\theta_s \\ r\theta\tan\alpha_s \end{bmatrix} \tag{2.6}$$

式中,r 为多股簧中心线的螺旋半径;α_s 为多股簧中心线的螺旋角;θ_s 为多股簧中心线在 (e_x, e_y) 平面内的极角,且 $\theta_s = \theta + \theta_{sz}$,$\theta$ 为一个自由参数,表示多股簧中心线相对于弹簧轴线的扫略角,θ_{sz} 为侧丝中心线与 (e_x, e_y) 平面的交点在 (e_x, e_y) 平面内的极角。

为了描述多股簧中心线的局部变形,在中心线上的任一点建立如图 2.3 所示的 Frenet-Serret 坐标系 $\{t_s, n_s, b_s\}$,其中,t_s 是多股簧中心线的单位切向量;n_s 和 b_s 分别为多股簧中心线的单位主法向量和单位副法向量。对于未加载的多股簧,中心线的 Frenet-Serret 坐标系可以表示为

$$\boldsymbol{n}_s = \{-\cos\theta_s, -\sin\theta_s, 0\} \tag{2.7}$$

$$\boldsymbol{b}_s = \{\sin\theta_s \sin\alpha_s, -\cos\theta_s \sin\alpha_s, \cos\alpha_s\} \tag{2.8}$$

$$\boldsymbol{t}_s = \{-\sin\theta_s \cos\alpha_s, \cos\theta_s \cos\alpha_s, \sin\alpha_s\} \tag{2.9}$$

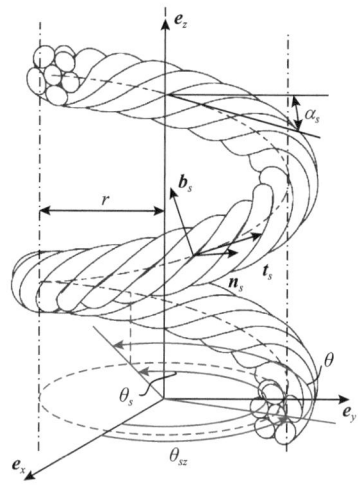

图 2.3 多股簧几何参数

直钢索绕制成多股簧后，钢索中心线几何参数会发生变化，侧丝中心线几何参数和内丝间接触也会发生很大变化，如图 2.4 所示。图中，ϕ_e 是弹簧中侧丝中心线关于弹簧中心线切向 $\boldsymbol{t}_s$ 的扫略角。将钢索的中心线绕着多股簧的轴线展开，并将一根侧丝的中心线绕着钢索的中心线展开，可得到钢索中心线参数与侧丝中心线几何参数的关系以及这些参数的变化，如图 2.5 所示。图 2.5 中考虑了丝间接触变形及丝间相互作用导致的侧丝中心线变形，与现有二次螺旋模型[36,70,73]不同，侧丝中心线的展开线不是一条直线。由于侧丝与芯丝间接触变形的影响，侧丝中心

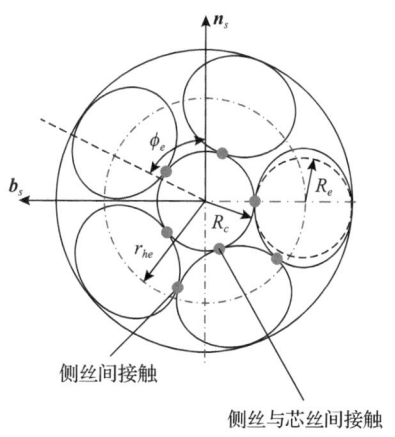

图 2.4 多股簧内丝接触状态

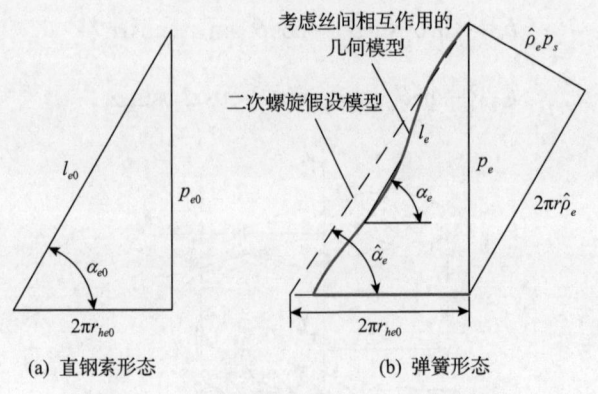

(a) 直钢索形态　　　　(b) 弹簧形态

图 2.5　多股簧成形后侧丝几何特征变化

线在钢索法平面内投影的长度也发生了变化。图中：p_s 和 p_e 分别为多股簧螺距和弹簧中的侧丝捻距；l_{e0} 和 l_e 分别为直钢索与多股簧中侧丝中心线在一个捻距内的线长；$\hat{\rho}_e$ 为二次螺旋假设下 θ_s 关于多股簧中侧丝中心线相对于弹簧中心线切向 t_s 的扫略角 ϕ_e 的梯度。

由二次螺旋曲线的特征可知，$\hat{\rho}_e$ 是常数，其值可以表示为

$$\hat{\rho}_e = p_e / l_s \tag{2.10}$$

式中，l_s 为多股簧中心线在一个弹簧螺距内的线长。

由于侧丝的变形，相角梯度 $\hat{\rho}_e$ 由常数转变成变量 ρ_e，可用来表征侧丝间相互作用导致的侧丝中心线变形，侧丝中心线上任一点处的 ρ_e 可以表示为

$$\rho_e = \mathrm{d}\theta_s / \mathrm{d}\phi_e \tag{2.11}$$

由于 $\boldsymbol{\Psi}_e(\theta_s,\phi_e)-\boldsymbol{\Psi}_s(\theta_s)$、$\boldsymbol{n}_s(\theta_s)$ 和 $\boldsymbol{b}_s(\theta_s)$ 三个矢量是共平面的[74]，所以满足如下表达式：

$$\boldsymbol{\Psi}_e(\theta_s,\phi_e)-\boldsymbol{\Psi}_s(\theta_s) = a_n \boldsymbol{n}_s(\theta_s) + a_b \boldsymbol{b}_s(\theta_s) \tag{2.12}$$

式中，$\boldsymbol{\Psi}_e(\theta_s,\phi_e)$ 为侧丝中心线与多股簧中心线的法平面 $(\boldsymbol{n}_s(\theta_s),\boldsymbol{b}_s(\theta_s))$ 的交点；a_n 和 a_b 为待定系数，可以表示为

$$\begin{cases} a_n = r_{he}(\theta_s,\phi_e)\cos\phi_e \\ a_b = r_{he}(\theta_s,\phi_e)\sin\phi_e \end{cases}, \quad \phi_e \in [0, 2\pi] \tag{2.13}$$

因此，侧丝中心线上任意一点的矢量可以表示为

$$\boldsymbol{\Psi}_e(\theta_s,\phi_e) = \boldsymbol{\Psi}_s(\theta_s) + r_{he}(\theta_s,\phi_e)\left[\boldsymbol{n}_s(\theta_s)\cos\phi_e + \boldsymbol{b}_s(\theta_s)\sin\phi_e\right] \tag{2.14}$$

多股簧的中心线是一次螺旋线,所以 $\boldsymbol{\Psi}_s(\theta_s)$、$\boldsymbol{n}_s(\theta_s)$ 和 $\boldsymbol{b}_s(\theta_s)$ 可根据一次螺旋线的方程直接获得。因此,得到 $r_{he}(\theta_s,\phi_e)$ 的值及 θ_s 和 ϕ_e 间的映射关系,就可根据式(2.6)、式(2.7)和式(2.14)确定侧丝中心线上任意一点的矢量。

将 θ_s 表示成关于 ϕ_e 的函数 $\theta_s(\phi_e)$。由于多股簧的结构特征,$\theta_s(\phi_e)$ 关于 ϕ_e 的梯度函数 $\rho_e(\phi_e)$ 具有周期对称性,并且有

$$\rho_e(\phi_e)=\rho_e(2\pi-\phi_e) \tag{2.15}$$

$$\rho_e(\phi_e+2\pi)=\rho_e(\phi_e) \tag{2.16}$$

因此 $\theta_s(\phi_e)$ 满足以下关系:

$$\theta_s(\phi_e+2\pi)=\theta_s(\phi_e)+\theta_{ds} \tag{2.17}$$

$$\theta_s(2\pi-\phi_e)=2\theta_s(\pi)-\theta_s(\phi_e) \tag{2.18}$$

式中,θ_{ds} 为多股簧中一个捻距内侧丝中心线端点之间的相位差。

根据多股簧的几何特性,θ_{ds} 满足以下关系:

$$\theta_{ds}=\frac{p_e\cos\alpha_s}{r} \tag{2.19}$$

多股簧中侧丝的中心线可以由式(2.4)、式(2.6)及式(2.14)确定。由于多股簧采用相同半径的侧丝,所以所有侧丝的中心线只有相位差。任意两根相邻侧丝的相角 ${}^i\theta_s(\phi_e)$、${}^{i+1}\theta_s(\phi_e)$ 满足以下关系:

$${}^{i+1}\theta_s(\phi_e)={}^i\theta_s(\phi_e)+\theta_{da} \tag{2.20}$$

式中,符号 ${}^i(\cdot)$ 代表第 i 根侧丝;θ_{da} 为弹簧中相邻两根侧丝之间的相位差,根据多股簧的几何特征,可以表示为

$$\theta_{da}=\frac{\theta_{ds}}{n_e} \tag{2.21}$$

为了描述空间曲线的几何,常使用建立在曲线上的 Frenet-Serret 坐标系 $\{\boldsymbol{t},\boldsymbol{n},\boldsymbol{b}\}$ 来计算曲线的曲率 κ_F 和挠率 τ_F,如图2.6所示。

$$\kappa_F=\sqrt{\frac{(\dot{y}\ddot{z}-\dot{z}\ddot{y})^2+(\dot{z}\ddot{x}-\dot{x}\ddot{z})^2+(\dot{x}\ddot{y}-\dot{y}\ddot{x})^2}{(\dot{x}^2+\dot{y}^2+\dot{z}^2)^3}} \tag{2.22}$$

$$\tau_F = \frac{\begin{vmatrix} \dot{x} & \dot{y} & \dot{z} \\ \ddot{x} & \ddot{y} & \ddot{z} \\ \dddot{x} & \dddot{y} & \dddot{z} \end{vmatrix}}{(\dot{y}\ddot{z}-\dot{z}\ddot{y})^2 + (\dot{z}\ddot{x}-\dot{x}\ddot{z})^2 + (\dot{x}\ddot{y}-\dot{y}\ddot{x})^2} \qquad (2.23)$$

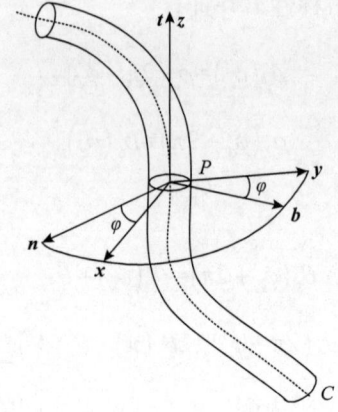

图 2.6　钢丝中心线上的局部坐标系

钢丝这类空间细杆是有截面的，因此 Frenet-Serret 坐标系上的曲率 κ_F 和挠率 τ_F 不能完整描述钢丝的变形。Love[75]建立了主扭转-挠曲坐标系 $\{x, y, z\}$，该坐标系建立在钢丝截面上，随着钢丝截面材料一起变形。其中，z 轴与钢丝中心线的切线 t 重合。

令 φ 为钢丝主法矢量 n 与 x 轴之间的夹角，表示钢丝截面相对于 Frenet-Serret 坐标系扭转的角度。两个局部坐标系之间的方向余弦如表 2.1 所示。

表 2.1　Frenet-Serret 坐标系上的方向余弦

轴	n	b	t
x	$\cos\varphi$	$\sin\varphi$	0
y	$-\sin\varphi$	$\cos\varphi$	0
z	0	0	1

因此，钢丝的变形可以表示为

$$\kappa = \kappa_F \sin\varphi \qquad (2.24)$$

$$\kappa' = \kappa_F \cos\varphi \qquad (2.25)$$

$$\tau = \tau_F + \frac{\mathrm{d}\varphi}{\mathrm{d}s} \qquad (2.26)$$

与挠率 τ_F 不同，τ 为钢丝的扭率，即钢丝截面绕 t 轴的转角对弧长坐标 s 的导数。扭率沿钢丝中心线的积分值除以 2π 定义为钢丝的扭转数 T_w。由于扭率 τ 是螺旋线的挠率 τ_F 与夹角 φ 的导数 $\mathrm{d}\varphi/\mathrm{d}s$ 的和，所以夹角 φ 的导数应该满足以下关系：

$$\mathrm{d}\varphi/\mathrm{d}s = -\tau_F \tag{2.27}$$

为了描述绕簧过程中侧丝中心线的局部变形，在直钢索中的侧丝中心线上建立 Frenet-Serret 坐标系 $\{t_{e0}, n_{e0}, b_{e0}\}$（图 2.7），并在多股簧中的侧丝中心线上建立 Frenet-Serret 坐标系 $\{t_e, n_e, b_e\}$（图 2.8）。为了完整描述绕簧过程中侧丝的变形，进一步在直钢索中的侧丝中心线上建立主扭转-挠曲坐标系 $\{x_{e0}, y_{e0}, z_{e0}\}$。在多股簧成形过程中，主扭转-挠曲坐标系随着钢丝截面材料一起运动，成为多股簧中侧丝中心线上的主扭转-挠曲坐标系 $\{x_e, y_e, z_e\}$。由于主扭转-挠曲坐标系的 z_e 轴与 Frenet-Serret 坐标系的 t_e 轴重合，所以主扭转-挠曲坐标系与 Frenet-Serret 坐标系在曲线主法平面上产生了夹角 φ_e。直钢索及多股簧中的主扭转-挠曲坐标系可以描述侧丝变形。只要求得 φ_e 的值，就可以确定主扭转-挠曲坐标系。主扭转-挠曲坐标系中侧丝中心线的曲率与挠率可以表示为

$$\kappa_e = \kappa_F \sin\varphi_e \tag{2.28}$$

$$\kappa'_e = \kappa_F \cos\varphi_e \tag{2.29}$$

$$\tau_e = \tau_F + \frac{\mathrm{d}\varphi_e}{\mathrm{d}s_e} \tag{2.30}$$

式中，κ_F 和 τ_F 分别为 Frenet-Serret 坐标系中侧丝中心线的曲率与挠率；s_e 为多股簧中侧丝中心线的弧长，可以表示为[76]

$$s_e = r_{he}\phi_e \cos\alpha_e \tag{2.31}$$

由式 (2.31) 可得

$$\frac{\mathrm{d}}{\mathrm{d}s_e} = \frac{\mathrm{d}}{\mathrm{d}\phi_e}\frac{\mathrm{d}\phi_e}{\mathrm{d}s_e} = \Lambda_e \frac{\mathrm{d}}{\mathrm{d}\phi_e} \tag{2.32}$$

式中，$\Lambda_e = \cos\alpha_e / r_{he}$。

直钢索中的侧丝中心线为一次螺旋曲线，因此其对应的主扭转-挠曲坐标系可以随意给定[77]。为了计算方便，令直钢索中侧丝中心线的主扭转-挠曲坐标系与 Frenet-Serret 坐标系重合，即 $\varphi_e = 0°$。

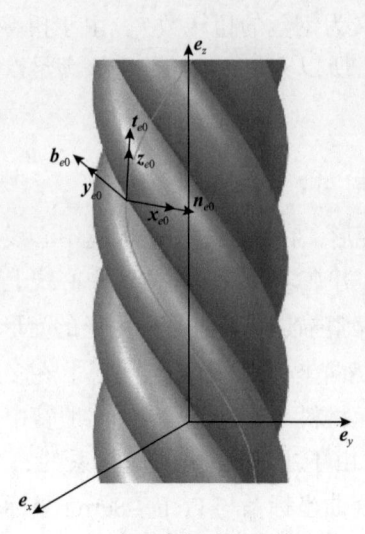
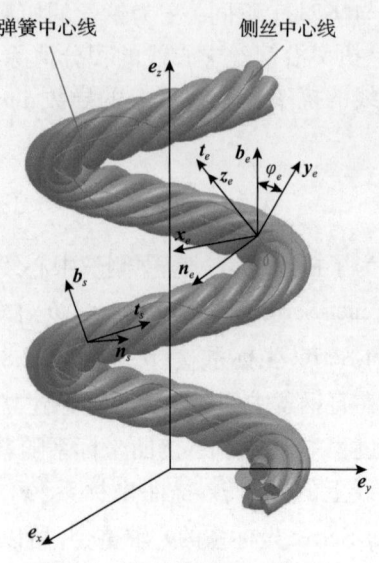

图2.7 直钢索侧丝中心线上的局部坐标系　　图2.8 多股簧侧丝中心线上的局部坐标系

2.2 多股簧最优冷绕捻距设计准则

多股簧的轴向应变会使多股簧中心线的挠率发生变化。多股簧中心线挠率的变化导致钢索的扭转，并引起侧丝捻距的变化。对于多股簧，侧丝相对钢索中心线的绕向与钢索相对弹簧轴线的绕向相反，因此弹簧受载后钢索被拧紧，即 $^*p_e < p_e$。

根据 Fuller[78] 的定义，在多股簧的一个螺距上绞线中心线的扭曲为 $T_w = \sin \alpha_s$。因此，$^*\hat{\rho}_e$ 和 $\hat{\rho}_e$ 服从以下关系：

$$^*\hat{\rho}_e^{-1} = \hat{\rho}_e^{-1} - \varepsilon_0 \sin \alpha_s \tag{2.33}$$

多股簧轴向受载后，多股簧中心线的扭转数随之发生变化，变化值 ΔT_w 可以表示为

$$\Delta T_w = \frac{\varepsilon_0 - \varepsilon_1}{1 + \varepsilon_s} \sin \alpha_s \tag{2.34}$$

式中，ε_0 为多股簧正应变；ε_1 为钢索正应变；α_s 为弹簧螺旋角。

结合钢索的轴向应变和挠率变化，$^*p_e$ 可以表示为

$$^*p_e = \frac{l_s p_e}{l_s + \dfrac{p_s p_e}{l_s\sqrt{1+p_s^2/l_s^2}} - \dfrac{^*p_s p_e l_s}{^*l_s^2\sqrt{1+^*p_s^2/^*l_s^2}}} \quad (2.35)$$

与多股簧受载后捻距的变化相同,多股簧冷绕成形时捻距的变化本质上源于钢索的扭转。然而,多股簧冷绕前钢索中心线为直线,因此式(2.35)无法用于多股簧侧丝冷绕捻距的设计。

对于使用有芯绕簧原理的机床,绕制钢索与弹簧成形是同时进行的。多股簧成形原理如图2.9所示,拧索轴以角速度ω_1旋转,将钢丝拧成钢索。同时,绕簧轴以角速度ω_2旋转并以线速度V轴向运动,将钢索绕成弹簧,钢索的中心线也由直线变成一次螺旋线。调节ω_1和ω_2的比值,可以得到不同的侧丝捻距。

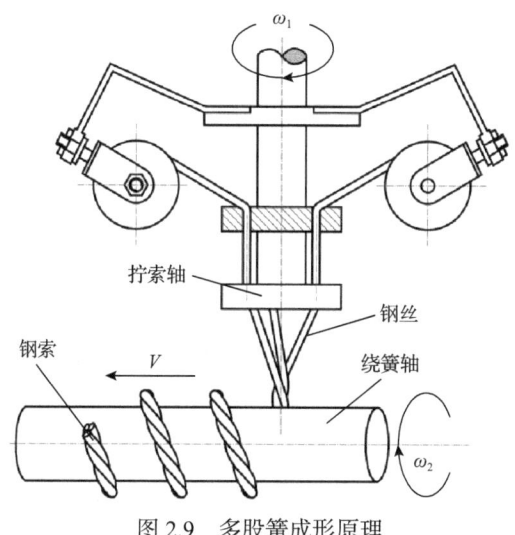

图2.9 多股簧成形原理

在多股簧冷绕成形的过程中,弹簧中心线的单圈线长为

$$L_m = \sqrt{(\pi D_m)^2 + p_m^2} \quad (2.36)$$

式中,p_m为多股簧成形过程中的弹簧螺距;D_m为多股簧成形过程中的弹簧中径,可以表示为

$$D_m = D_{mc} + 2R_{c0} + 4R_{e0} \quad (2.37)$$

式中,D_{mc}为绕簧轴的外径。

因此，多股簧冷绕成形过程中弹簧中心线的挠率为

$$\tau_F = \frac{2\sin\alpha_m \cos\alpha_m}{D_m} \tag{2.38}$$

式中，α_m 为冷绕成形过程中弹簧中心线的螺旋角。

当直钢索被绕成弹簧时，受中心线扭率变化的影响，钢索会发生扭转。单圈弹簧产生的扭转数为 $\sin\alpha_m$。对于压缩弹簧，钢索的旋向与弹簧的旋向相反，因此钢索有被拧松的趋势，即钢索捻距有变大的趋势。对于拉伸弹簧，钢索的旋向与弹簧的旋向相同，因此钢索有被拧紧的趋势，即钢索捻距有变小的趋势。

为了消除拧松或拧紧趋势对钢索质量的影响，即钢索截面相对于 t 轴不发生扭转，需要在拧索轴角速度 ω_1 的基础上施加附加角速度 $\Delta\omega_1$ 以使冷绕时多股簧钢索的附加扭率为 0，也就是说，为了获得目标多股簧侧丝捻距，在设置多股簧冷绕捻距时，必须考虑弹簧冷绕成形时钢索扭转导致的侧丝捻距变化。本节以最优冷绕捻距设计为例，对冷绕捻距的设置方法进行说明和验证。

侧丝的冷绕捻距对多股簧的制造成品率有显著影响。当侧丝冷绕捻距过小时，侧丝的分布圆半径大于 r_{he0}，侧丝与侧丝相互挤压，导致侧丝分布圆半径增大，与芯丝的接触消失，侧丝形成一个直径较大的空心圆，此时侧丝与芯丝之间存在间隙。

当侧丝冷绕捻距过小时，在钢索成形的过程中，若发生各根侧丝张力不均匀的情况，则张力大的侧丝会因为缺少空间约束而向钢索形心位置移动，并将张力小的钢丝从原有位置挤到分布圆更大的位置，甚至缠绕在其他侧丝的外侧，引起钢索外观和结构的明显变化。由图 2.10(a) 可知，该钢索会因为直径不均匀、沿轴向松紧不一、力学性能波动而报废。若钢索成形的异常没有被及时处理，则可能发展为图 2.10(b) 所示的严重变形，导致出索路径发生堵塞故障，甚至发生更严重的机床故障和加工事故。

当侧丝冷绕捻距过大时，侧丝之间产生明显的间隙，当间隙过大时，侧丝在钢索的轴向失去约束。因此，侧丝之间的间隙沿着钢索的轴向呈现明显的非均匀性，钢索会因为沿轴向松紧不一、力学性能波动而报废。

综上所述，为了保证钢索的质量，应当选取合适的侧丝冷绕捻距以保证相邻侧丝间的接触，芯丝与侧丝间的接触同时发生，即为最优冷绕捻距的选取准则。

在 2.1 节建立的笛卡儿坐标系中定义考察侧丝 i ($i=1,2$) 的中心线，中心线上任意一点的矢量表示为 $^i\boldsymbol{\psi}_{e0}$，其中，$^i(\cdot)$ 表示侧丝的编号。规定 $^1\phi_{ez}=0$，即中心线 1 与 e_x 轴相交(图 2.11)。

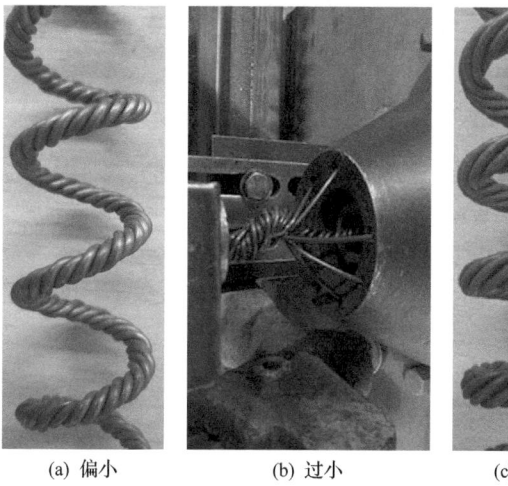

(a) 偏小   (b) 过小   (c) 偏大

图 2.10　侧丝捻距

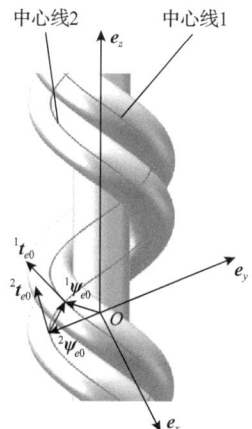

图 2.11　直钢索状态下相邻侧丝中心线

中心线 1 上的任意一点可以表示为

$$^{1}\boldsymbol{\psi}_{e0} = \begin{bmatrix} r_{he0} \cos {}^{1}\phi \\ -r_{he0} \sin {}^{1}\phi \\ r_{he0}\, {}^{1}\phi \tan \alpha_{e0} \end{bmatrix} \qquad (2.39)$$

中心线 1 在 $^{1}\boldsymbol{\psi}_{e0}$ 处的切向量 $^{1}\boldsymbol{t}_{e0}$ 可以表示为

$$^{1}\boldsymbol{t}_{e0} = \begin{bmatrix} -r_{he0} \sin {}^{1}\phi \\ -r_{he0} \cos {}^{1}\phi \\ r_{he0} \tan \alpha_{e0} \end{bmatrix} \qquad (2.40)$$

与中心线 1 相邻的中心线 2 上的任意一点可以表示为

$$^2\boldsymbol{\psi}_{e0}=\begin{bmatrix} r_{he0}\cos\left(^2\phi+{}^2\phi_{ez}\right) \\ -r_{he0}\sin\left(^2\phi+{}^2\phi_{ez}\right) \\ r_{he0}\,{}^2\phi\tan\alpha_{e0} \end{bmatrix} \tag{2.41}$$

同理，中心线 2 在 $^2\boldsymbol{\psi}_{e0}$ 处的切向量 $^2\boldsymbol{t}_{e0}$ 可以表示为

$$^2\boldsymbol{t}_{e0}=\begin{bmatrix} -r_{he0}\sin\left(^2\phi+{}^2\phi_{ez}\right) \\ -r_{he0}\cos\left(^2\phi+{}^2\phi_{ez}\right) \\ r_{he0}\tan\alpha_{e0} \end{bmatrix} \tag{2.42}$$

对于理想的直钢索，侧丝分布均匀，即 $^2\phi_{ez}=2\pi/n_e$。

连接点 $^1\boldsymbol{\psi}_{e0}$ 和 $^2\boldsymbol{\psi}_{e0}$ 的矢量可以表示为

$$^1\boldsymbol{\psi}_{e0}\,{}^2\boldsymbol{\psi}_{e0}=\begin{bmatrix} r_{he0}\cos\left(^2\phi+{}^2\phi_{ez}\right)-r_{he0}\cos{}^1\phi \\ r_{he0}\sin{}^1\phi-r_{he0}\sin\left(^2\phi+{}^2\phi_{ez}\right) \\ r_{he0}\,{}^2\phi\tan\alpha_{e0}-r_{he0}\,{}^1\phi\tan\alpha_{e0} \end{bmatrix} \tag{2.43}$$

根据前面的分析，当达到理论最优侧丝捻距时，相邻侧丝之间发生初始接触，即恰好相切且没有产生接触力和接触变形，意味着上述矢量应该满足法线条件与距离条件。其中，法线条件指的是矢量 $^1\boldsymbol{\psi}_{e0}\,{}^2\boldsymbol{\psi}_{e0}$ 应当为切向量 $^1\boldsymbol{t}_{e0}$ 和 $^2\boldsymbol{t}_{e0}$ 的公法线，即

$$\begin{cases} ^1\boldsymbol{\psi}_{e0}\,{}^2\boldsymbol{\psi}_{e0}\cdot{}^1\boldsymbol{t}_{e0}=0 \\ ^1\boldsymbol{\psi}_{e0}\,{}^2\boldsymbol{\psi}_{e0}\cdot{}^2\boldsymbol{t}_{e0}=0 \end{cases} \tag{2.44}$$

将式(2.40)、式(2.42)和式(2.43)代入式(2.44)，可发现式(2.44)中的两个等式都可以转换为以下形式：

$$\sin\left(^2\phi+{}^2\phi_{ez}-{}^1\phi\right)+\left(^2\phi-{}^1\phi\right)\tan^2\alpha_2=0 \tag{2.45}$$

距离条件指的是侧丝直径应当与矢量 $^1\boldsymbol{\psi}_{e0}\,{}^2\boldsymbol{\psi}_{e0}$ 的模相等，即

$$\left|{}^1\boldsymbol{\psi}_{e0}\,{}^2\boldsymbol{\psi}_{e0}\right|=2R_{e0} \tag{2.46}$$

将式(2.2)、式(2.43)代入式(2.45)和式(2.46)，可以得到

$$\sin\left({}^2\phi_{ez} + {}^2\phi - {}^1\phi\right) + \left({}^2\phi - {}^1\phi\right)\left[p_{e0}/(2\pi r_{he0})\right]^2 = 0 \tag{2.47}$$

$$4R_{e0}^2 = r_{he0}^2\left[2 - 2\cos\left({}^2\phi_{ez} + {}^2\phi - {}^1\phi\right) + \left({}^2\phi - {}^1\phi\right)^2\left(p_{e0}/(2\pi r_{he0})\right)^2\right] \tag{2.48}$$

联立式(2.1)、式(2.47)和式(2.48),就可以得到理论最优侧丝捻距 p_{e0}。只要把式(2.1)中的芯丝半径 R_{c0} 替换为内部钢索外包络圆柱的半径,该方法就可以用于多层钢索理论最优侧丝捻距的求取。

单圈弹簧产生的扭转数为 $\sin\alpha_m$,因此压缩弹簧的最优侧丝冷绕捻距为

$$p_{me} = \frac{p_{e0}L_m}{L_m + p_{e0}\sin\alpha_m} \tag{2.49}$$

而拉伸弹簧的最优侧丝冷绕捻距为

$$p_{me} = \frac{p_{e0}L_m}{L_m - p_{e0}\sin\alpha_m} \tag{2.50}$$

为了获得最优侧丝冷绕捻距,拧索轴的转速 ω_1 应设为

$$\omega_1 = \frac{L_m}{p_{me}}\omega_2 \tag{2.51}$$

由式(2.49)~式(2.51)可知,为了保证钢索的质量,获得最优的侧丝捻距,当冷绕加工多股压缩弹簧时,应当提高拧索轴的转速,而对于多股拉伸弹簧,应当降低拧索轴的转速。

然而,对于无芯绕簧原理的机床,绕簧步骤与拧索步骤是分开的。在绕簧时,无法通过钢索的自转来消除绕簧时钢索扭率变化对侧丝捻距的影响,因此现有结构的有芯绕簧机床更适合加工多股拉伸弹簧。在加工多股压缩弹簧时,绕簧钢索的拧松趋势对多股簧质量的影响是无法避免的,加工出的压缩弹簧钢索明显偏松,即捻距偏大。

在多股簧冷绕成形过程中,使用理论最优侧丝捻距加工的弹簧,侧丝之间仍然存在间隙(图 2.12),若要得到质量更优的多股簧,则需要继续用试凑的方式逐渐减小捻距值。

图 2.12 直接使用理论最优侧丝捻距加工的弹簧

使用本节提出的最优侧丝冷绕捻距加工弹簧，钢索既不会偏松也不会偏紧，既节约了因试凑捻距浪费的时间，提高了加工效率，也避免了因侧丝捻距过小引发的机床故障。使用最优侧丝冷绕捻距加工的多股簧的钢索质量更好(图 2.13)，在实际加工时，不需要人为对捻距进行修正，验证了本节提出多股簧受载后及冷绕成形时侧丝捻距变化规律及最优侧丝冷绕捻距的正确性。

图 2.13　使用最优侧丝冷绕捻距加工的多股簧

2.3　多股簧侧丝变形

本节建立笛卡儿空间直角坐标系 $\{e_x,e_y,e_z\}$，钢丝上的载荷如图 2.14 所示。G_e、N_e 分别为 x_e 轴方向的弯矩和剪切力；G'_e、N'_e 分别为 y_e 轴方向的弯矩和剪切力；H_e、T_e 分别为 z_e 轴方向的扭矩和轴向拉力；X_e、Y_e 和 Z_e 分别为单位长度侧丝中心线受到的沿 x_e 轴、y_e 轴和 z_e 轴方向的线载荷；K_e、K'_e 分别为单位长度侧丝中心线受到的关于 x_e 轴、y_e 轴方向的外部弯矩；Θ_e 为单位长度侧丝中心线受到的关于 z_e 轴方向的外部扭矩。根据 Love 弹性曲杆理论[75]，主扭转-挠曲坐标系中的平衡方程可以表示为

$$\frac{dN_e}{ds} - N'_e \tau_e + T_e \kappa'_e + X_e = 0 \tag{2.52}$$

$$\frac{dN'_e}{ds} - T_e \kappa_e + N_e \tau_e + Y_e = 0 \tag{2.53}$$

$$\frac{dT_e}{ds} - N_e \kappa'_e + N'_e \kappa_e + Z_e = 0 \tag{2.54}$$

$$\frac{dG_e}{ds} - \tau_e G'_e - N'_e + \kappa'_e H_e + K_e = 0 \tag{2.55}$$

$$\frac{dG'_e}{ds} + N_e - \kappa_e H_e + \tau_e G_e + K'_e = 0 \tag{2.56}$$

$$\frac{dH_e}{ds} - \kappa'_e G_e + \kappa_e G'_e + \Theta_e = 0 \tag{2.57}$$

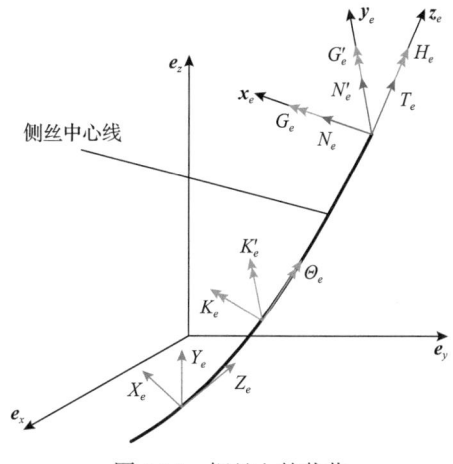

图 2.14 钢丝上的载荷

忽略丝间接触变形，多股簧中侧丝的横截面积可以表示为

$$A_e = \pi R_e^2 \tag{2.58}$$

多股簧中侧丝的轴向拉力可以表示为

$$T_e = E A_e \xi_e \tag{2.59}$$

式中，E 代表材料的弹性模量。

根据多股簧成形过程中侧丝中心线曲率和挠率的变化，计算出侧丝截面上的弯矩及扭矩[79]分别为

$$G_e = EI_e \left(\kappa_e - \kappa_{e0} + \kappa_e \xi_e \right) \tag{2.60}$$

$$G_e' = EI_e \left(\kappa_e' - \kappa_{e0}' + \kappa_e' \xi_e \right) \tag{2.61}$$

$$H_e = \mu_G J_e \left(\tau_e - \tau_{e0} + \tau_e \xi_e \right) \tag{2.62}$$

式中，κ_{e0}、κ_{e0}' 和 τ_{e0} 分别为直钢索中侧丝中心线在主扭转-挠曲坐标系中的曲率与挠率；κ_e、κ_e' 和 τ_e 分别为多股簧中侧丝中心线在主扭转-挠曲坐标系中的曲率与挠率；μ_G 为钢丝材料的剪切模量；EI_e 和 $\mu_G J_e$ 分别为钢丝的弯曲刚度和扭转刚度，可以表示为

$$EI_e = \frac{\pi E R_e^4}{4} \tag{2.63}$$

$$\mu_G J_e = \frac{\pi E R_e^4}{4(1+\nu)} \tag{2.64}$$

直钢索中侧丝中心线的主扭转-挠曲坐标系 $\{x_{e0}, y_{e0}, z_{e0}\}$ 和 Frenet-Serret 坐标系 $\{t_{e0}, n_{e0}, b_{e0}\}$ 重合,即侧丝中心线上每一点都有 $\varphi_{e0}=0$。因此,直钢索中侧丝中心线在主扭转-挠曲坐标系中的曲率和挠率可以分别表示为

$$\kappa_{e0} = 0 \tag{2.65}$$

$$\kappa'_{e0} = \kappa_{F0} \tag{2.66}$$

$$\tau_{e0} = \tau_{F0} \tag{2.67}$$

为了简化分析过程,本章考虑了两个重要的事实。第一,多股簧内钢丝间润滑良好且丝间摩擦对多股簧的几何没有影响,因此本章忽略侧丝间的摩擦。第二,丝间的接触力都指向钢丝横截面的形心,因此不会产生外部力矩。结合以上两个事实,可以假设 $K_e = K'_e = \Theta_e = 0$,即侧丝中心线受到的外部扭矩和弯矩都等于 0。该假设显著简化了多股簧中侧丝中心线的主扭转-挠曲坐标系 $\{t_e, n_e, b_e\}$ 的推导及侧丝平衡方程的求解。基于这个简化,将式(2.65)~式(2.67)代入式(2.60)~式(2.62),则可以将式(2.60)~式(2.62)改写为

$$G_e = \frac{\pi}{4} E R_e^4 \kappa_F \sin\varphi \tag{2.68}$$

$$G'_e = \frac{\pi}{4} E R_e^4 (\kappa_F \cos\varphi - \kappa_{F0}) \tag{2.69}$$

$$H_e = \frac{\pi E R_e^4}{4(1+\nu)} \left(\tau_F \frac{d\varphi}{ds} - \tau_{F0} \right) \tag{2.70}$$

将式(2.68)~式(2.70)代入式(2.57),可以得到以下关于 φ_e 的等式:

$$\frac{d(\tau_F - \tau_{F0})}{ds} + \frac{d^2\varphi_e}{ds^2} = (1+\nu)\kappa_F \kappa_{F0} \sin\varphi_e \tag{2.71}$$

2.4 多股簧侧丝几何数值求解方法

本节提出一种求解丝间接触行为及侧丝中心线上点坐标的新算法。与文献[36]、[70]和[73]提出的侧丝中心线二次螺旋模型不同,本节算法考虑了丝间接触变形及丝间接触引起的侧丝中心线变形,显著提升了侧丝中心线几何模型的精度。

在多股簧中,所有的侧丝都是等效的,相邻侧丝中心线的区别只有相位差 θ_{da},得到一根侧丝的几何,所有侧丝的几何就可以同时获得。因此,本节以图 2.15 中的侧丝 2 为对象,展示了侧丝中心线几何的求解方法。考虑多股簧的几何特点,侧丝的应力应变和几何参数都具有周期性分布特性。因此,将计算域设置为 $0° \leqslant \phi_e \leqslant 360°$。

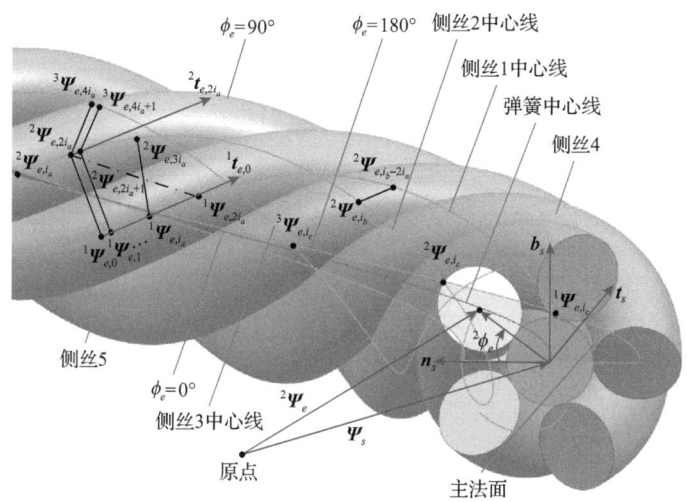

图 2.15 侧丝中心线几何求解

多股簧丝间接触状况复杂,侧丝 2 不仅与芯丝接触,同时与相邻的两根侧丝(侧丝 1 和侧丝 3)接触。如图 2.16 所示,侧丝 2 中心线受法向接触力 $^2p_{ec}$、$^2p_{eu}$

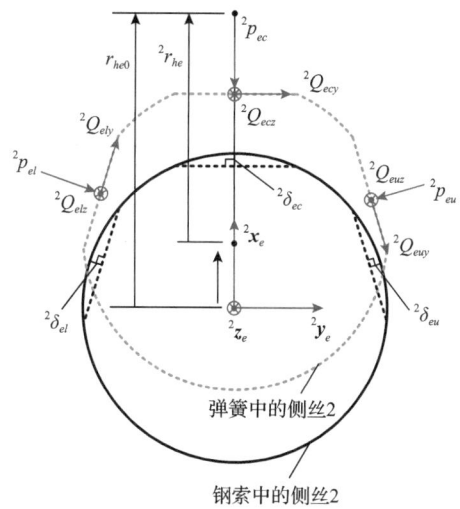

图 2.16 侧丝接触变形示意图

和 $^2p_{el}$ 作用，其中，$^i(\cdot)_{ec}$、$^i(\cdot)_{eu}$ 和 $^i(\cdot)_{el}$ 分别代表侧丝 i 与芯丝、相邻侧丝 $i-1$、相邻侧丝 $i+1$ 之间的相互作用。由前面的分析可知，$^2\rho_{el}$、$^2\varphi_e$、$^2\delta_{ec}$、$^2\delta_{eu}$、$^2\delta_{el}$、$^2p_{ec}$、$^2p_{eu}$ 和 $^2p_{el}$ 之间存在耦合关系，导致侧丝中心线的几何解析公式很难推导。为了克服这个困难，本节提出了一种迭代求解方法。

2.4.1 接触区域的离散处理

如果侧丝 1 与侧丝 2 中心线间距离小于这两根侧丝变形后的局部半径之和，那么认为这两根侧丝发生了接触，相应的节点对 $\left({}^1\boldsymbol{\Psi}_e, {}^2\boldsymbol{\Psi}_e\right)$ 定义为一个接触对。接触对中两个节点之间的矢量表示为 $\overline{{}^1\boldsymbol{\Psi}_e\,{}^2\boldsymbol{\Psi}_e}$ 且有 $\overline{{}^1\boldsymbol{\Psi}_e\,{}^2\boldsymbol{\Psi}_e} = {}^1\boldsymbol{\Psi}_e - {}^2\boldsymbol{\Psi}_e$。在多股簧中，由于侧丝间复杂的接触作用，潜在接触对的检测通常比较困难。为了解决这个问题，本节基于几何约束条件，提出一种通用的接触对检测方案，并对侧丝间的接触进行检测。

对于一个任意的接触对 $\left({}^1\boldsymbol{\Psi}_e, {}^2\boldsymbol{\Psi}_e\right)$，矢量 $\overline{{}^1\boldsymbol{\Psi}_e\,{}^2\boldsymbol{\Psi}_e}$ 与这两个节点处侧丝中心线的切向量垂直，即满足以下关系式：

$$\begin{cases} \overline{{}^1\boldsymbol{\Psi}_e\,{}^2\boldsymbol{\Psi}_e} \cdot {}^1t_e = 0 \\ \overline{{}^1\boldsymbol{\Psi}_e\,{}^2\boldsymbol{\Psi}_e} \cdot {}^2t_e = 0 \end{cases} \tag{2.72}$$

此外，矢量 $\overline{{}^1\boldsymbol{\Psi}_e\,{}^2\boldsymbol{\Psi}_e}$ 的模等于侧丝 1 与侧丝 2 变形后局部半径的和，即满足以下关系式：

$$\left|\overline{{}^1\boldsymbol{\Psi}_e\,{}^2\boldsymbol{\Psi}_e}\right| = {}^2d_{eu} \tag{2.73}$$

式中，$^2d_{eu}$ 是侧丝 1 和侧丝 2 变形后局部半径之和。

在侧丝间接触区域内，$^2d_{eu}$ 可以表示为

$$^2d_{eu} = {}^1R_{e0}\left(1 - \nu\,{}^1\xi_e\right) + {}^2R_{e0}\left(1 - \nu\,{}^2\xi_e\right) - 2\,{}^2\delta_{eu} \tag{2.74}$$

值得注意的是，侧丝 1 与侧丝 2 之间有一个特殊的接触对 $\left({}^2\boldsymbol{\Psi}_e\big|_{{}^2\phi_e = \pi + \phi_{\text{in}}}, {}^1\boldsymbol{\Psi}_e\big|_{{}^1\phi_e = \pi - \phi_{\text{in}}}\right)$，其中，$\phi_{\text{in}}$ 是待定量，因为这个接触对中两个节点的 ϕ_e 角关于 180° 对称，所以这个接触对定义为对称接触对。对称接触对的两个节点 $^2\boldsymbol{\Psi}_e\big|_{{}^2\phi_e = \pi + \phi_{\text{in}}}$ 和 $^1\boldsymbol{\Psi}_e\big|_{{}^1\phi_e = \pi - \phi_{\text{in}}}$ 定义为对称接触节点。

利用 i_c+1 个节点将侧丝 2 中心线上点 $^2\boldsymbol{\Psi}_e|_{^2\phi_e=\pi-\phi_{\mathrm{in}}}$ 与 $^2\boldsymbol{\Psi}_e|_{^2\phi_e=2\pi}$ 之间的曲线段 $\overparen{^2\boldsymbol{\Psi}_e|_{^2\phi_e=\pi-\phi_{\mathrm{in}}}\ ^2\boldsymbol{\Psi}_e|_{^2\phi_e=2\pi}}$ 离散为 i_c 个非等长的微段。在求解过程开始时，任意两个相邻节点 $^2\boldsymbol{\Psi}_{e,i}$ 和 $^2\boldsymbol{\Psi}_{e,i+1}$（$i=1,2,\cdots,i_c+1$）之间的相位差 $\Delta^2\phi_{e,i}$ 未知，并且会在后续的求解过程中确定。这里 $(\cdot)_i$ 代表变量的离散值。

在侧丝 2 中心线的曲线段 $\overparen{^2\boldsymbol{\Psi}_e|_{^2\phi_e=\pi-\phi_{\mathrm{in}}}\ ^2\boldsymbol{\Psi}_e|_{^2\phi_e=\pi}}$ 上定义 i_a+1 个节点：

$$^2\phi_{e,i_a}=\pi \tag{2.75}$$

$$^2\phi_{e,0}=\pi-\phi_{\mathrm{in}} \tag{2.76}$$

任意两个节点间的相位差 $\Delta^2\phi_{e,i}$ 满足

$$\Delta^2\phi_{e,i}=\frac{\phi_{\mathrm{in}}}{i_a} \tag{2.77}$$

考虑多股簧几何特征，计算域端部节点的 $^2\phi_{e,i_c}$、$^2\theta_{e,i_c}$ 和 $^1\theta_{e,0}$ 可以表示为

$$^2\phi_{e,i_c}=2\pi \tag{2.78}$$

$$^2\theta_{e,i_c}=^2\theta_{e,i_a}+\frac{\theta_{ds}}{2} \tag{2.79}$$

$$^1\theta_{e,0}=^2\theta_{e,0}+\theta_{da} \tag{2.80}$$

由前面的分析可知，侧丝之间的接触区域存在对称接触对，因此侧丝 1 中心线上的曲线段 $\overparen{^1\boldsymbol{\Psi}_{e,0}\ ^1\boldsymbol{\Psi}_{e,i_a}}$ 与侧丝 2 中心线上的曲线段 $\overparen{^2\boldsymbol{\Psi}_{e,2i_a}\ ^2\boldsymbol{\Psi}_{e,3i_a}}$ 相接触，即有

$$^2\phi_{e,2i_a}=\pi+\phi_{\mathrm{in}} \tag{2.81}$$

值得注意的是，侧丝中心线在计算域 $0°\leqslant\phi_e\leqslant 360°$ 的所有参数都是关于 $\phi_e=180°$ 对称的。因此，实际只需要对半个计算域进行求解。侧丝 1 中心线与侧丝 2 中心线之间的对称接触对为 $(^1\boldsymbol{\Psi}_{e,0},\ ^2\boldsymbol{\Psi}_{e,2i_a})$，两个节点 $^1\boldsymbol{\Psi}_{e,0}$ 和 $^2\boldsymbol{\Psi}_{e,2i_a}$ 为对称接触节点。

侧丝 1 中心线的曲线段 $\overparen{^1\boldsymbol{\Psi}_{e,0}\ ^1\boldsymbol{\Psi}_{e,i_a}}$ 上所有节点的相角 $^1\phi_e$ 和 $^1\theta_e$ 可采用方程组 (2.82) 求解：

$$\begin{cases} {}^1\phi_{e,i+1} = {}^1\phi_{e,i} + \dfrac{\phi_{in}}{i_a} \\ {}^1\theta_{e,i+1} = {}^1\theta_{e,i} + {}^1\rho_{e,i}\dfrac{\phi_{in}}{i_a} \qquad , \quad i=0,1,\cdots,i_a-1 \\ {}^1\boldsymbol{t}_{e,i} = {}^1\boldsymbol{\Psi}_e\big|_{\theta_e={}^1\theta_{e,i}+{}^1\rho_{e,i}d\phi,\,\phi_e={}^1\phi_{e,i}+d\phi} - {}^1\boldsymbol{\Psi}_{e,i} \end{cases} \quad (2.82)$$

曲线段 $\overparen{{}^2\boldsymbol{\Psi}_{e,i_a}\ {}^2\boldsymbol{\Psi}_{e,2i_a}}$ 上所有节点的相角 ${}^2\phi_e$ 和 ${}^2\theta_e$ 可以采用方程组(2.83)求解：

$$\begin{cases} {}^2\phi_{e,2i_a-j} = 2\pi - {}^1\phi_{e,j} \\ {}^2\theta_{e,2i_a-j} = 2{}^1\theta_{e,i_a} - {}^1\theta_{e,j} - \theta_{da} \end{cases} , \quad j=1,2,\cdots,i_a-1 \quad (2.83)$$

此外，侧丝 2 中心线的曲线段 $\overparen{{}^2\boldsymbol{\Psi}_{e,2i_a}\ {}^2\boldsymbol{\Psi}_{e,3i_a}}$ 上所有节点的相角 ${}^2\phi_e$ 和 ${}^2\theta_e$ 可以采用方程组(2.84)求解：

$$\begin{cases} {}^2\phi_{e,2i_a+j+1} = {}^2\phi_{e,2i_a+j} + \Delta{}^2\phi_{e,2i_a+j} \\ {}^2\theta_{e,2i_a+j+1} = {}^2\theta_{e,2i_a+j} + {}^2\rho_{e,2i_a+j}\Delta{}^2\phi_{e,2i_a+j} \qquad , \quad j=0,1,\cdots,i_a-1 \\ {}^2\boldsymbol{t}_{e,2i_a+j} = {}^2\boldsymbol{\Psi}_e\big|_{\theta_e={}^2\theta_{e,2i_a+j}+{}^2\rho_{e,2i_a+j}d\phi,\,\phi_e={}^2\phi_{e,2i_a+j}+d\phi} - {}^2\boldsymbol{\Psi}_{e,2j_a+j} \end{cases} \quad (2.84)$$

式中，$\Delta{}^2\phi_{e,2i_a+j}$ 为侧丝 2 中心线上相邻节点 ${}^2\boldsymbol{\Psi}_{e,2i_a+j}$ 和 ${}^2\boldsymbol{\Psi}_{e,2i_a+j+1}$ 间的相位差。

因为初始相位的选择不影响计算结果，所以为了简化计算，令 ${}^2\theta_{e,2i_a}+{}^1\theta_{e,0}=0$。将侧丝 2 中心线上的曲线段 $\overparen{{}^2\boldsymbol{\Psi}_{e,i_a}\ {}^2\boldsymbol{\Psi}_{e,3i_a}}$ 定义为初始接触段 D_1。假设接触对 $\left({}^1\boldsymbol{\Psi}_{e,i_b-2i_a},\ {}^2\boldsymbol{\Psi}_{e,i_b}\right)$ 是接触区域的边界，曲线段 $\overparen{{}^2\boldsymbol{\Psi}_{e,3i_a}\ {}^2\boldsymbol{\Psi}_{e,i_b}}$ 和 $\overparen{{}^2\boldsymbol{\Psi}_{e,i_b}\ {}^2\boldsymbol{\Psi}_{e,i_c}}$ 分别定义为扩展接触段 D_2 和非侧丝接触段 D_s。

扩展接触段 D_2 的求解过程与初始接触段 D_1 的求解过程类似。考虑多股簧的几何特征，扩展接触段 D_2 的求解过程与初始接触段 D_1 的求解过程不同的是 ${}^1\phi_{e,i_a+j}$、${}^1\theta_{e,i_a+j}$ 和 ${}^1t_{e,i_a+j}$ 由方程组(2.85)进行计算：

$$\begin{cases} {}^1\phi_{e,i_a+j} = {}^2\phi_{e,i_a+j} \\ {}^1\theta_{e,i_a+j} = {}^2\theta_{e,i_a+j} + \theta_{da}, \quad j=1,2,\cdots,i_b-3i_a \\ {}^1\boldsymbol{t}_{e,i_a+j} = {}^2\boldsymbol{t}_{e,i_a+j} \end{cases} \quad (2.85)$$

因此，式(2.84)可以改写为

$$\begin{cases} {}^2\phi_{e,3i_a+j+1} = {}^2\phi_{e,3i_a+j} + \Delta {}^2\phi_{e,3i_a+j} \\ {}^2\theta_{e,3i_a+j+1} = {}^2\theta_{e,3i_a+j} + \Delta {}^2\theta_{e,3i_a+j} \\ {}^2t_{e,3i_a+j} = {}^2\Psi_e \big|_{\theta_e = {}^2\theta_{e,3i_a+j} + {}^2\rho_{e,3i_a+j}\mathrm{d}\phi,\ \phi_e = {}^2\phi_{e,3i_a+j} + \mathrm{d}\phi} - {}^2\Psi_{e,3i_a+j} \end{cases}, \quad j=1,2,\cdots,i_b-3i_a \quad (2.86)$$

上述处理可以在不增加计算负担的前提下降低递推过程的累积误差。

为了简化求解过程，侧丝 2 中心线非侧丝接触段 D_s 上所有节点的 ${}^2\phi_e$ 可以由式(2.87)进行计算：

$${}^2\phi_{e,i_b+j} = {}^2\phi_{e,i_b} + j\left(2\pi - {}^2\phi_{e,i_b}\right)\big/(i_c - i_b), \quad j=1,2,\cdots,i_c-i_b \quad (2.87)$$

2.4.2 钢丝平衡方程的离散处理

将假设关系 $K_e = K'_e = \Theta_e = 0$ 代入式(2.55)和式(2.56)，则可将 N'_e 和 N_e 的离散值表示为

$$N'_{e,i} = \Lambda_{e,i}\left(\frac{\mathrm{d}G}{\mathrm{d}\phi}\right)_{e,i} - G'_{e,i}\tau_{e,i} + \varXi_{e,i}\kappa'_{e,i} \quad (2.88)$$

$$N_{e,i} = \varXi_{e,i}\kappa_{e,i} - G_{e,i}\tau_{e,i} - \Lambda_{e,i}\left(\frac{\mathrm{d}G'}{\mathrm{d}\phi}\right)_{e,i} \quad (2.89)$$

根据式(2.54)，可得侧丝轴向拉力的梯度为

$$\left(\frac{\mathrm{d}T}{\mathrm{d}\phi}\right)_{e,i} = \frac{N_{e,i}\kappa'_{e,i} - N'_{e,i}\kappa_{e,i}}{\Lambda_{e,i}} \quad (2.90)$$

求解出 N_e、N'_e 和 T_e 之后，单位长度侧丝中心线受到的线载荷 X_e 和 Y_e 可以根据式(2.52)和式(2.53)求解：

$$X_{e,i} = N'_{e,i}\tau_{e,i} - T_{e,i}\kappa'_{e,i} - \Lambda_{e,i}\left(\frac{\mathrm{d}N}{\mathrm{d}\phi}\right)_{e,i} \quad (2.91)$$

$$Y_{e,i} = T_{e,i}\kappa_{e,i} - N_{e,i}\tau_{e,i} - \Lambda_{e,i}\left(\frac{\mathrm{d}N'}{\mathrm{d}\phi}\right)_{e,i} \quad (2.92)$$

值得注意的是，在非侧丝接触段 $\overline{{}^2\boldsymbol{\varPsi}_{e,i_b}{}^2\boldsymbol{\varPsi}_{e,i_c}}$ 上，侧丝仅与芯丝接触，因此可认为 $Y_e=0$，非侧丝接触段上的式(2.53)可以改写为

$$0 = T_{e,i}\kappa_{e,i} - N_{e,i}\tau_{e,i} - \Lambda_{e,i}\left(\frac{\mathrm{d}N'}{\mathrm{d}\phi}\right)_{e,i} \tag{2.93}$$

2.4.3 丝间接触力及接触变形

由于钢丝可以近似为连接在一起的一系列圆柱段，当圆柱段的长度足够小（即 $\Delta\phi_e$ 足够小）时，可以采用相邻钢丝中心线间密集分布的离散线接触单元来模拟钢丝间的连续线接触[80]。钢丝材料在本书中假设为双线性各向同性硬化弹塑性材料。

考虑多股簧的内丝接触状态，作用在侧丝 2 上的接触力可以描述成如下矩阵形式：

$$^2\boldsymbol{P}_m = \begin{bmatrix} {}^2p_{ec} & 0 & 0 \\ 0 & {}^2p_{eu} & 0 \\ 0 & 0 & {}^2p_{el} \end{bmatrix} \tag{2.94}$$

接触力在侧丝 2 中心线上主扭转-挠曲坐标系内的方向余弦矩阵 $^2\boldsymbol{D}_{cm}$ 可以写成如下形式：

$$^2\boldsymbol{D}_{cm} = \begin{bmatrix} {}^2l_{ec} & {}^2l_{eu} & {}^2l_{el} \\ {}^2m_{ec} & {}^2m_{eu} & {}^2m_{el} \\ {}^2n_{ec} & {}^2n_{eu} & {}^2n_{el} \end{bmatrix} \tag{2.95}$$

式中，l、m 和 n 分别为接触力在侧丝 2 中心线上 Frenet-Serret 坐标系内的方向余弦。

因此，作用在侧丝 2 中心线上的线载荷可以通过如下公式计算：

$$\begin{bmatrix} {}^2X_e & {}^2Y_e & {}^2Z_e \end{bmatrix}^\mathrm{T} = {}^2\boldsymbol{D}_{cm}{}^2\boldsymbol{P}_m \tag{2.96}$$

在多股簧成形过程中，丝间接触简化为线接触。分布线载荷为 p，接触区的宽度为 $2a$。

基于 Hertz 弹性接触理论，接触界面的压力分布可以表示为[81]

$$P(x) = P_0^* \sqrt{1-(x/a)^2} \tag{2.97}$$

式中，P_0^* 为图 2.17 中接触中心点 O 处的接触压力：

$$P_0^* = \frac{aE^*}{2R^*} \tag{2.98}$$

式中，E^* 和 R^* 分别为线接触结构的等效弹性模量和相对曲率，可以表示为

$$E^* = \left(\frac{1-\nu_1^2}{E_1} + \frac{1-\nu_2^2}{E_2}\right)^{-1} \tag{2.99}$$

$$R^* = \left(\frac{1}{R_1} + \frac{1}{R_2}\right)^{-1} \tag{2.100}$$

式中，E_1 和 E_2 分别为两个接触体的弹性模量；ν_1 和 ν_2 分别为两个接触体的泊松比。

当 $P_0^* > P_y$ 时，接触面发生屈服，此时 Hertz 弹性接触理论不再适用。此处，P_y 为材料的接触屈服强度，可以表示为[82]

$$P_y \approx 1.90\sigma_s \tag{2.101}$$

式中，σ_s 为材料的屈服强度。

在弹塑性线接触发生时，接触界面压力分布如图 2.17 所示。图中，a_p 和 a_e 分别为塑性接触区域和弹性接触区域的半宽。由于塑性变形的影响，实际最大接触力 $P_{0p}^* = P_y + (P_0^* - P_y)H^*/E^*$ 小于 P_0^*。接触分布可以表示为

$$\begin{cases} P_0^* \sqrt{1-(x/a)^2}, & a_p < |x| \leq a \\ P_y + \dfrac{H^*}{E^*}\left(P_0^* - \dfrac{P_y}{\sqrt{1-(x/a)^2}}\right)\sqrt{1-(x/a)^2}, & 0 < |x| \leq a_p \end{cases} \tag{2.102}$$

式中，H^* 为线接触结构的等效硬化模量，可以表示为

$$H^* = \left(\frac{1-\nu_1^2}{H_1} + \frac{1-\nu_2^2}{H_2}\right)^{-1} \tag{2.103}$$

式中，H_1 和 H_2 分别为两接触体的硬化模量。

因此，接触半宽 a 可由关系式(2.104)求解[71, 81, 82]：

$$\begin{cases} a = \left(\dfrac{4pR^*}{\pi E^*}\right)^{0.5}, & \dfrac{aE^*}{2R^*} \leqslant 1.90\sigma_s \\[2mm] p - \dfrac{\pi E^* a^2}{4} - 1.9\left(1 - \dfrac{H^*}{E^*}\right)\sigma_s a \sqrt{1 - \left(\dfrac{3.8\sigma_s R^*}{E^* a}\right)^2} \\[2mm] \quad + \dfrac{(E^* - H^*)a^2}{2R^*} \arcsin \sqrt{1 - \left(\dfrac{3.8\sigma_s R^*}{E^* a}\right)^2} = 0, & \dfrac{aE^*}{2R^*} > 1.90\sigma_s \end{cases} \quad (2.104)$$

利用式(2.104)求解出接触半宽 a 后，可利用式(2.105)计算半径为 R 的钢丝的接触变形 δ：

$$\delta = R - \left(R^2 - a^2\right)^{1/2} \tag{2.105}$$

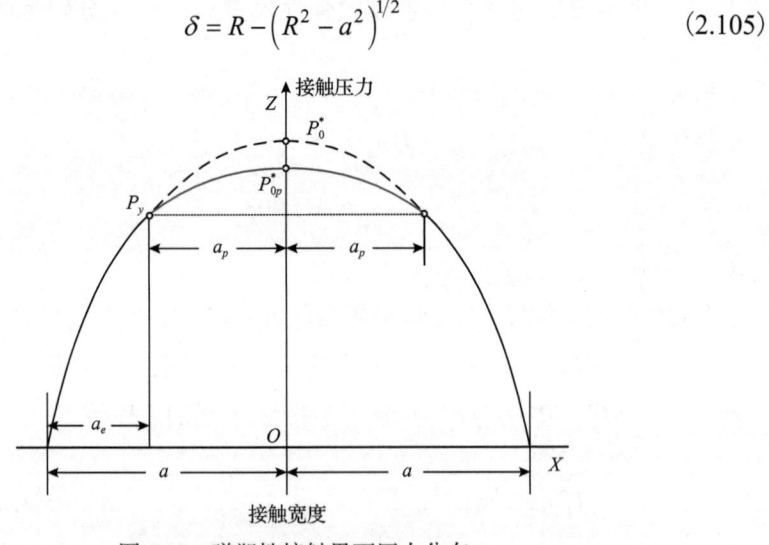

图 2.17 弹塑性接触界面压力分布

2.5 几何模型有限元仿真及试验验证

为了检验本章所提考虑丝间相互作用的多股簧几何模型的有效性，本节利用两根未使用过的空气压缩机复位多股簧样品进行有限元冷绕成形仿真和三维扫描试验对模型进行验证。

两根多股簧样品都是由 1 根芯丝和 5 根侧丝组成的钢索缠绕而成的。两根多股簧样品钢丝的材料都是 T9A 碳素弹簧钢。两根多股簧样品的几何参数如表 2.2 所示,多股簧钢丝材料的参数如表 2.3 所示[83]。

表 2.2 两根多股簧样品的几何参数 (单位:mm)

样品	r	R_{he0}	R_{c0}	R_{e0}	p_s	p_{e0}
样品 1	12.216	1.78	0.89	0.89	20.862	17.643
样品 2	11.462	1.78	0.89	0.89	19.486	17.272

表 2.3 多股簧钢丝材料的参数

参数	数值
弹性模量 E/GPa	205
硬化模量 H/GPa	41
泊松比 ν	0.3
屈服强度 σ_s/GPa	1.55
极限抗拉强度 σ_b/GPa	1.9
摩擦系数 f	0.115
密度 ρ/(kg/m^3)	7850

多股簧内的芯丝被侧丝包裹,而且三维扫描仪的精度不足以测量侧丝直径的收缩率。因此,本章模型计算得到的侧丝与芯丝之间的接触变形 δ_{ec} 及侧丝的轴向拉伸应变 ξ_e 只能利用有限元仿真进行验证。

本章的有限元仿真考虑了丝间摩擦力,这是因为考虑丝间摩擦力的仿真结果更接近实际情况,在验证本章模型时更有说服力。此外,为了验证本章模型忽略丝间摩擦力的合理性,本节同时给出了忽略丝间摩擦力的有限元仿真结果。

2.5.1 有限元仿真

在 Siemens PLM NX 12.0.2 中建立多股簧冷绕成形开始前的三维模型并导入 ABAQUS/Explicit 模块中。有限元仿真中的多股簧钢丝均采用双线性各向同性硬化弹塑性材料模型和 Mises 屈服准则,多股簧钢丝材料的参数见表 2.3,该材料模型广泛应用于钢丝绳的研究中,并取得了良好的效果[84, 85]。本节的有限元仿真均考虑了几何非线性。

多股簧冷绕成形网格划分如图 2.18 所示,有限元模型中的多股簧钢丝采用 C3D8R 单元(三维八节点六面体线性减缩积分单元)进行网格划分。此单元适用于塑性、大变形等复杂非线性问题,在多股簧[36]及与多股簧类似结构的钢丝绳的研究中表现良好[86]。利用收敛性分析确定网格密度,选用 0.2mm×0.2mm×0.2mm 尺寸的网格划分多股簧钢丝,通过沿钢丝中心线扫略的方式对各钢丝进行网格划分。为了对多股簧各股钢丝中心线的几何进行分析,本章考察了参考曲线(芯丝中心线 F_c 和侧丝中心线 F_e)。

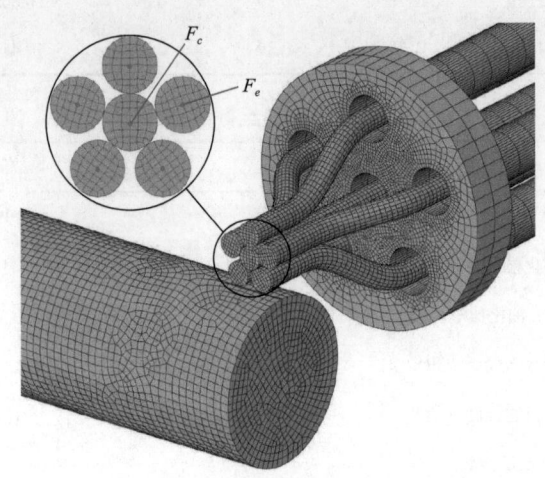

图 2.18 多股簧冷绕成形网格划分

因此,这种网格划分可以在后处理中利用节点的坐标分析钢丝的轴向拉伸变形及径向变形。六根钢丝共划分为 93389 个节点,74606 个单元。除了钢丝,其他部件均设置为离散刚体,并使用 R3D4 单元(四节点刚性单元)进行网格划分,共划分为 3213 个节点,3207 个单元。

本章模型使用面-面接触类型来描述相邻钢丝间的接触行为以及钢丝与其余部件的接触行为。在切向行为及径向行为的设定中,分别选择了罚接触和硬接触,这种设定适用于相邻钢丝间的弹塑性接触[87, 88]。

通过运动耦合对模型施加边界条件,在拧索轴和绕簧轴相应的参考节点上施加刚体运动。多股簧成形过程仿真如图 2.19 所示,拧索轴以角速度 ω_1 旋转,将钢丝拧成钢索。同时,绕簧轴以角速度 ω_2 旋转并以线速度 V 轴向运动,将钢索绕成弹簧,钢索的中心线也从直线变成一次螺旋线。在冷绕成形过程中,每根钢丝的顶端都与卡盘耦合,末端在钢丝中心线上施加轴向张力 T。张力可以防止钢丝发生松散,也可以为钢索和多股簧的成形提供足够的拉力。ω_1、ω_2 和 T 的值根据实际冷绕成形工艺参数选择。多股簧冷绕成形仿真结果如图 2.20 所示,提取此时各钢丝中心线 F_c、F_e 上所有节点的坐标以供后面几何分析时使用。

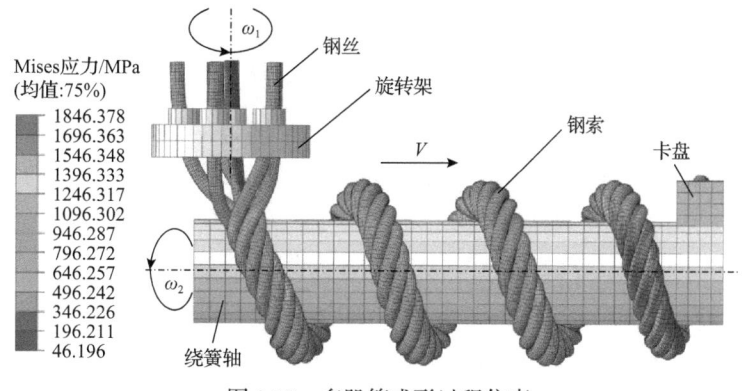

图 2.19　多股簧成形过程仿真

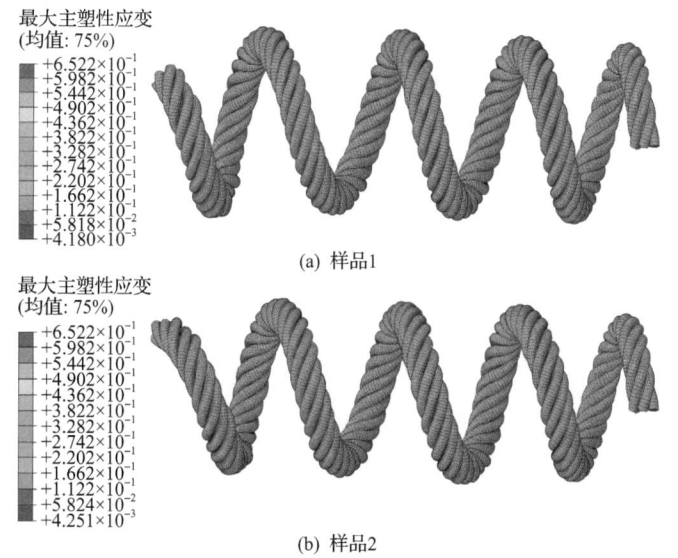

图 2.20　多股簧冷绕成形仿真结果

2.5.2　扫描试验

如图 2.21 所示，本节对表 2.2 中的两根样品弹簧进行了三维(3D)扫描试验，试验获取了样品多股簧表面的点云数据。3D 扫描系统由一台移动工作站(Dell M4800)和一台 3D 扫描仪(TENYOUN OKIO-5M)组成。TENYOUN OKIO-5M 配备两台分辨率为 2448×2056 像素的单色相机和一台分辨率为 1024×768 像素的投影仪，扫描精度高达 0.005mm。3D 扫描结果的侧丝重构如图 2.22 所示。为了从 3D 点云中获取侧丝中心线几何，本节采用 Dimitrov 等[89]提出的弯管拟合法对侧丝进行了拟合，并进一步提取了侧丝中心线上若干节点的坐标，对每根样品弹簧中两根相邻钢丝的表面进行了拟合(图 2.22)，并提取了相应侧丝横截面上中心点的坐标。

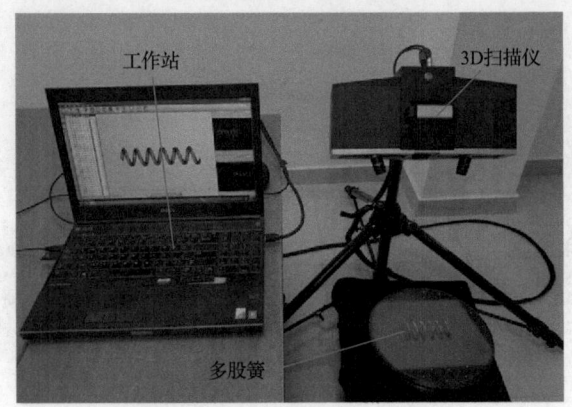

图 2.21　3D 扫描试验的装置

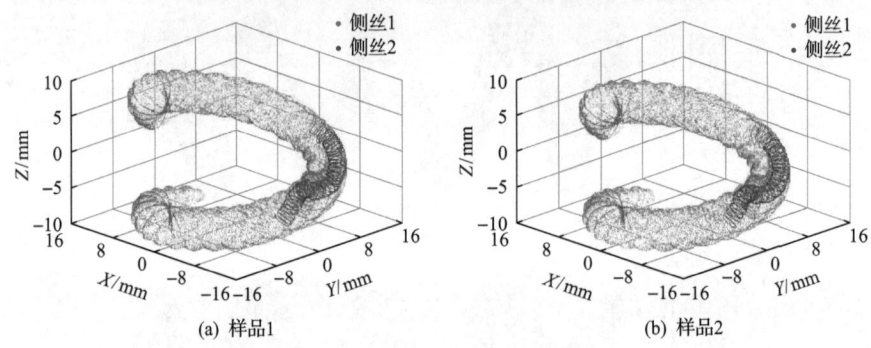

图 2.22　3D 扫描结果的侧丝重构

2.5.3　几何模型验证

多股簧侧丝几何数值求解方法中考虑了侧丝间的接触,涉及几何与力学等各方面,并包含非线性接触计算,过程复杂。为了验证本章模型及其离散求解方法关键过程的有效性,本节进行计算试验,并将有限元仿真结果及试验测量值与理论计算得到的几何模型及算法关键过程的结果进行对比。根据曲线几何求解夹角 φ_e、根据丝间接触力求解丝间接触变形等均为成熟方法,本节不再单独验证。

本章提出多股簧几何模型的整体思路就是分析接触区侧丝中心线与二次螺旋曲线的几何差异,利用弹性曲杆理论分析接触区侧丝从二次螺旋变形到实际曲线所需外力,根据力平衡求解丝间接触力及非侧丝接触段侧丝中心线几何。若捻距过大导致侧丝间接触消失,则实际侧丝中心线与二次螺旋曲线的几何差异消失,本章模型自动退化为二次螺旋模型。例如,当侧丝捻距为 19mm 时,丝间间隙为 0.053mm,丝间接触变形及侧丝轴向拉伸应变均为 0,相角梯度 $\rho_e=0.331$ 为常数,与二次螺旋模型相符。

侧丝捻距越小，侧丝间接触作用越强，本章模型误差也就越大。因此，本节针对模型及其算法过程有效性的试验尽可能考虑侧丝捻距较小的情况。由于侧丝间接触变形及侧丝直径收缩的存在，侧丝捻距在极端情况下可以小于理论最优捻距[72,90]，针对表 2.2 中两根多股簧样品的计算试验足以验证本章模型及其算法过程的有效性。

图 2.23 为有限元仿真 3D 扫描试验和本章模型得到的侧丝中心线上 ρ_e 分布的验证，3D 扫描试验结果去除了异常点。表 2.4 为有限元仿真及理论计算得到的 ρ_e 相对于 3D 扫描试验的最大误差。

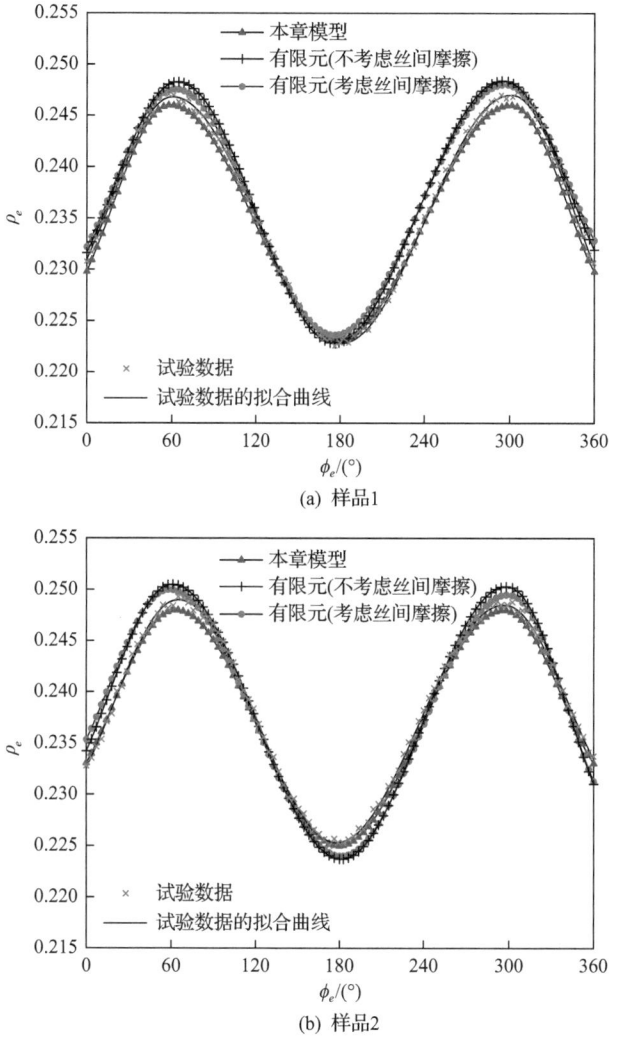

图 2.23 相角梯度 ρ_e 分布的验证

表 2.4 相对试验测量得到 p_e 值的最大误差

样品	最大误差/%		
	本章模型	考虑丝间摩擦的有限元	不考虑丝间摩擦的有限元
样品 1	−0.513	1.068	1.090
样品 2	−0.460	1.199	−1.056

由图 2.24 及表 2.4 可知,本章模型的精度与有限元仿真的精度相近,模型及其算法过程的有效性得到验证。

考虑丝间摩擦、不考虑丝间摩擦的有限元仿真及本章模型单次计算时间分别约为 20h、18h 和 0.7h。本章所有的仿真和计算都是在普通工作站进行的。工作站中央处理器为 Intel i7 6700,内存为 16GB,图形处理器为 NVIDIA GeForce GTX TITAN。此外,如果使用有限元法,对不同参数多股簧的反复建模和网格划分过程也是非常耗时的,而本章模型不需要此步骤,这也提高了计算效率。

第 3 章　多股簧静态设计方法

多股簧静态响应模型是描述多股簧静态变形与其输出恢复力之间关系的数学模型，又常称为刚度模型。在设计基于多股簧的复位装置时，往往需要利用这一模型来分析多股簧在受载变形后能否产生足够的恢复力使机构可靠复位。Love[75]提出的细长曲杆弹性力学理论是分析钢丝等细长曲杆静态响应的重要工具，该理论构成了钢丝绳曲杆模型的基础，Costello 等[91,92]利用这一理论对钢丝绳的静态响应进行了系统研究。本章将对细长曲杆弹性力学理论进行简要介绍，研究多股簧钢索在受载时的状态转换规律，建立多股簧受载时钢索拧紧前后的静态响应模型并通过数值算例研究多股簧几何参数对其静态响应特性的影响。

3.1　细长曲杆的弹性力学理论

3.1.1　细长曲杆的曲率分量和扭率

考虑处于空间固定坐标系 $P\text{-}XYZ$ 中横截面为正圆形的细长曲杆，其受载前后的空间位置如图 3.1 所示。

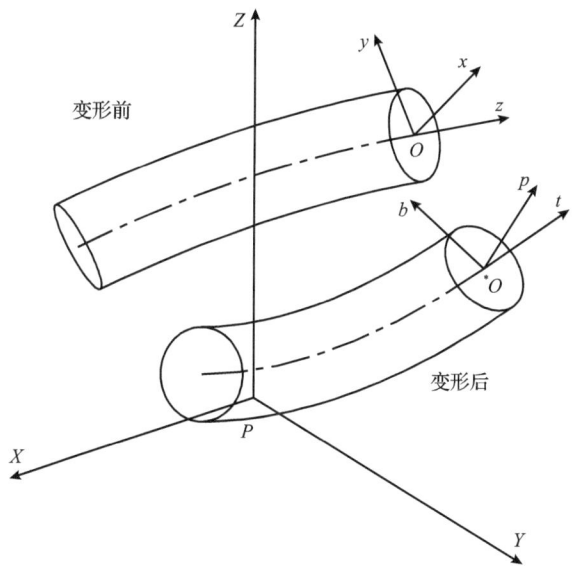

图 3.1　细长曲杆受载前后的空间位置

在变形前的细长曲杆的横截面上定义右手直角坐标系 $O\text{-}xyz$，其中 z 轴通过曲杆中心线与横截面的交点且与曲杆中心线相切，x 轴、y 轴分别为按右手定则确定的横截面的两个主轴。考虑坐标系 $O\text{-}xyz$ 中存在三个分别位于 x 轴、y 轴、z 轴上的线元 A、B、C，当细长曲杆受载发生变形后，线元 A、B、C 将不再互相垂直，记变形后的线元 A、B、C 分别为 $^*A$、$^*B$、$^*C$，在变形的曲杆截面上建立右手直角坐标系 $^*O\text{-}pbt$，其中 t 轴方向与线元 $^*C$ 相同，p 轴与 t 轴垂直且 p 轴处于线元 $^*A$、$^*C$ 确定的平面内，b 轴方向由 p 轴、t 轴按右手定则确定，Love[75]将坐标系 $^*O\text{-}pbt$ 称为主扭转-挠曲坐标系。

设想坐标系 $O\text{-}xyz$ 的原点 O 沿变形前的曲杆中心线以单位速率运动，则坐标系 $O\text{-}xyz$ 在固定坐标系 $P\text{-}XYZ$ 中将相应地获得一个角速度矢量 ω_0，定义角速度矢量 ω_0 在 x 轴、y 轴、z 轴上的投影分别为曲率分量 κ_{p0}、κ_{b0} 和扭率 τ_0。同样地，考虑坐标系 $^*O\text{-}pbt$ 的原点 $^*O$ 沿变形后的曲杆中心线以单位速率运动，可得到角速度矢量 ω，以及曲率分量 κ_p、κ_b 和扭率 τ。显然，角速度矢量 ω 是由曲杆中心线本身相对固定坐标系 $P\text{-}XYZ$ 的角速度和主扭转-挠曲坐标系相对曲杆中心线的角速度共同确定的。

3.1.2 细长曲杆的受力平衡方程

考虑一长度为 s 的细长曲杆所受的载荷，如图 3.2 所示。

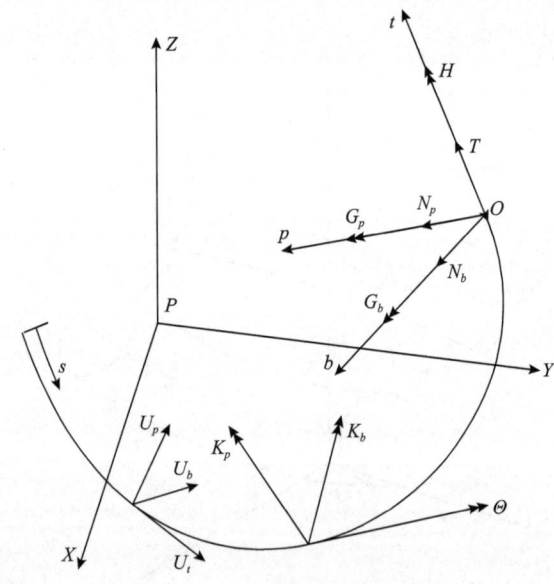

图 3.2 细长曲杆受载示意图

图 3.2 中，N_p、N_b 分别为截面上沿 p 轴、b 轴方向的剪力；T 为沿 t 轴方向的

张力；G_p、G_b 分别为 p 轴、b 轴方向的弯矩；H 为 t 轴方向的扭矩；K_p、K_b 分别为沿曲杆中心线分布，作用在曲杆上单位长度内沿 p 轴、b 轴方向的外力弯矩；Θ 为沿曲杆中心线分布，作用在曲杆上单位长度内沿 t 轴方向的外力扭矩；U_p、U_b、U_t 分别为沿曲杆中心线分布，作用在曲杆上单位长度内沿 p 轴、b 轴、t 轴方向的外力。

现对曲杆中心线上一个长度为 $\mathrm{d}s$ 的微元进行受力分析。将微元及上述各力载荷投影到 $O\text{-}pt$ 平面上，如图 3.3 所示；将微元及上述各力载荷投影到 $O\text{-}bt$ 平面上，如图 3.4 所示；将微元及上述各力载荷投影到 $O\text{-}pb$ 平面上，如图 3.5 所示。

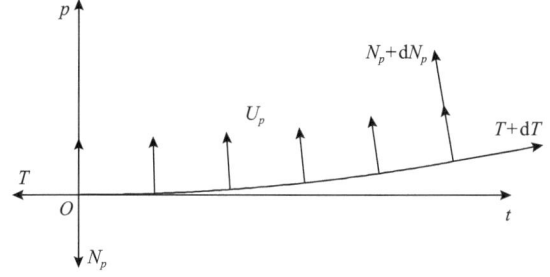

图 3.3　曲杆中心线和力载荷在 $O\text{-}pt$ 平面的投影

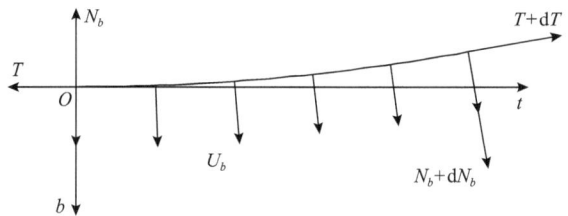

图 3.4　曲杆中心线和力载荷在 $O\text{-}bt$ 平面的投影

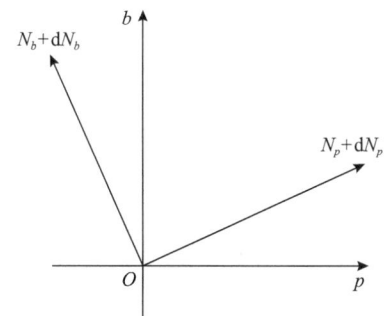

图 3.5　曲杆中心线和力载荷在 $O\text{-}pb$ 平面的投影

记各内力矢量与 p 轴、b 轴、t 轴的夹角分别为 θ_p、θ_b、θ_t，将图 3.3～图 3.5 及 3.1.1 节给出的曲杆几何参数各内力矢量对应的 θ_p、θ_b、θ_t 列写于表 3.1 中。

表 3.1　各内力矢量与坐标轴的夹角

夹角	内力矢量		
	N_p+dN_p	N_b+dN_b	$T+dT$
θ_p	$\kappa_b ds$	$\pi/2+\tau ds$	$\pi/2-\kappa_b ds$
θ_b	$\pi/2-\tau ds$	$\kappa_p ds$	$\pi-\kappa_p ds$
θ_t	$\pi/2+\kappa_b ds$	$\pi/2-\kappa_p ds$	$\kappa_p ds$

利用表 3.1 计算得到各内力矢量在 $O\text{-}pbt$ 坐标系内的方向余弦,如表 3.2 所示。

表 3.2　各内力矢量在 $O\text{-}pbt$ 坐标系内的方向余弦

方向余弦	内力矢量		
	N_p+dN_p	N_b+dN_b	$T+dT$
$\cos\theta_p$	1	$-\tau ds$	$\kappa_b ds$
$\cos\theta_b$	τds	1	$-\kappa_p ds$
$\cos\theta_t$	$-\kappa_b ds$	$\kappa_p ds$	1

根据曲杆微元的空间受力平衡关系,给出微元内、外力在 p 轴、b 轴、t 轴方向的受力平衡方程,即

$$dN_p + (N_b + dN_b)(-\tau ds) + (T + dT)\kappa_b ds + U_p ds = 0 \tag{3.1}$$

$$dN_b + (N_p + dN_p)\tau ds + (T + dT)(-\kappa_p ds) + U_b ds = 0 \tag{3.2}$$

$$dT + (N_p + dN_p)(-\kappa_b ds) + (N_b + dN_b)\kappa_p ds + U_t ds = 0 \tag{3.3}$$

将式(3.1)～式(3.3)展开,忽略高阶无穷小量,可得

$$\frac{dN_p}{ds} - \tau N_b + \kappa_b T + U_p = 0 \tag{3.4}$$

$$\frac{dN_b}{ds} + \tau N_p - \kappa_p T + U_b = 0 \tag{3.5}$$

$$\frac{dT}{ds} - \kappa_b N_p + \kappa_p N_b + U_t = 0 \tag{3.6}$$

式(3.4)～式(3.6)为曲杆微元的受力平衡方程。利用相同的推导方法还可求得曲杆微元的力矩平衡方程,Love[75]和 Costello[76]对该方程进行了详细推导,得到

$$\frac{\mathrm{d}G_p}{\mathrm{d}s} - \tau G_b - N_b + \kappa_b H_p + K_p = 0 \tag{3.7}$$

$$\frac{\mathrm{d}G_b}{\mathrm{d}s} + N_p - \kappa_p H_p - \tau G_p + K_b = 0 \tag{3.8}$$

$$\frac{\mathrm{d}H}{\mathrm{d}s} - \kappa_b G_p + \kappa_p G_b + \Theta = 0 \tag{3.9}$$

式(3.4)~式(3.9)构成细长曲杆的弹性力学理论的基本公式。在工程中，若直接应用上述六个微分方程分析实际对象，则往往导致分析过程过于复杂，甚至无法求解。因此，在实际运用时，通常选择性地忽略某些内力、外力、力矩的影响以简化分析流程[90]，为了便于求解，本节暂不考虑多股簧中各股钢丝之间的相互作用，即忽略钢丝之间接触、摩擦引入的分布外力 U_p、U_b、U_t 和分布外力矩 K_p、K_b、K_t 的影响。

3.2 多股簧静态响应模型

3.2.1 多股簧静态响应模型的建立

1) 曲率分量和扭率分析

令坐标系 O_1-$p_1b_1t_1$ 为建立在多股簧钢索中心线上的主扭转-挠曲坐标系，令主扭转-挠曲坐标系的 p_1 轴始终与固定坐标系 P-XYZ 的 Z 轴垂直，如图3.6所示。

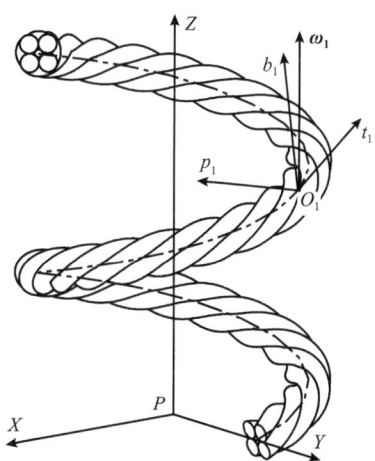

图 3.6 建立在钢索中心线上的主扭转-挠曲坐标系

根据 3.1.1 节给出的定义和计算方法，考虑 O_1 点沿钢索中心线以单位速度运动，则坐标系 O_1-$p_1b_1t_1$ 在固定坐标系 P-XYZ 内将具有 Z 轴正向的角速度 $\boldsymbol{\omega}_1$，如图 3.6 所示。$\boldsymbol{\omega}_1$ 可以表示为

$$\boldsymbol{\omega}_1 = \begin{bmatrix} 0 \\ 0 \\ \cos\alpha_1 / r_1 \end{bmatrix} \tag{3.10}$$

将 $\boldsymbol{\omega}_1$ 在坐标系 O_1-$p_1b_1t_1$ 内分别向 p_1 轴、b_1 轴、t_1 轴投影，可得曲率分量 κ_{p1}、κ_{b1} 和扭率 τ_1 分别为

$$\kappa_{p1} = 0 \tag{3.11}$$

$$\kappa_{b1} = \cos^2\alpha_1 / r_1 \tag{3.12}$$

$$\tau_1 = \sin\alpha_1 \cos\alpha_1 / r_1 = \sin(2\alpha_1)/(2r_1) \tag{3.13}$$

同样地，在外层钢丝中心线上也可以建立类似的主扭转-挠曲坐标系 O_2-$p_2b_2t_2$，如图 3.7 所示。

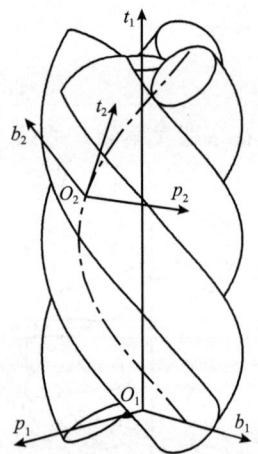

图 3.7 建立在外层钢丝中心线上的主扭转-挠曲坐标系

再次利用 3.1.1 节给出的定义和计算方法，可得到钢丝在坐标系 O_1-$p_1b_1t_1$ 内的曲率分量 κ_{p2}、κ_{b2} 和扭率 τ_2 分别为

$$\kappa_{p2} = 0 \tag{3.14}$$

$$\kappa_{b2} = \frac{\cos^2\alpha_2}{r_2} \tag{3.15}$$

$$\tau_2 = \frac{-\sin(2\alpha_2)}{2r_2} \tag{3.16}$$

多股簧受载变形后，其几何参数将发生变化，上述曲率分量和扭率也会随之变化。记变形后的钢索曲率分量和扭率分别为 $^*\kappa_{p1}$、$^*\kappa_{b1}$ 和 $^*\tau_1$，变形后的钢丝曲率分量和扭率分别为 $^*\kappa_{p2}$、$^*\kappa_{b2}$ 和 $^*\tau_2$，这六个参数分别表示为

$$^*\kappa_{p1} = 0 \tag{3.17}$$

$$^*\kappa_{b1} = \frac{(\cos{^*\alpha_1})^2}{^*r_1} \tag{3.18}$$

$$^*\tau_1 = \frac{\sin(2\,^*\alpha_1)}{2\,^*r_1} \tag{3.19}$$

$$^*\kappa_{p2} = 0 \tag{3.20}$$

$$^*\kappa_{b2} = \frac{(\cos{^*\alpha_2})^2}{^*r_2} \tag{3.21}$$

$$^*\tau_2 = -\frac{\sin(2\,^*\alpha_2)}{2\,^*r_2} \tag{3.22}$$

式中，$^*\alpha_1$、$^*\alpha_2$ 分别为变形后的弹簧螺旋升角和钢丝螺旋升角；$^*r_1$、$^*r_2$ 分别为变形后弹簧中径的 1/2 和外层钢丝分布圆半径。

需要注意的是，式(3.11)~式(3.22)是针对图 3.6 所示的右旋压缩多股簧求出的，若研究对象变为其他类型的多股簧，则需按照式(3.11)~式(3.22)的分析过程进行重新分析。以下分析过程同样是针对右旋压缩多股簧进行的。

2) 应变分析

将多股簧钢索绕弹簧轴线展开，同时将一根外层钢丝绕钢索中心线展开，可得到钢索几何参数与外层钢丝几何参数有如图 3.8 所示的关系。

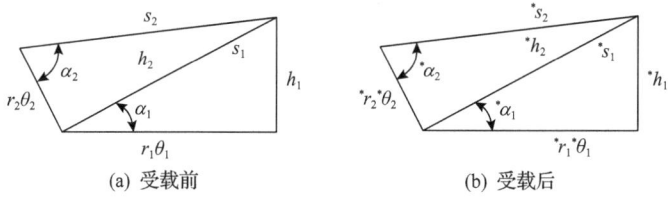

(a) 受载前　　　　　　　　(b) 受载后

图 3.8　钢索几何参数与外层钢丝几何参数的关系

图 3.8 中，θ_1 和 $^*\theta_1$ 分别为钢索中心线扫略角及多股簧受载变形后的钢索中心线扫略角；θ_2 和 $^*\theta_2$ 分别为钢丝中心线在坐标系 $O_1\text{-}p_1b_1t_1$ 中的扫略角；s_1、s_2 分别为与扫略角 θ_1 和 θ_2 对应的钢索中心线长度和钢丝中心线长度；$^*s_1$、$^*s_2$ 分别为变形后的 s_1 和 s_2；h_1、h_2 分别为与扫略角 θ_1 和 θ_2 对应的螺旋线高度；$^*h_1$、$^*h_2$ 分别为变形后的 h_1 和 h_2。

由图 3.8 可知，钢索中心线长度 s_1、$^*s_1$ 与钢索螺旋线高度 h_1、$^*h_1$ 有如下关系：

$$s_1 = h_1 / \sin\alpha_1 \tag{3.23}$$

$$^*s_1 = {}^*h_1 / \sin{}^*\alpha_1 \tag{3.24}$$

记 ε_0、ε_1 分别为多股簧和钢索的正应变，可知 $^*h_1$ 与 h_1、$^*s_1$ 与 s_1 之间有如下关系：

$$^*h_1 = h_1(1+\varepsilon_0) \tag{3.25}$$

$$^*s_1 = s_1(1+\varepsilon_1) \tag{3.26}$$

利用式(3.23)～式(3.26)，可得到钢索正应变 ε_1 与多股簧正应变 ε_0 之间存在如下关系：

$$\varepsilon_1 = (1+\varepsilon_0)\sin\alpha_1 / \sin{}^*\alpha_1 - 1 \tag{3.27}$$

同理，可求出外层钢丝正应变 ε_2 与钢索正应变 ε_1 之间的关系为

$$\varepsilon_2 = (1+\varepsilon_1)\sin\alpha_2 / \sin{}^*\alpha_2 - 1 \tag{3.28}$$

多股簧的切应变 β_0 可写成

$$\beta_0 = r_1({}^*\theta_1 - \theta_1)/h_1 \tag{3.29}$$

根据图 3.8，利用式(3.25)和式(3.29)可建立多股簧切应变 β_0 与正应变 ε_0 的关系，即

$$\beta_0 = r_1(1+\varepsilon_0)/({}^*r_1 \tan{}^*\alpha_1) - \frac{1}{\tan\alpha_1} \tag{3.30}$$

类似地，可以建立钢索切应变 β_1 与其正应变 ε_1 之间的关系：

$$\beta_1 = r_2(1+\varepsilon_1)/({}^*r_2 \tan{}^*\alpha_2) - \frac{1}{\tan\alpha_2} \tag{3.31}$$

利用扭率 τ_1 还可将切应变 β_1 写成如下形式：

$$\beta_1 = -r_2\left({}^*\tau_1 - \tau_1\right) \tag{3.32}$$

利用式(3.31)和式(3.32)可得

$$\frac{r_2}{{}^*r_2}\frac{1+\varepsilon_1}{\tan{}^*\alpha_2} - \frac{1}{\tan\alpha_2} + r_2\left({}^*\tau_1 - \tau_1\right) = 0 \tag{3.33}$$

3) 内力分析

令 R_c、R_2 分别为变形前的中心钢丝半径和外层钢丝半径，${}^*R_c$、${}^*R_2$ 分别为变形后的中心钢丝半径和外层钢丝半径。多股簧外层钢丝上所受的内力和内力矩可以由钢丝应变求出，其中外层钢丝沿 t_2 方向的张力 T_2 为

$$T_2 = E\pi {}^*R_2^2 \varepsilon_2 \tag{3.34}$$

式中，E 为钢丝材料的弹性模量。

沿 t_2 方向的扭矩 H_2 为

$$H_2 = \frac{E\pi {}^*R_2^4}{4(1+\nu)}\left({}^*\kappa_{t2} - \kappa_{t2}\right) \tag{3.35}$$

式中，ν 为钢丝材料的泊松比。

沿 b_2 方向的弯矩 G_{b2} 为

$$G_{b2} = \frac{E\pi {}^*R_2^4}{4}\left({}^*\kappa_{b2} - \kappa_{b2}\right) \tag{3.36}$$

沿 p_2 方向的弯矩 G_{p2} 为

$$G_{p2} = \frac{E\pi {}^*R_2^4}{4}\left({}^*\kappa_{p2} - \kappa_{p2}\right) \tag{3.37}$$

由式(3.14)、式(3.20)和式(3.27)可知

$$G_{p2} = 0 \tag{3.38}$$

变形后的外层钢丝半径 ${}^*R_2$ 为

$${}^*R_2 = R_2(1-\nu\varepsilon_2) \tag{3.39}$$

由式(3.34)～式(3.36)可知，T_2、H_2、G_{b2} 均与 s 无关，因此有

$$\frac{dT_2}{ds} = \frac{dH_2}{ds} = \frac{dG_{b2}}{ds} = 0 \tag{3.40}$$

在忽略各股钢丝之间相互作用，即考虑分布力 U_{p2}、U_{b2}、U_{t2} 和分布外力矩 K_{p2}、K_{b2}、K_{t2} 均为 0 的情况下，利用式(3.38)和式(3.7)可得到 b_2 方向的剪力 N_{b2} 为

$$N_{b2} = -G_{b2}{}^{*}\tau_2 + H_2{}^{*}\kappa_{b2} \tag{3.41}$$

对于含中心钢丝的多股簧，其中心钢丝实质上构成了一个普通单股弹簧，对中心钢丝进行内力分析可得中心钢丝沿 t_1 方向的张力 T_c 为

$$T_c = E\pi^{*}R_c^2 \varepsilon_1 \tag{3.42}$$

沿 t_1 方向的扭矩 H_c 为

$$H_c = \frac{E\pi^{*}R_c^4}{4(1+\nu)}\left({}^{*}\tau_1 - \tau_1\right) \tag{3.43}$$

沿 b_1 方向的弯矩 G_{bc} 为

$$G_{bc} = \frac{E\pi^{*}R_c^4}{4}\left({}^{*}\kappa_{b1} - \kappa_{b1}\right) \tag{3.44}$$

沿 p_1 方向的弯矩 G_{pc} 为

$$G_{pc} = \frac{E\pi^{*}R_c^4}{4}\left({}^{*}\kappa_{p1} - \kappa_{p1}\right) = 0 \tag{3.45}$$

变形后的外层钢丝半径 ${}^{*}R_c$ 为

$${}^{*}R_c = R_c(1 - \nu\varepsilon_1) \tag{3.46}$$

钢索所承受的张力 T_1 可由中心钢丝所承受的张力 T_c 和各股外层钢丝承受的张力 T_2、剪力 N_{b2} 向 t_1 方向的投影合成得到，即

$$T_1 = n_2\left(T_2 \sin^{*}\alpha_2 - N_{b2}\cos^{*}\alpha_2\right) + T_c \tag{3.47}$$

钢索所承受的 t_1 方向的扭矩 H_1 可由中心钢丝所承受的扭矩 H_c 和各股外层钢丝承受的扭矩 H_2、弯矩 G_{b2} 以及张力 T_2 和剪力 N_{b2} 引入的附加扭矩向 t_1 方向的投影合成得到，即

$$H_1 = n_2\left(H_2 \sin^* \alpha_2 - G_{b2} \cos^* \alpha_2\right) - n_2\left(^*r_2 T_2 \cos^* \alpha_2 + ^*r_2 N_{b2} \sin^* \alpha_2\right) + H_c \quad (3.48)$$

钢索承受的 b_1 方向的弯矩 G_{b1} 为

$$G_{b1} = A_1\left(^*\kappa_{b1} - \kappa_{b1}\right) \quad (3.49)$$

式中，A_1 为钢索的弯曲刚度。

Costello 等[91]考虑单股圆柱弹簧受纯弯矩作用后弹簧轴线变形为圆弧，推导其弯曲刚度 A_s 为

$$A_s = \frac{E\pi R \sin \alpha}{4 + 2\nu \cos^2 \alpha} \quad (3.50)$$

式中，R、α 分别为弹簧钢丝的半径及弹簧螺旋升角。

直钢索中的一根外层钢丝实质上就是一个单股簧，Costello 等[91,92]直接将钢丝绳当作若干个单股簧的叠加，利用式(3.50)分析了其弯曲刚度，McConnell 等[93]通过实验验证了 Costello 等[91,92]的结论，本节也采用式(3.50)作为弯曲钢索中外层钢丝弯曲刚度的近似值。考虑外层钢丝和中心钢丝的共同作用，利用式(3.50)求出多股簧钢索的弯曲刚度 A_1 为

$$A_1 = \frac{E\pi}{4}\left(\frac{2n_2 \sin \alpha_2}{2 + \nu \cos^2 \alpha_2} R_2^4 + R_c^4\right) \quad (3.51)$$

多股簧钢索不受分布外力和外力矩的作用，即 U_{p1}、U_{b1}、U_{t1} 和分布外力矩 K_{p1}、K_{b1}、K_{t1} 均为 0，利用式(3.4)可求出钢索 b_1 方向的剪力 N_{b1} 为

$$N_{b1} = ^*\kappa_{b1} T_1 / ^*\tau_1 \quad (3.52)$$

利用式(3.7)还可得到 N_{b1} 的另一表达式为

$$N_{b1} = -^*\tau_1 G_{b1} + ^*\kappa_{b1} H_1 \quad (3.53)$$

联立式(3.52)和式(3.53)可得

$$\frac{^*\kappa_{b1} T_1}{^*\tau_1} + ^*\tau_1 G_{b1} - ^*\kappa_{b1} H_1 = 0 \quad (3.54)$$

多股簧所承受的轴向力 F_z 可由钢索承受的 t_1 方向的张力 T_1 和 b_1 方向的剪力 N_{b1} 合成得到，即

$$F_z = T_1 \sin^* \alpha_1 + N_{b1} \cos^* \alpha_1 \quad (3.55)$$

4) 静态响应分析

对于给定的多股簧，其几何参数 R_c、R_2、r_1、r_2、α_1、α_2 以及材料参数 ν、E 均为已知量，弹簧扭转应变 β_0 为输入量且分析多股簧的轴向拉压响应时一般有 $\beta_0 = 0$。

多股簧是由多股钢丝拧成的钢索卷绕制而成的，其中，在拧制钢索时各股钢丝的空间位置由机床施加的张力保持，加工完成卸去外部施加的张力后，各股钢丝将发生回弹，使钢索的几何参数发生变化，同时，各股钢丝之间不再保持紧密接触。当多股簧受载变形时，钢索逐渐被拧紧，钢索被拧紧前后弹簧中各股钢丝的应变状态是不同的，因此多股簧的静态响应分析分为两个阶段分别进行。为了便于区分，钢索拧紧前的多股簧称为松散弹簧(loose spring)，钢索拧紧后的多股簧称为拧紧弹簧(tightened spring)。本模型考虑了多股簧钢丝的两种不同应变状态，故称该模型为两状态模型。记松散弹簧刚好转变为拧紧弹簧时的弹簧轴向应变为临界应变 ε_{0c}。

当弹簧轴向应变 ε_0 尚未达到临界应变 ε_{0c} 时，由于各股钢丝之间没有紧密接触，钢索扭转时各股钢丝不会被张紧和拉伸，所以有以下条件成立：

$$\varepsilon_2 = 0 \tag{3.56}$$

临界应变 ε_{0c} 及其对应的临界载荷 F_{zc} 可由以下步骤求出：

(1) 利用式(3.27)、式(3.28)得到 $^*\alpha_1$、$^*\alpha_2$ 的表达式。

(2) 确定变形后外层钢丝分布圆半径 $^*r_2$ 的表达式。

需要注意的是，$^*r_2$ 取值需要按两种情况进行分析。当多股簧外层钢丝的捻距大于或等于最优捻距选取标准确定的捻距时，可得到 $^*r_2$ 为

$$^*r_2 = {}^*R_c + {}^*R_2 \tag{3.57}$$

当多股簧外层钢丝的捻距小于最优捻距选取标准确定的捻距或多股簧不含中心钢丝时，需将式(3.57)中的各几何参数用变形后的对应参数替换，得到两个新的等式并在后续求解过程中联立求解。

对于实际工程中使用的多股簧，大多数可用式(3.57)进行计算。

(1) 利用式(3.34)~式(3.41)写出外层钢丝内力的表达式，利用式(3.43)~式(3.45)写出中心钢丝内力的表达式，利用式(3.47)~式(3.53)写出钢索内力的表达式。

(2) 将前面求出的各几何量、物理量的表达式代入式(3.57)、式(3.30)、式(3.33)和式(3.54)，得到一组代数方程。

(3) 求解第(2)步中得到的代数方程组，解得的 ε_0 即为临界应变 ε_{0c}。利用方

程组的解求出各内力和变形的几何参数的数值,并代入式(3.55)即可求出临界载荷 F_{zc}。

当多股簧承受的载荷小于临界载荷时,可将 ε_0 作为已知量,将 $^*r_2$ 作为未知量,通过相同方法求解任意 ε_0 对应的载荷 F_z。

当多股簧受到的载荷大于或等于临界载荷 F_{zc} 时,多股簧将由松散弹簧转变为拧紧弹簧。考虑刚好发生状态转变的多股簧为一个新的弹簧,该弹簧承受了临界载荷 F_{zc} 且该弹簧的初始几何参数与 F_{zc} 作用下的多股簧相同。利用与求解临界应变 ε_{0c} 和临界载荷 F_{zc} 相似的过程即可求解在任意轴向附加应变 ε_0 下多股簧所能承受的附加载荷。需要注意的是,在针对松散弹簧的分析过程中,外层钢丝正应变 ε_2 满足式(3.56),而对于拧紧弹簧,各股钢丝相互接触,各股外层钢丝不能在钢索径向自由移动,因此随着钢索的扭转,各股外层钢丝将沿钢丝轴向拉伸,此时式(3.56)不再成立。

多股簧完整静态响应可由松散弹簧与拧紧弹簧的响应合成得到。记松散多股簧的应变为 ε_{01},拧紧多股簧的附加应变为 ε_{02},松散多股簧承受的载荷为 F_{z1},拧紧多股簧承受的附加载荷为 F_{z2},则拧紧多股簧的总应变可以表示为

$$\varepsilon_0 = (1+\varepsilon_{0c})(1+\varepsilon_{02})-1 \tag{3.58}$$

多股簧的静态响应表达式为

$$F_z = \begin{cases} F_{z1}, & 0<|\varepsilon_0|<|\varepsilon_{0c}| \\ F_{zc}, & |\varepsilon_0|=|\varepsilon_{0c}| \\ F_{zc}+F_{z2}, & |\varepsilon_0|>|\varepsilon_{0c}| \end{cases} \tag{3.59}$$

利用式(3.59)即可求出多股簧的静态响应曲线。事实上,计算表明,利用本章方法求出的多股簧分别为松散弹簧和拧紧弹簧时,其静态响应曲线均接近直线,在 Phillips 等[58]的研究中也存在这一现象,因此在实际应用中通过计算 ε_{0c}、F_{zc} 即可确定多股簧为松散弹簧时的响应曲线,计算任意应变 ε_0 ($|\varepsilon_0|>|\varepsilon_{0c}|$) 下的载荷 F_z。利用 F_z,ε_{0c} 和 F_{zc},即可确定多股簧为拧紧的弹簧时的响应曲线和等效线性刚度。结合松散弹簧时的响应曲线和拧紧弹簧时的响应曲线即可确定完整的多股簧静态响应曲线。

3.2.2 数值算例

多股簧的静态响应特性或刚度特性由多股簧的几何参数决定,多股簧的几何参数与静态响应特性的关系、多股簧众多几何参数中哪些参数对多股簧刚度的影响最显著是工程中设计多股簧时重点关注的问题,本节将利用数值算例研究多股簧中径 $2r_1$、多股簧螺旋升角 α_1 以及外层钢丝捻角 α_2 对多股簧刚度的影响。本节

涉及的多股簧均由两层钢丝构成。

为了比较各几何参数对松散弹簧和拧紧弹簧等效线性刚度的影响，本节的分析中不考虑多股簧受载过程中的状态转变，而是将给定参数的多股簧分别按松散弹簧和拧紧弹簧来分析其等效线性刚度。

定义无量纲的等效线性刚度（以下简称为刚度）为 k_s：

$$k_s = F_z / (\varepsilon_0 E A_s) \tag{3.60}$$

式中，A_s 为钢索截面的名义面积，由钢索中所有钢丝的横截面积之和得到：

$$A_s = \pi \left(R_c^2 + n_2 R_2^2 \right) \tag{3.61}$$

1. 多股簧中径 $2r_1$ 对刚度的影响

考虑 $2r_1$ 不同、其他几何参数均相同的四个多股簧，如表 3.3 所示。

表 3.3 $2r_1$ 不同的四个多股簧的几何参数

编号	$2r_1$/mm	r_2/mm	R_c/mm	R_2/mm	α_1/rad	α_2/rad
1	40	3.05	1	2	0.349	1.134
2	60	3.05	1	2	0.349	1.134
3	80	3.05	1	2	0.349	1.134
4	100	3.05	1	2	0.349	1.134

多股簧刚度 k_s 与多股簧中径 $2r_1$ 的关系见图 3.9，由图可知，松散弹簧和拧紧弹簧的刚度均与多股簧中径 $2r_1$ 呈反比例关系，当 $2r_1$ 取值较小时，其对刚度的

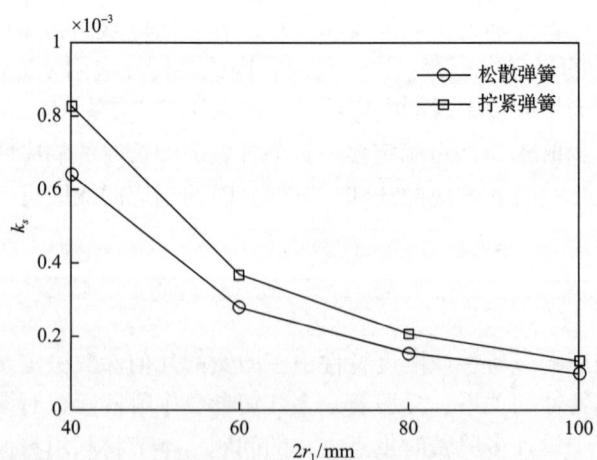

图 3.9 多股簧刚度 k_s 与多股簧中径 $2r_1$ 的关系

影响更明显。拧紧弹簧的刚度始终大于松散弹簧，这与常识相符。在 $2r_1$ 取值较小时，两种状态下多股簧刚度之间的差别尤为明显，随着 $2r_1$ 的增加，二者之差趋于减小，这表明，随着 $2r_1$ 的增加，多股簧的静态响应特性或准静态响应特性逐渐向单股簧靠拢。

通常，多股簧的刚度较尺寸相同的单股簧偏小，在工程应用中，为了利用多股簧替换单股簧，往往需要设法调整多股簧的几何参数以提高多股簧的刚度，本算例表明缩小多股簧中径是达到这一目的的有效方法。然而，利用这一方法提高多股簧刚度的同时，多股簧静态响应的非线性程度也将随之增强。

2. 多股簧螺旋升角 α_1 对刚度的影响

考虑 α_1 不同、其他几何参数均相同的四个多股簧，如表 3.4 所示。

表 3.4　α_1 不同的四个多股簧的几何参数

编号	$2r_1$/mm	r_2/mm	R_c/mm	R_2/mm	α_1/rad	α_2/rad
1	40	3.03	1	2	0.175	1.134
2	40	3.03	1	2	0.349	1.134
3	40	3.03	1	2	0.524	1.134
4	40	3.03	1	2	0.698	1.134

多股簧刚度 k_s 与多股簧螺旋升角 α_1 的关系见图 3.10。由图可知，多股簧刚度 k_s 随多股簧螺旋升角 α_1 的增加而升高，这与常识相符，也与单股簧的刚度特性类似。对于两种状态下的多股簧，其刚度 k_s 均与螺旋升角 α_1 呈正比例关系，两种状态下刚度的增加趋势均随 α_1 的增加而趋于平缓，这是因为当多股簧螺旋升角较大

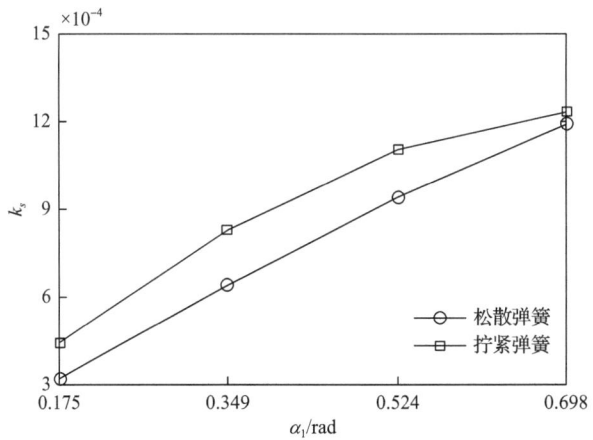

图 3.10　多股簧刚度 k_s 与多股簧螺旋升角 α_1 的关系

时，多股簧中径 $2r_1$ 在受载变形过程中也将有明显的增加，而多股簧刚度与 $2r_1$ 呈反比例关系。总体来看，拧紧弹簧的刚度大于松散弹簧，但是随着多股簧螺旋升角 α_1 的增加，拧紧弹簧与松散弹簧的刚度逐渐靠近，主要原因是随着 α_1 的增加，多股簧承受的载荷在钢索轴向逐渐增大而在钢索周向逐渐减小，所以钢索的松紧程度对刚度的影响也随之减弱。

在实际工程中，改变螺旋升角 α_1 可以在不显著影响多股簧刚度非线性程度的情况下调整多股簧的刚度。需要注意的是，工程中一般不可能出现 α_1 很大的多股簧，其原因为：一方面，随着 α_1 的增加弹簧的稳定性逐渐下降，以致无法使用；另一方面，过大的 α_1 会导致弹簧强度下降，多股簧出厂前需经过立定、强压处理。若螺旋升角 α_1 过大，则经工艺处理后几何参数易发生显著变化，因此实际产品通常无法维持较大的螺旋升角。

对比图 3.9 与图 3.10 可知，k_s-$2r_1$ 曲线的非线性程度比 k_s-α_1 曲线更为明显，意味着在工程中，当需要改变多股簧的几何参数并在小范围内改变其刚度时，选择改变 α_1 将比改变 r_1 更加简单。此外，在现有的多股簧加工工艺下，改变 α_1 只需改变绕簧轴轴向运动电机的转速，而改变 r_1 需要更换不同直径的绕簧轴才可实现，因此改变 α_1 是在小范围内调整多股簧刚度的理想选择。

3. 外层钢丝捻角 α_2 对刚度的影响

外层钢丝捻角 α_2 的大小在工程中常作为钢索松紧程度的标志，常被认为是影响多股簧刚度的重要因素。考虑 α_2 不同、其他几何参数均相同的六个多股簧，如表 3.5 所示。

表 3.5　α_2 不同的六个多股簧的几何参数

编号	$2r_1$/mm	r_2/mm	R_c/mm	R_2/mm	α_1/rad	α_2/rad
1	40	3.03	1	2	0.349	1.047
2	40	3.03	1	2	0.349	1.134
3	40	3.03	1	2	0.349	1.222
4	40	3.03	1	2	0.349	1.309
5	40	3.03	1	2	0.349	1.396
6	40	3.03	1	2	0.349	1.484

多股簧刚度 k_s 与外层钢丝捻角 α_2 的关系见图 3.11。由图可知，外层钢丝捻角 α_2 对两种状态下多股簧刚度的影响截然不同。对拧紧弹簧而言，其刚度随着 α_2 的增大而逐渐减小且变化相当明显，而对松散弹簧而言，其刚度不是 α_2 的单调函数，且相对拧紧弹簧来说，α_2 对松散弹簧刚度的影响很小，这表明调节外层钢丝捻角 α_2 可以有效地改变多股簧静态响应曲线的非线性程度。

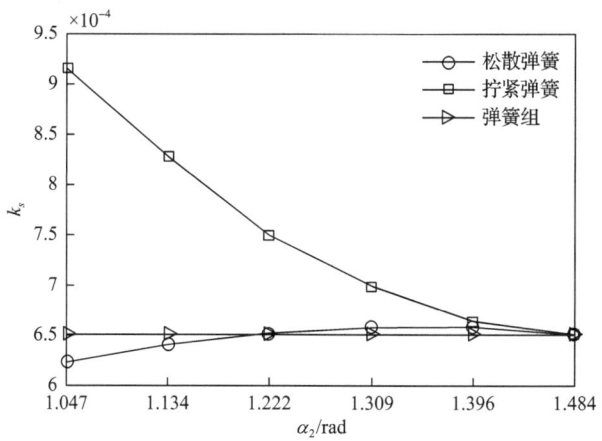

图 3.11 多股簧刚度 k_s 与外层钢丝捻角 α_2 的关系

当外层钢丝捻角 α_2 增大为 $\pi/2$ 时，多股簧实质上变成一个由 n_2+1 个单股簧并联安装构成的弹簧组，Love[75]给出了这一弹簧组的无量纲刚度：

$$k_s = \frac{(1+\nu\sin^2\alpha_1)(n_2 R_2^4 + R_c^4) E \pi \sin\alpha_1}{4 A_s (1+\nu) r_1^2} \tag{3.62}$$

弹簧组的刚度与 α_2 无关，因此在图 3.11 中表示为一根水平直线。由图 3.11 可知，当 α_2 增大到一定程度时，两种状态下多股簧的刚度都与弹簧组的刚度非常接近，这验证了分析的正确性。

事实上，工程中为了实现多股簧生产的高合格率，当多股簧钢丝的几何参数已经确定时，只能在很小的范围内改变外层钢丝捻角 α_2，因此改变 α_2 的主要效果是改变多股簧产品刚度的非线性程度，即在对多股簧小变形时的刚度影响较小的情况下显著改变多股簧大变形时的刚度。

3.3 多股簧准静态响应试验

3.3.1 试验装置

为了检验本章分析方法是否能够反映实际情况，对本章所提出的分析方法进行试验验证。本试验中对两根多股簧样品进行准静态响应试验，两样品均由 4 股外层钢丝和 1 股中心钢丝制成，所有钢丝材料均为 T9A 碳素弹簧钢，其弹性模量 $E=210\text{GPa}$，泊松比 $\nu=0.3$。试验多股簧样品的几何参数如表 3.6 所示。

本试验是在一台电液伺服疲劳试验机上进行的，试验装置如图 3.12 所示。该试验机主要由加载横梁、数字控制器和称重传感器构成，其中称重传感器上方安装有一个固定环,多股簧样品安装在固定环与加载横梁之间,多股簧样品的位置由一根穿过固定环与加载横梁的定位芯轴确定,加载横梁的位移数据可由试验机内置的位移传感器测得。称重传感器测得的多股簧恢复力以及位移传感器测得的多股簧变形数据由数字控制器自动采集。

表 3.6 试验多股簧样品的几何参数

样品编号	r_1/mm	r_2/mm	R_c/mm	R_2/mm	α_1/rad	α_2/rad
1	12.274	1.617	0.55	1.05	0.251	1.045
2	14.162	1.816	0.75	1.05	0.254	0.979

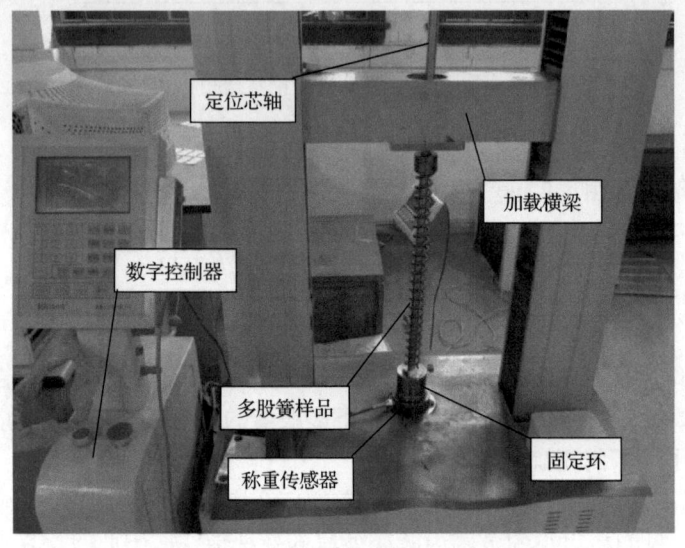

图 3.12 多股簧准静态响应试验装置

3.3.2 试验结果

试验启动后,加载横梁由数字控制器控制,以低速向下运动,当达到设定的加载位移后又返回初始位置,试验过程中加载横梁是缓慢连续运动的,因此称本试验为准静态响应试验。试验之初,多股簧样品不受外部载荷的影响,输出的恢复力为 0,随着加载横梁的运动,数字控制器将自动连续记录加载横梁的位移数据(多股簧样品的变形量数据)以及称重传感器输出的数据(多股簧的恢复力数据)。两个多股簧样品实测曲线以及利用本章方法计算得到的静态响应曲线见图 3.13。

多股簧具有阻尼特性,因此实测得到的多股簧准静态响应曲线是迟滞曲线,图 3.13 中的试验数据曲线是用二次函数对实测准静态响应数据拟合得到的。图 3.13 中同时给出了用 Phillips 等[58]的方法(P-C 方法)分析同样的多股簧样品得

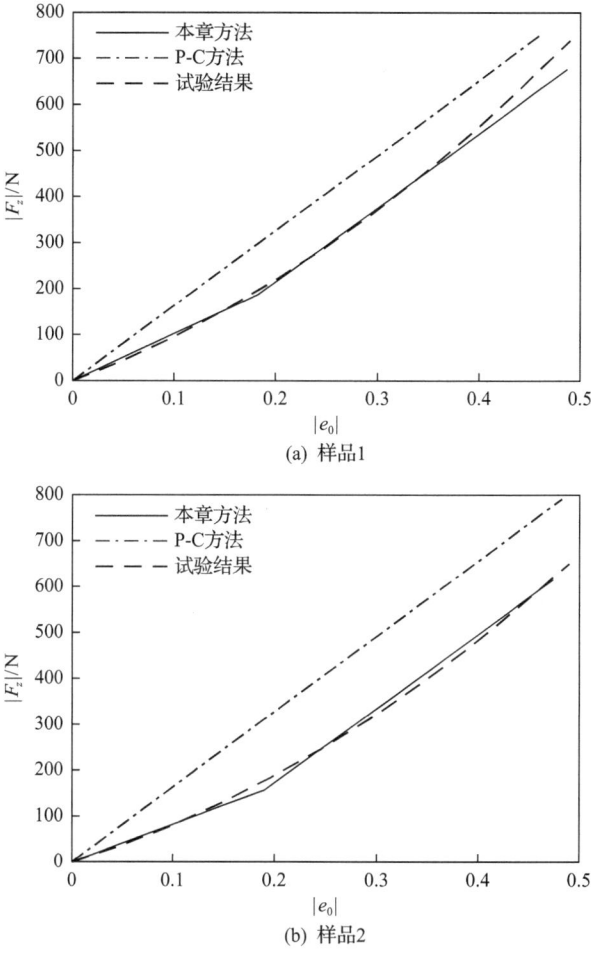

图 3.13 试验结果与理论分析对比

到的结果。观察图 3.13 可知，本章方法得到的多股簧准静态响应曲线非常接近一条折线，而 P-C 方法得到的结果非常接近一条直线，这是由于本章方法考虑了多股簧具有松散和拧紧两种状态，而 P-C 方法只考虑了多股簧的拧紧状态。总的来看，本章方法得到的准静态响应曲线更好地描述了多股簧的非线性刚度，与试验数据也更为贴近，试验验证表明，本章方法在静态响应分析中具有更高的精度。

第 4 章　多股簧动态设计方法

几乎所有的机电系统都会用到弹簧,作为一个缓冲元件,其性能指标直接或间接影响整机的工作质量,因此对它的研究(尤其是强度及可靠性方面)意义重大。多股簧具有显著的非线性力学特性,若仅依赖经验设计和静力设计,其产品质量和寿命均存在较大隐患。为了提高现有设计水平,必须在设计阶段考虑实际工作环境下的各种动态因素。本章将对多股簧进行动态设计,考虑多股簧的力学行为,充分体现其实际动态特性,系统地反映振动和响应的全过程。在设计阶段精确地进行动态预算,在产品设计之前解决多股簧振动、噪声和可靠性等问题,显著提高多股簧设计质量[24,94]。

4.1　多股簧动态响应的非线性模型

4.1.1　动态模型及其参数识别

描述迟滞现象的常用数学模型包括折线模型[95]、Preisach 模型[96]、Duhem 模型[97]以及 Duhem 模型的特例 Bouc-Wen 模型[98]等,其中 Bouc-Wen 模型在具有迟滞特性的机械元件建模方面得到了广泛应用,本章也将以 Bouc-Wen 模型为基础建立多股簧的动态响应模型。

Ikhouane 等[29]研究发现原始 Bouc-Wen 模型的参数存在冗余,即可用若干组不同的参数描述同一个对象。为了解决这一问题,Ikhouane 等[29]提出了归一化 Bouc-Wen 模型:

$$r(t) = \kappa_x x(t) + \kappa_\omega \omega(t) \tag{4.1}$$

$$\dot{\omega}(t) = \rho \dot{x}(t) \left[1 - \left(\sigma \operatorname{sgn} \dot{x}(t) \operatorname{sgn} \omega(t) - \sigma + 1 \right) |\omega(t)|^n \right] \tag{4.2}$$

式中,t 为时间变量;r 为具有迟滞特性的弹性元件的恢复力;ω 为归一化纯迟滞分量;x 为该模型描述对象的输入量,当用来描述多股簧时,x 为多股簧的变形量;各物理量上面的符号"·"表示该物理量对时间 t 的导数;σ、n 均为待确定的模型参数。

Ikhouane 等[29]进一步指出,归一化 Bouc-Wen 模型只有在满足 $\sigma \geqslant 1/2$ 时才有物理意义,此时归一化 Bouc-Wen 模型描述的 ω-x 轨迹将收敛为极限环。

典型多股簧动态响应曲线如图 4.1 所示。

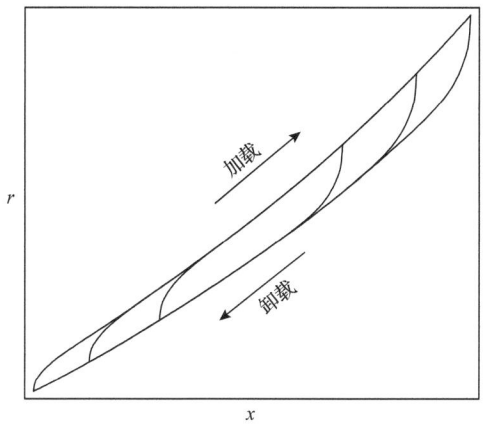

图 4.1　典型多股簧动态响应曲线

大量试验表明，多股簧的动态响应具有重叠性和不对称性两个特征。重叠性是指当多股簧受载发生的变形量幅值不同时，各迟滞环中较大的迟滞环的加载路径、卸载路径与较小的迟滞环的加载路径、卸载路径有一部分是重叠的。不对称性是指若多股簧的变形量关于 0 对称，则其恢复力一般不关于原点对称。对压缩多股簧而言，其刚度通常具有渐硬特性，迟滞环的宽度一般也与变形量呈正比例关系。

虽然归一化 Bouc-Wen 模型能描述多种迟滞系统，但是其具有对称特性，并且其描述的输出量弹性分量的刚度是常量，这显然与多股簧的特性不符。原始 Bouc-Wen 模型可以描述渐硬刚度和阻尼，但其迟滞环依然是对称的。此外，这两个模型在不同的输入下迟滞环的加载路径、卸载路径并不重叠，这也导致它们并不适用于多股簧。

针对 Bouc-Wen 模型不适用于多股簧动态响应建模的问题，必须对 Bouc-Wen 模型进行一定的修正，以满足多股簧动态响应特性建模的要求。

注意到原始 Bouc-Wen 模型和归一化 Bouc-Wen 模型均将其输出表示为一个一次弹性项与一个纯迟滞项的代数和，由于弹性项为输入量的一次函数，所以只适合描述具有恒定刚度的对象。因此，引入一个非线性弹性项 $F_E(x)$ 并以之替换原模型中的一次弹性项即可实现对非常数刚度的建模。大量试验表明，多股簧的静态响应可使用多项式很好地拟合，因此可取 $F_E(x)$ 为关于 x 的多项式：

$$F_E(x) = \sum_{i=0}^{N} k_{Ei} x^i \tag{4.3}$$

式中，N 为非线性弹性项多项式的阶数；k_{Ei} 为非线性弹性项多项式的系数。

归一化 Bouc-Wen 模型可产生对称且绝对值恒小于 1 的纯迟滞输出量，模型的纯迟滞部分是满足有界输入—有界输出稳定性的。显然，用一个非奇非偶函数与归一化 Bouc-Wen 模型的纯迟滞部分相乘即可将对称的极限环变形为非对称的极限环，同时可以保证各个具有不同输入量幅值的滞迟环的加载路径、卸载路径重叠。称该函数为非线性放大因子 $F_A(x)$，将 $F_A(x)$ 同样取为关于 x 的多项式：

$$F_A(x) = \sum_{i=0}^{M} k_{Ai} x^i \tag{4.4}$$

式中，M 为非线性放大因子多项式的阶数；k_{Ai} 为非线性放大因子多项式的系数。

利用式(4.2)、式(4.3)和式(4.4)，建立多股簧的动态响应模型为

$$r(t) = F_E + F_A \omega = \sum_{i=0}^{N} k_{Ei} x^i(t) + \omega(t) \sum_{i=0}^{M} k_{Ai} x^i(t) \tag{4.5}$$

$$\dot{\omega}(t) = \rho \dot{x}(t) \left[1 - (\sigma \operatorname{sgn} \dot{x}(t) \operatorname{sgn} \omega(t) - \sigma + 1) |\omega(t)|^n \right] \tag{4.6}$$

取 $N=2$、$M=1$、$k_{E0}=0.15\text{N/mm}$、$k_{E1}=5\text{N/mm}$、$k_{E2}=0.04\text{N/m}^2$、$k_{A0}=0.03\text{N/mm}$、$k_{A1}=0.006\text{N/mm}^2$、$\rho=720$、$\sigma=2.5$、$n=0.8$，本模型生成的多股簧动态响应曲线如图 4.2 所示。由图 4.2 可知，本模型生成的多股簧动态响应曲线与试验测得的多股簧动态响应曲线形状接近，选取合适的模型参数就可以很好地描述多股簧所具有的非恒定刚度和非对称迟滞阻尼特性。在实际工程应用中，合适的模型参数往往需要通过一定的参数识别方法对试验数据进行分析获得。

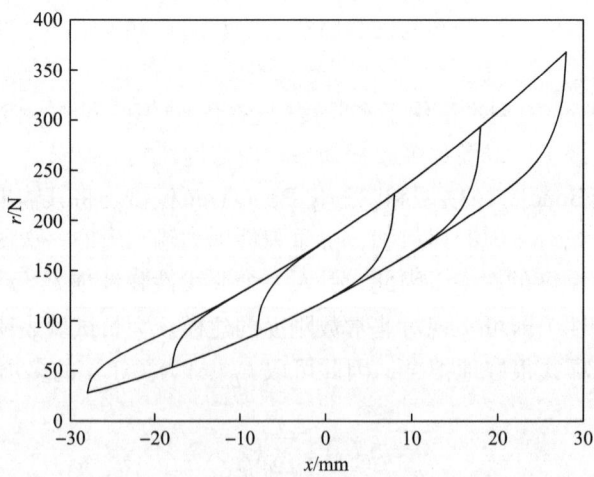

图 4.2　本模型生成的多股簧动态响应曲线

第4章 多股簧动态设计方法

多股簧动态响应模型参数识别的最直接方法是建立并求解如式(4.7)所示的非线性最优化问题：

$$\min f(k_{Ei}, k_{Ai}, \rho, \sigma, n) = \|r_M(t) - r_E(t)\| \tag{4.7}$$

式中，r_M 为利用一组模型参数 k_{Ei}、k_{Ai}、ρ、σ、n 计算得到的恢复力；r_E 为试验测得的恢复力。

大量实践经验表明，多股簧动态响应模型中非线性弹性项多项式的阶数 N 一般取 4 以下，非线性放大因子多项式的阶数 M 一般取 3 以下，若取 $N=3$、$M=2$，则模型将具有 10 个待定的参数，显然，选取 10 个合适的初始猜测解是非常困难的。工程经验表明，直接利用非线性迭代算法求解式(4.7)的方法[99]很难在工程中得到有效应用。为了解决这个问题，本节采用一种基于极限环形状的识别方法获得多股簧动态响应模型的参数。此参数识别方法的基本思路是：将多股簧动态响应模型的非迟滞参数与迟滞参数分别在两个步骤中识别，使每一步中都可利用简单实用的方法完成部分参数的识别，然后用多组试验数据对所有参数进行优化。

多股簧动态响应模型中的非线性放大因子多项式的系数及非线性弹性项多项式的系数统称为非迟滞参数。首先对非迟滞参数进行识别，在识别之前，需要先从理论预测或试验测量结果中分解出非迟滞分量。对于足够大的输入量，归一化 Bouc-Wen 模型中的纯迟滞分量曲线除去两端的中间部分近似水平，且加载段值接近 1，卸载段值接近-1，该部分为有界区。随着输入量幅值的减小，有界区逐渐变小，当输入量幅值足够小时，有界区消失。若无有界区的数据，则无法识别出非迟滞参数。因此，在进行理论计算或试验测量时，应保证足够大的输入量幅值。有界区的范围越大，识别的效果越好。

多股簧在工程应用中的最大压缩量一般是已知的。为了提高非迟滞参数的识别精度，应当保证不进行外推。因此，在对多股簧的动态响应曲线进行理论预测时，要预测两种幅值以上的输入量，有界区内的响应如图 4.3 所示。保证其中有一个幅值足够大，使其有界区的幅值超过多股簧应用工况中的压缩幅值。此外，应保证有一个幅值小于上一个输入幅值对应的有界区幅值。因此，在进行动态模型参数识别时，不需要进行外推。

在识别非迟滞参数时，仅需图 4.3 中输入幅值较大的一条曲线，这条曲线的有界区幅值大于应用工况中多股簧的压缩幅值。因此，在利用根据这条曲线识别到的参数分析弹簧应用工况中的动态响应时，不需要进行外推。

根据有界区的定义，该区域内的纯迟滞分量满足

$$\begin{cases} r_l = F_E + F_A, & \dot{x} > 0 \\ r_u = F_E - F_A, & \dot{x} < 0 \end{cases} \tag{4.8}$$

式中，r_l 为响应曲线中 $\dot{x}>0$ 的部分，即加载部分；r_u 为响应曲线中 $\dot{x}<0$ 的部分，即卸载部分，如图 4.3 所示。

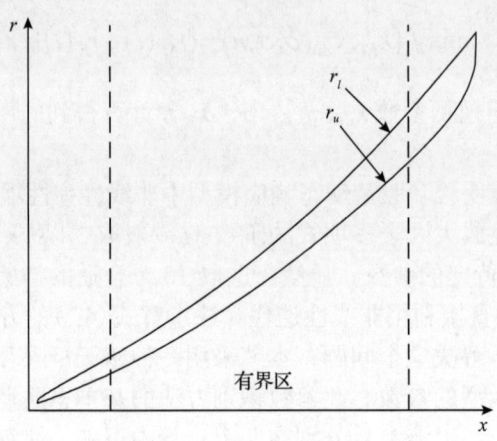

图 4.3　有界区内的响应

考虑到实际数据为一组离散的数据点，将式(4.8)写成离散形式为

$$\begin{cases} r_{lk} = F_{Ek} + F_{Ak}, & \dot{x}_k > 0 \\ r_{uk} = F_{Ek} - F_{Ak}, & \dot{x}_k < 0 \end{cases} \tag{4.9}$$

式中，下标 k 为一组数据的第 k 个离散数据点。

为了识别非线性弹性项系数 k_{Ei}，构建最优化问题：

$$\min e_E(k_{Ei}) = \sum_{k=1}^{K} \left(F_{Ek} - \sum_{i=0}^{N} k_{Ei} x_k^i \right)^2 \tag{4.10}$$

式中，K 为实测数据的总点数。

与式(4.7)不同的是，式(4.10)所示的最小值问题实质上是一个多项式拟合问题，可以使用线性最小二乘法求解，因此不涉及迭代过程，也不需要人为选定任何初始猜测解。

同样地，可建立关于非线性放大因子多项式系数 k_{Ai} 的最小二乘问题：

$$\min e_A(k_{Ai}) = \sum_{k=1}^{K} \left(F_{Ak} - \sum_{i=0}^{N} k_{Ai} x_k^i \right)^2 \tag{4.11}$$

至此，非迟滞参数 k_{Ei}、k_{Ai} 已全部识别完成。

在识别出非迟滞参数之后，就可以对迟滞参数进行识别。迟滞参数即与归一化 Bouc-Wen 模型有关的模型参数 ρ、σ、n。为了识别迟滞参数，同样需要先将迟滞参数控制的响应分量从实测数据中提取出来。

由式(4.5)可知

$$\omega_k = \frac{r_k - \sum_{i=0}^{N} k_{Ei} x_k^i}{\sum_{i=0}^{M} k_{Ai} x_k^i} \tag{4.12}$$

式(4.12)中参数 k_{Ei}、k_{Ai} 已于前面识别，故式(4.12)右边全部为已知量，可由该式获得迟滞参数控制的响应分量数据。利用这些数据即可采用极限环法[100]对迟滞参数进行识别。

令横坐标 x_ρ 满足 $\omega|_{x=x_\rho} = 0$，可以得到特殊点 $P_\rho = (x_\rho, 0)$。因此，由式(4.6)可以求解出参数 ρ 的值为

$$\rho = \frac{d\omega}{dx}\bigg|_{x=x_\rho} \tag{4.13}$$

为了方便讨论，定义点 $P_\rho = (x_\rho, 0)$ 为一个特殊点。显然，在提取出的数据中可以找到两个满足条件的 P_ρ 点，其中一个处在极限环的左半支上，另一个与之对称，出现在极限环的右半支上，如图4.4所示。

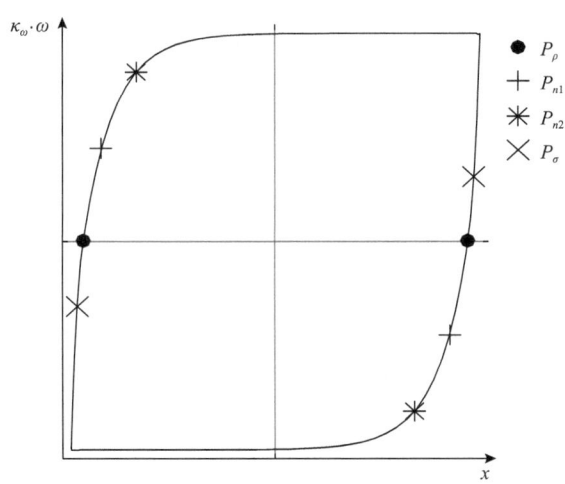

图 4.4 极限环上的特殊点

为了识别参数 n，引入另外两个特殊点 $P_{n1} = (x_{n1}, \omega|_{x=x_{n1}})$、$P_{n2} = (x_{n2}, \omega|_{x=x_{n2}})$，这两个特殊点处于极限环的同一半支上，若这两个特殊点取在左半支上，则其横坐标需满足 $x_{n2} > x_{n1} > x_\rho$；若这两个特殊点取在右半支上，则其横坐标需满足

$x_{n2} < x_{n1} < x_\rho$。满足该条件的点有无数组，可在极限环两端光滑曲线上任意选择，如图 4.4 所示。

无论 P_{n1}、P_{n2} 点取在极限环的哪一半支上，利用前面已求出的参数 ρ 均可按式(4.14)求出参数 n：

$$n = \frac{\ln\left(\dfrac{\left.\dfrac{d\omega}{dx}\right|_{x=x_{n1}} - \rho}{\left.\dfrac{d\omega}{dx}\right|_{x=x_{n2}} - \rho}\right)}{\ln\left(\dfrac{\omega|_{x=x_{n1}}}{\omega|_{x=x_{n2}}}\right)} \tag{4.14}$$

最后，引入一个特殊点 $P_\sigma = (x_\sigma, \omega(x_\sigma))$ 来计算参数 σ 的值。该点为实测曲线左半支上满足以下条件的任意点：

$$\begin{cases} x_\sigma < x_\rho \\ \omega|_{x=x_\sigma} < 0 \end{cases} \tag{4.15}$$

或右半支上满足以下条件的任意点：

$$\begin{cases} x_\sigma > x_\rho \\ \omega|_{x=x_\sigma} > 0 \end{cases} \tag{4.16}$$

利用前面已经求出的参数 ρ 和 n，无论特殊点 P_σ 取在哪一半支上均可根据式(4.17)求出参数 σ 的值：

$$\sigma = \frac{1}{2}\left(1 + \frac{\left.\dfrac{d\omega}{dx}\right|_{x=x_\sigma} - \rho}{\rho\left|\omega|_{x=x_\sigma}\right|^n}\right) \tag{4.17}$$

特殊点 P_σ 在极限环上的位置如图 4.4 所示。

上述迟滞参数的识别依靠极限环上各个特殊点处的输出值及切线斜率。由于极限环中间段近似水平，所以理论预测或试验测量过程中的误差等对斜率的影响过大，应尽量在极限环两端斜率较大的曲线段选择特殊点，整个过程不需要求解微分方程。由于不需要进行非线性迭代，所以降低了求解难度。由于迟滞参数的整个识别过程只用到了几个特殊点，为了保证识别的效果，可以计算理论预测或试验测量的所有满足条件的离散点，并对所有识别结果取平均值作为最终结果。

多股簧动态响应模型的非迟滞参数及迟滞参数的识别工作全部完成之后，只用到了两条动态响应曲线的一部分，即两组理论预测数据或试验测量数据，因此识别到的参数没有经过优化，参数识别的精度很难得到保证。另外，参数识别过程中用到的是两条不同的动态响应曲线，很难保证识别到的参数对所有的输入幅值都是通用的，因此还需要对参数进行优化。为此，在理论计算或试验时，应当获取多种不同幅值输入量对应的动态响应曲线，即求解式(4.7)定义的最优化问题。如前所述，初始解的选择是非线性迭代法的一大难题。然而，之前的识别过程已经得到了具有相当精度的参数值，因此直接将之前识别得到的参数作为非线性迭代法的初始解进行迭代，不需要人为给定。

当有多条不同输入幅值对应的动态响应曲线时，可将式(4.7)改写为

$$\min f\left(k_{Ei}, k_{Ai}, \rho, \sigma, n\right) = \sum_{j=1}^{J} w_j \sum_{k=1}^{K_j} \left(r_{Mjk} - r_{Ejk}\right)^2 \tag{4.18}$$

式中，J 为试验数据的组数；K_j 为第 j 组试验数据中的数据点数；r_{Mjk} 为使用给定的模型参数预测得到的响应数据；r_{Ejk} 为实测响应数据；w_j 为第 j 组数据的权系数，可全取为 1 或按经验选取。

式(4.18)可利用各种非线性迭代法求解，如信赖域反射算法、Levenberg-Marquardt 算法和 GN-BFGS (Gauss-Newton-Broyden-Fletcher-Goldfarb-Shanno) 算法等。本节将两组试验数据识别得到的参数值作为非线性迭代法的初始值。由于这样选取的初始值已经比较准确，因此迭代收敛性能较优，收敛速度较快。

4.1.2 参数识别试验

为了验证本章提出的多股簧动态响应模型和参数识别方法的有效性，本节进行参数识别试验。

本节参数识别试验在如图 4.5 所示的参数识别试验装置上完成，试验装置主体为一台电液伺服疲劳试验机。该试验机配有上、下两个液压卡盘，其中下液压卡盘与液压缸相连，可沿竖直方向往复运动，实现对多股簧样品的加载，上液压卡盘与一个称重传感器固定在机架上，试验机的加载和称重传感器的数据采集均由一台控制器按输入的试验条件自动完成。下液压卡盘上装有一个用于固定多股簧样品的定位芯轴，上液压卡盘上装有一个套筒，套筒端部焊接了一个较大的圆形平面，定位芯轴可在套筒内上下自由运动。多股簧样品穿过定位芯轴安装在下液压卡盘与套筒之间。试验时，只需通过计算机将下液压卡盘的运动参数下载到控制器，试验获得的原始数据为任意时刻下液压卡盘的位移和称重传感器测得的力载荷。

分别利用两步识别方法和三步识别方法对所采集的数据进行参数识别，采用识别结果生成的实测响应与预测响应见图 4.6。

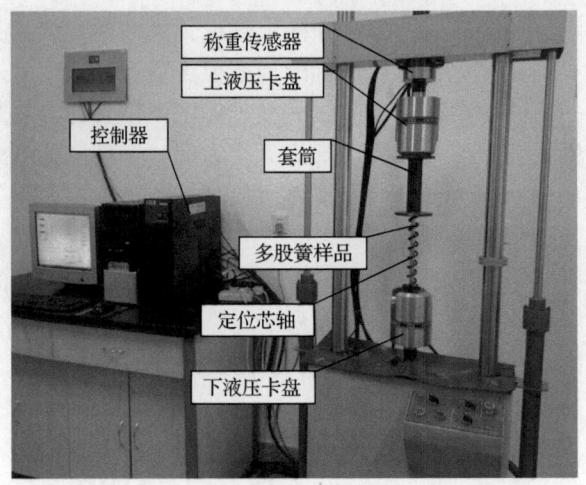

图 4.5　参数识别试验装置

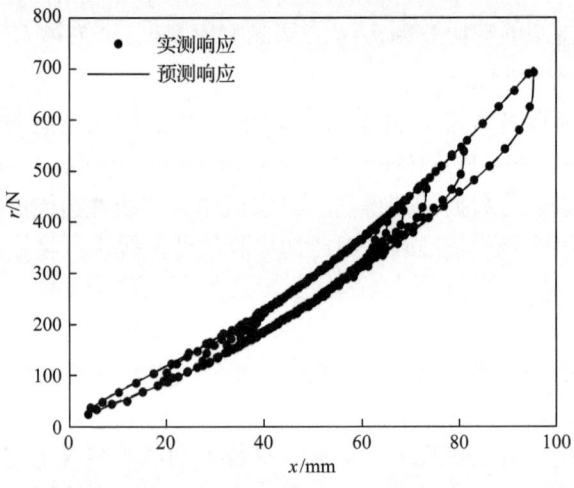

图 4.6　实测响应与预测响应

由图 4.6 可知，两步识别方法和三步识别方法均可以很好地求出多股簧样品的动态响应模型参数，从图形上看，使用两种方法的识别结果生成的响应曲线差异很小，且都能很好地与试验数据相吻合。表 4.1 给出了响应曲线的均方根误差(root mean square error, RMSE)，可见，三步识别方法的精度稍高。

表 4.1　两步识别方法和三步识别方法识别结果生成的响应曲线的 RMSE

识别方法	RMSE/N
两步识别方法	3.2673
三步识别方法	3.1418

需要注意的是，图4.6和表4.1中给出的两步识别方法的结果是多次试选不同有界区并比较选取最优结果后得到的，而三步识别方法应用时无须多次尝试选取参数即可得到精度更高的结果。因此，在工程应用时，若对识别精度要求较高且有条件获得多组响应试验数据，则使用三步识别方法更加方便、省时。

4.2 多股簧系统稳态谐波响应的非线性分析方法

4.2.1 多股簧系统的运动微分方程

本节将以如图4.7所示的单自由度多股簧-质量系统为对象研究多股簧系统的稳态谐波响应问题。该系统由多股簧、单股簧以及质量为m的质量块构成，其中单股簧上端与固定的机架相连，多股簧的下端与可动的基础相连。

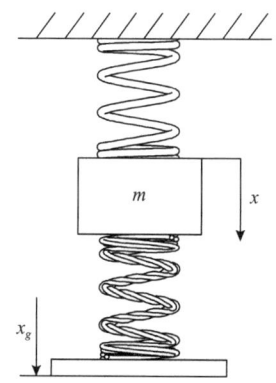

图4.7 单自由度多股簧-质量系统

根据图4.7可写出该系统的运动微分方程为

$$m(\ddot{x}(t)+\ddot{x}_g(t))=mg-r(t)+k_s(d_{s0}-x(t)-x_g(t)) \quad (4.19)$$

式中，x_g为基础位移；x为质量块m相对于基础的位移；g为重力加速度；r为式(4.5)给出的多股簧动态响应模型；k_s为系统中单股簧的刚度系数；d_{s0}为系统静止状态下单股簧的预压缩量。

为了方便计算，令系统的初始位移、初始速度、初始加速度均为0，则可写出完整的系统运动微分方程为

$$m(\ddot{x}(t)+\ddot{x}_g(t))+k_s(x(t)+x_g(t))+\sum_{i=1}^{N}k_{Ei}x^i(t)+\omega(t)\sum_{i=0}^{M}k_{Aj}x^i(t)=0 \quad (4.20)$$

$$\dot{\omega}(t)=\rho\dot{x}(t)\left[1-(\sigma\,\mathrm{sgn}\,\dot{x}(t)\mathrm{sgn}\,\omega(t)-\sigma+1)|\omega(t)|^n\right] \quad (4.21)$$

系统中基础运动 x_g 是幅值为 A_g、频率 $f_g = \dfrac{2\pi}{\Omega}$ 的简谐运动：

$$x_g(t) = A_g \sin(\Omega t) \tag{4.22}$$

为了便于后续分析，对系统运动微分方程进行无量纲化处理，引入正实数长度尺度 L 和时间尺度 T，可得到如下无量纲量：

$$\begin{cases} \tau = \dfrac{t}{T} \\ u(\tau) = \dfrac{1}{L} x(\tau T) \\ u_g(\tau) = \dfrac{1}{L} x_g(\tau T) \end{cases} \tag{4.23}$$

利用式(4.23)可以将式(4.20)、式(4.21)改写为无量纲形式：

$$\ddot{u}(\tau) + \sum_{i=1}^{N} \alpha_{Ei} u^i(\tau) + \omega(\tau) \sum_{i=0}^{M} \alpha_{Ai} u^i(\tau) + F_g \sin(T\Omega\tau) = 0 \tag{4.24}$$

$$\dot{\omega}(\tau) = \rho_L \dot{u}(\tau) \left[1 - (\sigma \operatorname{sgn} \dot{u}(\tau) \operatorname{sgn} \omega(\tau) - \sigma + 1) |\omega(\tau)|^n \right] \tag{4.25}$$

式中

$$\alpha_{Ei} = \begin{cases} \dfrac{T^2 L^{i-1} k_{Ei}}{m}, & i > 1 \\ \dfrac{T^2 k_{E1}}{m} + \dfrac{T^2 k_s}{m}, & i = 1 \end{cases} \tag{4.26}$$

$$\alpha_{Ai} = \dfrac{T^2 L^{i-1} k_{Ai}}{m} \tag{4.27}$$

$$F_g = \dfrac{T^2 A_g k_s}{Lm} - \dfrac{T^2 \Omega^2 A_g}{L} \tag{4.28}$$

$$\rho_L = L\rho \tag{4.29}$$

为了简化分析过程，本章取 $T = 1/\Omega$。

4.2.2 稳态谐波响应的分析方法

谐波平衡方法是分析非线性系统响应的常用方法。将系统的响应假设为周期函数并用傅里叶级数表示系统微分方程的解。如果系统响应中只有一次谐波，那么可以减少计算量，这种方法称为单谐波方法。然而，当激励幅值较大时，单谐波方法的精度不足。此外，单谐波方法无法求解超谐波及次谐波共振。因此，单谐波方法并不适合多股簧系统。为了解决上述问题，需要在系统响应中包含更多阶的谐波，但是会增大解析求解的难度。因此，本节采用迭代多谐波平衡（iterative multiple harmonic balance, IMHB）方法分析系统的响应。

设系统响应如下：

$$u(\tau) = \frac{U_0}{2} + \sum_{i=1}^{N_u} U_{ci}\cos(i\tau) + U_{si}\sin(i\tau) \tag{4.30}$$

$$\omega(\tau) = \frac{W_0}{2} + \sum_{i=1}^{N_\omega} W_{ci}\cos(i\tau) + W_{si}\sin(i\tau) \tag{4.31}$$

式中，N_u 和 N_ω 为响应包含的最高谐波次数；U_{ci}、U_{si}、W_{ci}、W_{si} 为各谐波项的系数；U_0、W_0 为响应的常数项。

为了方便后续分析，将式(4.30)、式(4.31)中的常数项及各系数写成如下矢量形式：

$$\boldsymbol{U} = \left[U_0, U_{c1}, U_{c2}, \cdots, U_{cN_u}, U_{s1}, U_{s2}, \cdots, U_{sN_u}\right] \tag{4.32}$$

$$\boldsymbol{W} = \left[W_0, W_{c1}, W_{c2}, \cdots, W_{cN_\omega}, W_{s1}, W_{s2}, \cdots, W_{sN_\omega}\right] \tag{4.33}$$

式中，$\boldsymbol{U}$、$\boldsymbol{W}$ 中的元素均为未知量，因此称这两个矢量为未知矢量。

根据系统无量纲运动微分方程，定义两个误差函数 $e_1(\tau)$、$e_2(\tau)$ 分别为

$$e_1(\tau) = \ddot{u}(\tau) + \sum_{i=1}^{N}\alpha_{Ei}u^i(\tau) + \omega(\tau)\sum_{i=0}^{M}\alpha_{Aj}u^i(\tau) + F_g\sin\tau \tag{4.34}$$

$$e_2(\tau) = \dot{\omega}(\tau) - L\rho\dot{u}(\tau)\left[1 - (\sigma\operatorname{sgn}\dot{u}(\tau)\operatorname{sgn}\omega(\tau) - \sigma + 1)|\omega(\tau)|^n\right] \tag{4.35}$$

利用快速傅里叶变换可以求解出 $\boldsymbol{U}$ 和 $\boldsymbol{W}$，采样时间矢量可以表示为

$$\boldsymbol{T} = \left[0, \frac{1}{2\pi N_F}, \frac{2}{2\pi N_F}, \cdots, \frac{N_F-1}{2\pi N_F}\right] \tag{4.36}$$

式中，N_F 为时间矢量的元素个数或时间点数。

为了满足快速傅里叶变换对数据长度的要求，N_F 应按式(4.37)选取：

$$N_F = 2^{M_F} \tag{4.37}$$

式中，M_F 为正整数。

为了避免出现频率混叠，N_F 还应满足

$$N_F > 2\max(N_{E1}, N_{E2}) \tag{4.38}$$

将生成的时间矢量 T 中的每一个时间点代入式(4.34)、式(4.35)，得到两个误差函数的时域值。然后，就可以利用快速傅里叶变换和误差函数时域值计算得到矢量 E_1、E_2。

当矢量 U、W 是系统响应的精确解时，应有

$$\left\| [E_1, E_2] \right\|^2 = 0 \tag{4.39}$$

因此，为了求得系统的近似响应，可建立如式(4.40)所示的最优化问题：

$$\min E(U, W) = E_1 E_1^{\mathrm{T}} + E_2 E_2^{\mathrm{T}} \tag{4.40}$$

至此，微分方程(4.20)、(4.21)的求解问题转换为一个非线性最优化问题，可以使用各种非线性最优化算法对其进行迭代求解，在求解过程中涉及迭代算法，因此称该方法为迭代多谐波平衡方法。

当应用迭代多谐波平衡方法分析系统的幅频响应时，可先设定 $\Omega=\Omega_0$ 作为频率响应分析的频率起点，求出矢量 U、W，并以本轮计算得到的 U、W 作为下一个激励频率下响应计算的迭代初值，令 $\Omega=\Omega+\Delta\Omega$，重复上述步骤，直到激励频率达到分析所需的上限频率，再令 $\Omega=\Omega-\Delta\Omega$，继续重复上述步骤，直到 $\Omega=\Omega_0$。上述分析过程中唯一人为控制的变量是激励频率 Ω，故称该方法为频率扫描方法。频率扫描方法概念清晰，是一种较直观的分析方法，一般情况下已满足工程中各种多股簧系统稳态谐波响应分析的要求，但是对于某些阻尼较小、系统共振时幅值出现很大尖峰的系统，频率扫描方法在尖峰区域的收敛性明显变差。出现该现象的原因是：频率扫描方法每次迭代都使用上一步的结果作为初值，而尖峰区域内即使微小的频率改变都将导致响应幅值发生显著变化，上一步的分析结果与当前频率下系统的响应状态有很大区别，故迭代初值与正确解相差较大，影响收敛性。为改善计算收敛性，需将频率增量 $\Delta\Omega$ 取得很小，这将降低分析速度。

为了解决此问题，可以采用幅值扫描方法。与频率扫描方法不同，幅值扫描方法以响应的一阶分量幅值 U_{c1} 或 U_{s1} 为控制变量，而非激励频率。具体而言，预先设定一阶分量幅值为固定值，将激励频率 Ω 作为未知数，并通过迭代求解获得。当使用 U_{c1} 作为控制变量时，称为余弦幅值扫描方法；当使用 U_{s1} 作为控制变量时，称为正弦幅值扫描方法。由于响应的一阶分量幅值为常数而激励频率为未知量，当采用余弦幅值扫描方法时，应将未知矢量 U 改写为

$$U = \left[U_0, \Omega, U_{c2}, \cdots, U_{cN_u}, U_{s1}, U_{s2}, \cdots, U_{sN_u} \right] \quad (4.41)$$

当采用正弦幅值扫描方法时，应将未知矢量 U 改写为

$$U = \left[U_0, U_{c1}, U_{c2}, \cdots, U_{cN_u}, \Omega, U_{s2}, \cdots, U_{sN_u} \right] \quad (4.42)$$

在每次迭代计算过程中，先将未知矢量 U 中的 Ω 用当前给定的 U_{c1} 或 U_{s1} 替代，即可按照与频率扫描方法相同的过程计算误差函数(4.34)和(4.35)，计算目标函数(4.40)并求出新的未知矢量 U，按此过程反复迭代即可求出给定的 U_{c1} 或 U_{s1} 对应的未知矢量 U。

4.2.3 试验验证

为了检验迭代多谐波平衡方法实际分析多股簧系统时的有效性，本节进行多股簧系统幅频响应试验。多股簧系统幅频响应试验装置如图 4.8 所示。

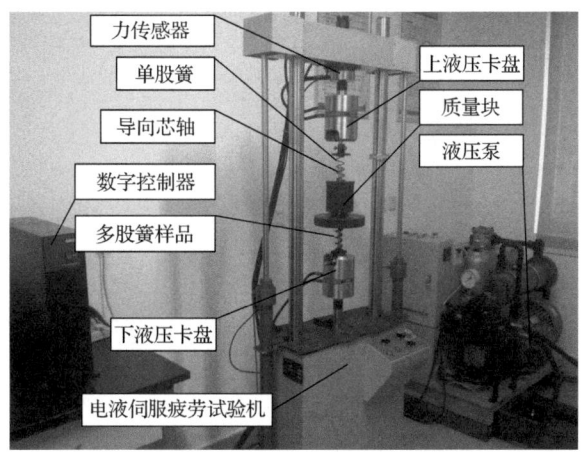

图 4.8　多股簧系统幅频响应试验装置

试验装置由电液伺服疲劳试验机、质量块、导向芯轴、单股簧以及多股簧样品等构成。导向芯轴固定在电液伺服疲劳试验机的下液压卡盘上，与多股簧以及质量块的轴线共线，质量块内部装有滚动直线轴承，其与导向芯轴之间的摩擦忽略不计，质量块顶端与电液伺服疲劳试验机下液压卡盘之间装有单股簧，当质量块在激励作用下沿竖直方向往复运动时，单股簧的压缩量即为质量块的绝对位移，因此通过电液伺服疲劳试验机测出上液压卡盘所承受的载荷并除以单股簧的刚度即可得到质量块的位移。电液伺服疲劳试验机下液压卡盘的位移即为基础位移 x_g，可通过电液伺服疲劳试验机的控制器设定。

系统参数见表 4.2。由于电液伺服疲劳试验机控制系统的限制，只能进行 19 个

不同激励频率下的试验,选定试验起始频率为 5.4Hz,每隔 0.1Hz 进行一次试验,激励频率从 5.4Hz 增加到 6.3Hz 之后再以 0.1Hz 为间隔,逐渐减小激励频率,直至激励频率回到 5.4Hz。为了保证系统的响应进入稳态,在每个激励频率下均保持 200 个激励周期,控制器取最后 2 个周期内的响应数据自动得到响应幅值。试验激励幅值 A_g 分别设为 3mm 和 4mm。需要注意的是,由于电液伺服疲劳试验机控制系统的控制误差以及驱动下液压卡盘的液压泵功率限制,在设定激励幅值 A_g 为 3mm 和 4mm 时,其输出的实际激励幅值只能达到 1.11~1.35mm 和 1.47~1.73mm。

表 4.2 系统参数

N	M	k_{E2}/(N/mm²)	k_{E1}/(N/mm)	k_{E0}/N	k_{A0}/N	k_{A1}/(N/mm)	ρ	σ	n	k_s/(N/mm)	m/kg
2	1	2.824×10^{-2}	4.901	125.46	6.23	9.544×10^{-5}	0.726	2.2	0.9	15.146	16

试验结果与迭代多谐波平衡方法分析的幅频响应曲线对比如图 4.9 所示。

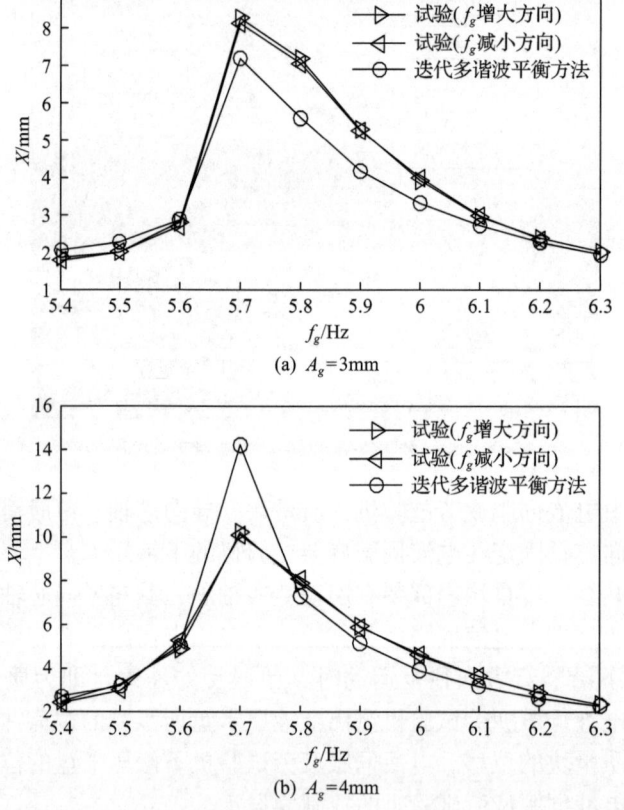

(a) A_g=3mm

(b) A_g=4mm

图 4.9 试验结果与迭代多谐波平衡方法分析的幅频响应曲线对比

由图 4.9 可知，系统在激励频率增大和减小时的响应是重合的，即系统未出现多值响应，迭代多谐波平衡方法分析的相对误差如表 4.3 所示。

表 4.3 迭代多谐波平衡方法分析的相对误差

f_g/Hz	激励幅值 A_g 取不同值时的相对误差/%	
	A_g=3mm	A_g=4mm
5.4	10.7	9.4
5.5	13.2	2.4
5.6	2.0	2.9
5.7	13.1	39.0
5.8	21.8	7.8
5.9	20.8	12.8
6	15.7	14.9
6.1	8.1	12.7
6.2	4.9	8.8
6.3	3.7	3.3

由图 4.9 和表 4.3 可知，迭代多谐波平衡方法分析的结果与试验结果能较好地吻合，最大误差出现在系统共振峰值处。该系统中唯一的阻尼器件是多股簧，而该多股簧阻尼较小，因此在共振峰值处响应位移很大，共振频率附近的幅频响应曲线的斜率很大，激励频率的微小偏差即可导致响应幅值出现较大的变化，而电液伺服疲劳试验机的控制精度有限，不能保证实际输出的激励信号为频率完全准确的正弦波，这是共振峰值处误差较大的重要原因。此外，当前分析中忽略了滚动直线轴承与导杆之间的摩擦力以及质量块所受到的空气阻力，这也将引入一定的误差。

4.3 多股簧冲击响应特性

4.3.1 多股簧冲击载荷响应模型

多股簧具有典型的非线性特性，其冲击条件下的减振系统是典型的非线性系统，因此本节按照非线性系统的研究方法先后建立了等效线性模型和基于摄动法的非线性改进模型，为后续试验提供理论基础。若物体或质点系统的振动可以使用线性微分方程来描述，则该系统为线性振动系统。若物体或质点系统的振动微分方程是非线性的，则该系统为非线性振动系统。非线性振动与线性振动的区别特征之一是非线性振动的频率与振幅有关[101]。在非线性振动的微分方程中，惯性力、阻尼力及弹性力不与加速度、速度及位移的一次成正比，微分方程大多可以表示为

$$f_m(\ddot{x},\dot{x},x)+f_c(\ddot{x},\dot{x},x)+f_k(\ddot{x},\dot{x},x)=f(t) \tag{4.43}$$

式中，$f_m(\ddot{x},\dot{x},x)$ 为非线性惯性力；$f_c(\ddot{x},\dot{x},x)$ 为非线性阻尼力；$f_k(\ddot{x},\dot{x},x)$ 为非线性弹性力。

依据非线性程度，非线性系统分为弱非线性系统和强非线性系统。非线性不大的系统，即非线性项的系数相对于线性项的系数是很小的微量，称为弱非线性系统或拟线性系统；非线性较大的系统，即非线性项的系数相对于线性项的系数不是很小的微量，称为强非线性系统[101]。

当多股簧受载时，各股钢丝之间存在非常复杂的相互作用，多股簧受冲击载荷的响应是强非线性振动系统。

4.3.2 基于摄动法的非线性改进模型

多股簧的减振系统是典型的非线性迟滞系统，其分析计算应当尽量采用非线性系统分析方法。由于多股簧动态响应模型的缺失以及现有非线性振动系统分析方法的烦琐与有限，目前人们在设计产品时仍只能采用等效线性化方法。虽然等效线性模型微分方程的求解简单，但是多股簧在大振幅下的刚度具有强非线性特性，采用等效线性模型识别出来的刚度仅为等效的恒定刚度，往往与实际情况差别较大，无法描述具有渐硬刚度等特点的多股簧非线性响应特性，不能对多股簧的强非线性特性进行定量分析。因此，为了进一步研究多股簧的刚度强非线性特性，本节提出基于摄动法的多股簧冲击载荷改进模型。

多股簧在未受载荷时，各股钢丝之间的接触较为松散，只有载荷达到一定程度之后，钢丝之间才会紧密接触，使多股簧刚度显著增加。多股簧的刚度呈现显著的非线性特性，其恢复力与压缩变形的关系通常可以用三次或四次多项式来拟合。令多股簧非线性恢复力为

$$F_k = k_1 x + k_2 x^2 + k_3 x^3 \tag{4.44}$$

式中，k_1、k_2 和 k_3 表示非线性刚度系数。

若将原等效线性模型的恢复力替换为式(4.44)中的非线性恢复力，则系统方程将转变为具有二次、三次强非线性的自由衰减振动方程：

$$m\ddot{x} + c\dot{x} + \left(k_1 x + k_2 x^2 + k_3 x^3\right) = 0 \tag{4.45}$$

与上述参考模型一致，多股簧受冲击载荷时，等效质量 $m = m_2 + m_1/3$，自由衰减时，等效质量 $m = m_1/3$。由此可见，该方程含有位移的平方非线性项和立方非线性项，系统本身具有强非线性，按摄动法求解系统响应时，非线性项的系数相对于线性项的系数不是微量。强非线性系统的求解方法由传统摄动法发展而来，其中，改进 LP(Lindstedt-Poincaré) 法最为直观且计算简便，具有代表性。然而，LP 法仅能求解系统周期运动的稳态解，无法描述整个运动过程的瞬态解，对

于耗散系统，因其振幅随时间变化，故 LP 法并不适用。因此，本节提出一种改进的多尺度法，将改进 LP 法的参数变换原理应用于多尺度法中，以求解上述具有二次、三次强非线性的自由振动系统的振动解。

令 $\omega_0^2 = k_1/m$、$\varepsilon\mu = c/m$、$\varepsilon k = k_2/m$、$\varepsilon = k_3/m$，则式(4.45)的无量纲化形式可表示为

$$\ddot{x} + \omega_0^2 x + \varepsilon\left(\mu\dot{x} + kx^2 + x^3\right) = 0 \tag{4.46}$$

式中，$\varepsilon > 0$ 且不必是小参数。该系统为强非线性系统，令 $\tau = \omega t$，由改进 LP 法将 ω^2 在 ω_0^2 附近展开为 ε 的幂级数形式，即

$$\omega^2 = \omega_0^2 + \varepsilon\omega_1 + \varepsilon^2\omega_2 + \cdots \tag{4.47}$$

引入参数变换：

$$\alpha = \frac{\varepsilon\omega_1}{\omega_0^2 + \varepsilon\omega_1} \tag{4.48}$$

即

$$\varepsilon = \frac{\omega_0^2 \alpha}{\omega_1(1-\alpha)} \tag{4.49}$$

则式(4.47)转换为

$$\omega^2 = \frac{\omega_0^2}{1-\alpha}\left(1 + \delta_1\alpha^1 + \delta_2\alpha^2 + \delta_3\alpha^3 + \cdots\right) \tag{4.50}$$

式中，α 为小参数，即 $0 < \alpha < 1$；ω_1、$\delta_i(i=1,2,3,\cdots)$ 为待定的未知常数。

通过上述转换，将原来相对 ε 而言的强非线性振动系统转换为相对 α 而言的弱非线性振动系统。将小参数 α 引入多尺度方法，若求一次近似解，则可引进两个不同尺度的时间变量 $T_0 = t$、$T_1 = \alpha t$，则方程(4.46)的摄动解形式为

$$x(t,\alpha) = x_0(T_0, T_1) + \alpha x_1(T_0, T_1) + \alpha^2 x_2(T_0, T_1) \tag{4.51}$$

因此，可得微分算子为

$$\begin{aligned}\frac{\mathrm{d}}{\mathrm{d}t} &= D_0 + \alpha D_1 + \alpha^2 D_2 \\ \frac{\mathrm{d}^2}{\mathrm{d}t^2} &= \left(D_0 + \alpha D_1 + \alpha^2 D_2\right)^2 = D_0^2 + 2\alpha D_0 D_1 + \alpha^2\left(D_1^2 + 2D_0 D_2\right) + O(\alpha^3)\end{aligned} \tag{4.52}$$

式中，$D_n = \partial/\partial T_n$。

将式(4.49)、式(4.51)及式(4.52)代入式(4.46)可得

$$(1-\alpha)\left[D_0^2 + 2\alpha D_0 D_1 + \alpha^2\left(D_1^2 + 2D_0 D_2\right)\right]\left(x_0 + \alpha x_1 + \alpha^2 x_2\right)$$
$$+(1-\alpha)\omega_0^2\left(x_0 + \alpha x_1 + \alpha^2 x_2\right) + \frac{\alpha\omega_0^2}{\omega_1}\left[\mu\left(D_0 + \alpha D_1 + \alpha^2 D_2\right)\left(x_0 + \alpha x_1 + \alpha^2 x_2\right)\right. \quad (4.53)$$
$$\left.+k\left(x_0 + \alpha x_1 + \alpha^2 x_2\right)^2 + \left(x_0 + \alpha x_1 + \alpha^2 x_2\right)^3\right] = 0$$

展开式(4.53)，整理并由方程两端 α 同次幂系数相等可得

$$\alpha^0: \quad D_0^2 x_0 + \omega_0^2 x_0 = 0 \tag{4.54}$$

$$\alpha^1: \quad D_0^2 x_1 + \omega_0^2 x_1 = -2D_0 D_1 x_0 - \frac{\omega_0^2}{\omega_1}\left(\mu D_0 x_0 + k x_0^2 + x_0^3\right) \tag{4.55}$$

$$\alpha^2: \quad D_0^2 x_2 + \omega_0^2 x_2 = -2D_0 D_1 x_1 - \left(D_1^2 + 2D_0 D_2\right) x_0 + 2D_0 D_1 x_0 + D_0^2 x_1 + \omega_0^2 x_1$$
$$-\frac{\omega_0^2}{\omega_1}\left[3x_0^2 x_1 + 2k x_0 x_1 + \mu\left(D_0 x_1 + D_1 x_0\right)\right] \tag{4.56}$$

方程(4.54)的解为

$$x_0 = A(T_1)\cos\left(\omega_0 T_0 + \psi(T_1)\right) \tag{4.57}$$

式中，A 与 ψ 为 T_1 的函数。

将 x_0 代入式(4.55)中，并化简可得

$$D_0^2 x_1 + \omega_0^2 x_1 = \left(2\omega_0 D_1 A + \mu\frac{\omega_0^3}{\omega_1}A\right)\sin(\omega_0 T_0 + \psi)$$
$$+\left(2\omega_0 A D_1 \psi - \frac{3}{4}\frac{\omega_0^2}{\omega_1}A^3\right)\cos(\omega_0 T_0 + \psi)$$
$$-k\frac{\omega_0^2}{2\omega_1}A^2\cos\left[2(\omega_0 T_0 + \psi)\right] - \frac{\omega_0^2}{4\omega_1}A^3\cos\left[3(\omega_0 T_0 + \psi)\right] - k\frac{\omega_0^2}{2\omega_1}A^2$$
$$\tag{4.58}$$

为使 x_1 不出现久期项，即 $\sin(\omega_0 T_0 + \psi)$ 和 $\cos(\omega_0 T_0 + \psi)$ 系数为零，必须有

$$\begin{cases} D_1 A = -\mu\dfrac{\omega_0^2}{2\omega_1}A \\ D_1 \psi = \dfrac{3\omega_0}{8\omega_1}A^2 \end{cases} \tag{4.59}$$

因此可得

$$\begin{cases} A(T_1) = c\mathrm{e}^{-\frac{\mu\omega_0^2 T_1}{2\omega_1}} \\ \psi(T_1) = -\frac{3c^2\mathrm{e}^{-\frac{\mu\omega_0^2}{\omega_1}T_1}}{8\mu\omega_0} + \varphi \end{cases} \quad (4.60)$$

式中，c 和 φ 为由初始条件确定的常量。

此时，式(4.58)的解为

$$x_1 = \frac{k}{6\omega_1}A^2\cos\left[2(\omega_0 T_0 + \psi)\right] + \frac{1}{32\omega_1}A^3\cos\left[3(\omega_0 T_0 + \psi)\right] - \frac{k}{2\omega_1}A^2 \quad (4.61)$$

将 x_0、x_1 代入式(4.51)，并代入 $T_0 = t$、$T_1 = \alpha t$，最后得原方程的一次渐进解为

$$x = A\cos(\omega_0 t + \psi) + \alpha\left\{\frac{kA^2}{6\omega_1}\cos\left[2(\omega_0 t + \psi)\right] + \frac{A^3}{32\omega_1}\cos\left[3(\omega_0 t + \psi)\right] - \frac{kA^2}{2\omega_1}\right\} \quad (4.62)$$

式中，α、A 与 ψ 的值如式(4.48)、式(4.60)所示。

4.3.3 多股簧冲击响应特性试验

以"6+3"的多股簧为研究对象，多股簧及钢索结构参数如表 4.4 所示，钢丝材料为能承受较高应力的碳素弹簧钢丝 T9A，相应的弹性模量为 205GPa，材料切变模量 $G=80$GPa，泊松比 $v=0.3$，取材料最大扭转切应力 $\tau_s = 0.6\sigma_b$。试验多股簧平均刚度为 2100N/m，质量为 0.6kg。

表 4.4 多股簧及钢索结构参数

直径 d/mm	圈数 n	内层钢索				外层钢索			
		股数 n_{e1}	捻角 α_{e1}/(°)	钢丝直径 d_{e1}/mm	钢索直径 d_{s1}/mm	股数 n_{e2}	捻角 α_{e2}/(°)	钢丝直径 d_{e2}/mm	钢索直径 d_{s2}/mm
36	28	3	35	1.1	2.4	6	55	2.1	7

采用多股簧冲击载荷试验装置对多股簧进行冲击试验，装置中传感器安装间距为 30mm。在设备数据采集软件中，分别设置两块 PCL-724 数据采集卡端口为 200H 与 2c0H，采样频率为 10kHz，质量块为 1.32kg。调整试验气压进行 3 组冲击试验，实测冲击速度分别为 18m/s、20m/s、24m/s。

以多股簧自由端通过各个传感器的时间为横坐标,以传感器安装位置为纵坐标,可得各个簧圈沿时间轴的振动位移离散点。以冲击速度为 18m/s 的试验为例,多股簧瞬时冲击后的时程曲线如图 4.10 所示。

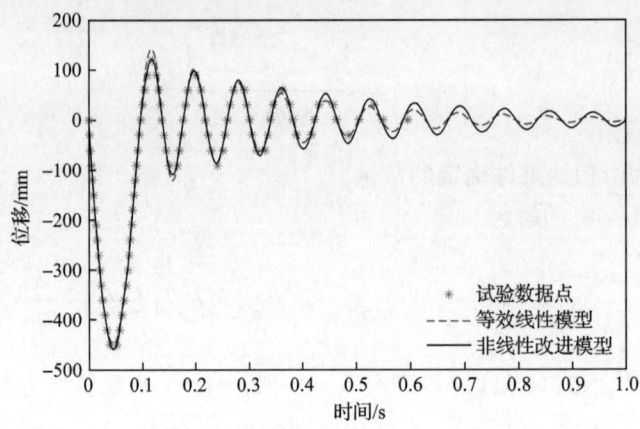

图 4.10　多股簧瞬时冲击后的时程曲线

分别采用等效线性模型和非线性改进模型对试验数据点进行拟合,分析两种数学模型描述多股簧冲击响应特性的准确性。采用基于最小二乘法求均方差最小的原理对试验数据点进行拟合,拟合位移的决定系数越接近 1,表明相应模型对试验数据点的解释能力越强,越接近试验数据点。其中,等效线性模型和非线性改进模型拟合的均方根误差和拟合位移的相关系数的平方如表 4.5 所示。下面给出等效线性模型和非线性改进模型的振动响应方程。

表 4.5　拟合精度比较

试验阶段	模型	均方根误差	相关系数的平方 R^2
冲击阶段	等效线性模型	3.593130	0.999348
	非线性改进模型	2.746349	0.999606
衰减阶段	等效线性模型	7.119599	0.977654
	非线性改进模型	4.677348	0.991046

等效线性模型为

$$x(t)=\begin{cases}-534.1\mathrm{e}^{-3.74t}\sin(32.1t), & 0<t\leqslant 0.098\\ 226.3\mathrm{e}^{-3.9t}\sin(77t-1.27), & t>0.098\end{cases} \quad (4.63)$$

非线性改进模型为

$$x(t)=$$
$$\begin{cases} 433\mathrm{e}^{-1.99t}\cos\left(29.4t-2.66\mathrm{e}^{-3.98t}+3.92\right)+33\mathrm{e}^{-3.98t}\cos\left(2\left(29.4t-2.66\mathrm{e}^{-3.98t}+3.92\right)\right) \\ +13\mathrm{e}^{-5.97t}\cos\left(3\left(29.4t-2.66\mathrm{e}^{-3.98t}+3.92\right)\right)-99\mathrm{e}^{-3.98t}, \qquad 0<t\leqslant 0.098 \\ 160\mathrm{e}^{-2.58t}\cos\left(76.14t-0.66\mathrm{e}^{-5.17t}-2.44\right)-0.465\mathrm{e}^{-5.17t}\cos\left(2\left(76.14t-0.66\mathrm{e}^{-5.17t}-2.44\right)\right) \\ +0.606\mathrm{e}^{-7.75t}\cos\left(3\left(76.14t-0.66\mathrm{e}^{-5.17t}-2.44\right)\right)-1.39\mathrm{e}^{-5.17t}, \qquad t>0.098 \end{cases}$$
(4.64)

由表 4.5 可知，由于非线性改进模型引入了非线性刚度，所以其对试验数据的拟合精度比等效线性模型的高，更能精确地描述多股簧受冲击载荷后的动态响应规律。受多股簧非线性特性的影响，在实际振动过程中，随着振幅的降低，钢索中钢丝之间的相对滑移、摩擦、滑移阻尼和刚度变小，导致振动周期有所增加。然而，等效线性模型中的振动频率是恒定不变的，随着振动次数的增加误差越来越大，例如，冲击阶段振动频率恒为 $\omega=32.1$；非线性改进模型中振动频率为时间的复杂函数，例如，冲击阶段振动频率 $\omega=29.4+10.59\mathrm{e}^{-3.98t}$，随着时间的增加振动频率降低，与多股簧实际振动情况完全相符。因此，非线性改进模型更符合多股簧受冲击载荷后的动态响应规律。

同理，采用非线性改进模型对冲击速度为 20m/s 和 24m/s 试验数据拟合的结果与试验数据相当吻合，拟合精度也都高于 99%。同时，试验装置的检测精度与传感器安装间距有关，安装间距越小，试验数据点越密集，拟合精度越高。从图 4.10 可以看出，当 $t>0.55\mathrm{s}$ 时，多股簧振幅小于传感器安装间距，试验数据点已无振动趋势。然而，多股簧的非线性特性主要体现在冲击阶段，即振幅变化较大的阶段，振动后期试验数据点的精度对多股簧的冲击特性影响不大。

多股簧瞬时冲击后簧圈的速度和加速度响应曲线分别如图 4.11 和图 4.12 所示。由图 4.11 和图 4.12 可知，多股簧在压缩时自由端的加速度并不是一直增大的，在整个冲击阶段会有两个加速度峰值：在初始受冲击载荷后，先达到第一个小峰值，这是多股簧受瞬时冲击载荷后，簧圈之间形成的冲击波在自由端与弹簧本身振动叠加的结果；随后，冲击波以纵波的形式向固定端传递，自由端不再受冲击波的影响，因此加速度随时间首先会有一定的减小，然后增加；当多股簧达到最大压缩量时，加速度到达第二个峰值，此时多股簧动能为零，势能最大，非线性恢复力也达到最大。同时可以看出，冲击速度越大，第一个加速度峰值越明显，即冲击波的作用越强。

同理，也可以对各个簧圈进行相应的速度和加速度分析，为多股簧受载后弹簧运动规律分析和交变应力分析提供试验依据。

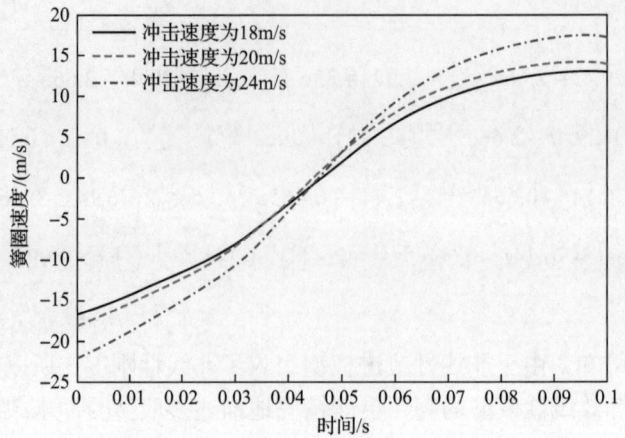

图 4.11 多股簧瞬时冲击后簧圈的速度响应曲线

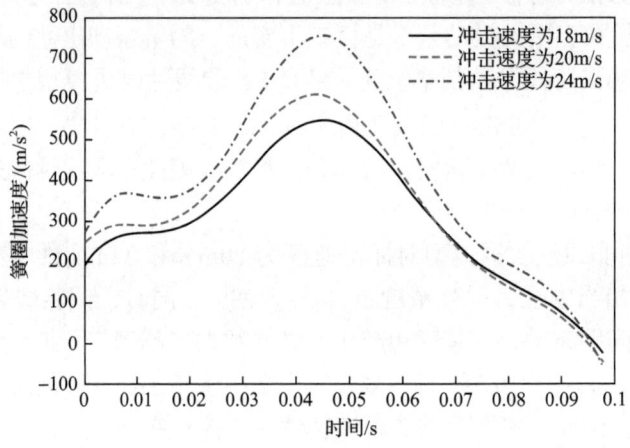

图 4.12 多股簧瞬时冲击后簧圈的加速度响应曲线

为分析多股簧受冲击载荷后的内部运动规律,结合多股簧簧圈振动模型和上述拟合方法,可以拟合出多股簧受瞬时冲击载荷后各个簧圈的运动曲线,实现对多股簧整个振动过程的重现。以第 1、5、10、15、20 个簧圈为例,当冲击速度为 18m/s 时,多股簧簧圈振动规律如图 4.13 所示。在不同冲击速度下,冲击阶段不同时刻多股簧簧圈的速度分布图如图 4.14 所示。

由图 4.13 和图 4.14 可知,各个簧圈的初始振动时间并不相同,前面簧圈先于后面簧圈振动。以冲击速度为 18m/s 为例,在 0.004s 时第 10 个簧圈已达到最大速度 18.6m/s,而第 15 个簧圈以后的速度为 0m/s。多股簧受冲击载荷后的速度沿簧圈并不是呈线性分布的,3 组不同冲击速度下的试验结果如下:在 0.002s 时第 5 个簧圈速度最大,在 0.004s 时第 10 个簧圈速度最大,在 0.008s 时第 15 个簧圈速度最大以及在 0.016s 时第 20 个簧圈速度最大。这是由于弹簧在高速冲击载荷下,

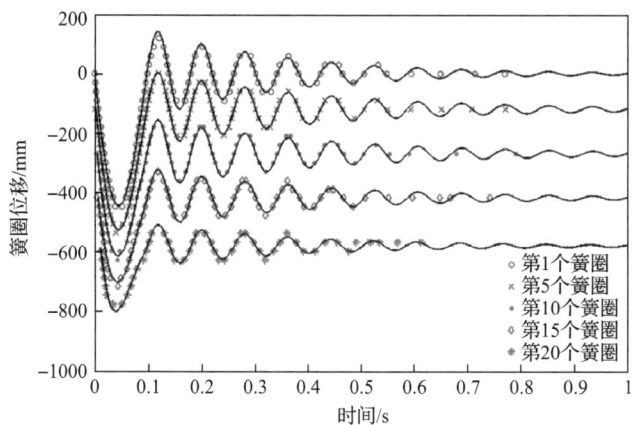

图 4.13 多股簧簧圈时程曲线

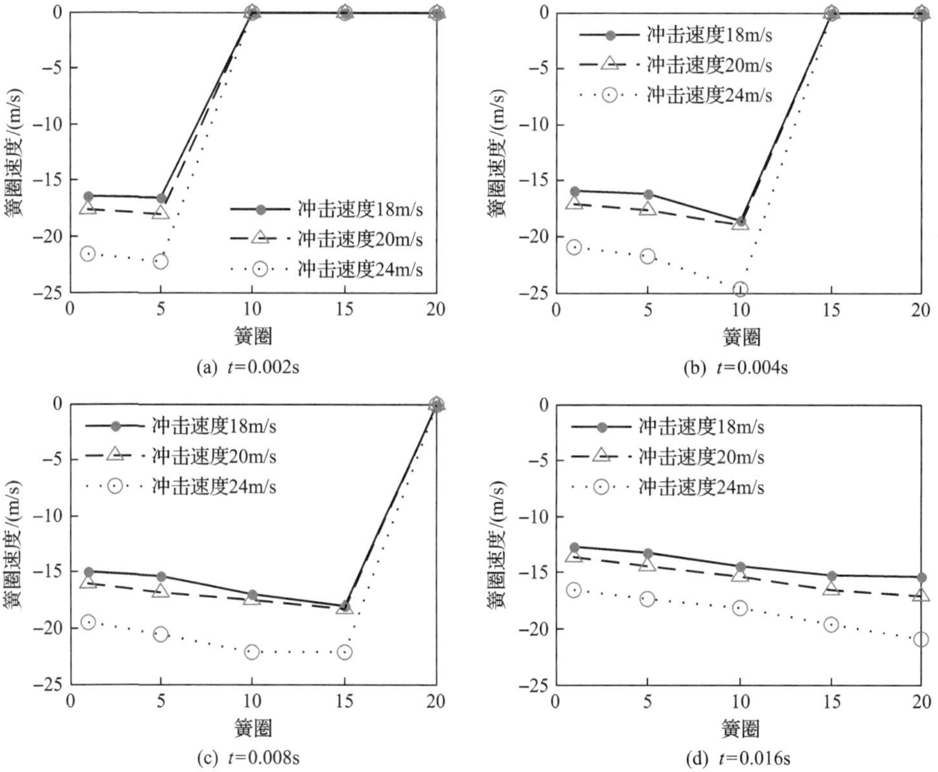

(a) $t=0.002s$

(b) $t=0.004s$

(c) $t=0.008s$

(d) $t=0.016s$

图 4.14 冲击阶段不同时刻多股簧簧圈的速度分布图

弹簧自身质量和惯性对弹簧内部变形的影响不可忽略,弹簧上各簧圈的移动速度沿轴向不再呈线性分布,而是以纵波的形式向固定端传递,并会在固定端反射。

依据非线性改进模型拟合的振动响应方程和式(4.46)中的参数关系可以识别

出该模型的参数,不同速度下多股簧的等效阻尼系数 c,恢复力系数 k_1、k_2 及 k_3 的值如表 4.6 所示。

表 4.6　多股簧非线性改进模型参数识别结果

阶段	冲击速度/(m/s)	$c/((\text{N·s})/\text{m})$	$k_1/(\text{N/m})$	$k_2/(\text{N/m}^2)$	$k_3/(\text{N/m}^3)$
冲击阶段	18	6.05	1313.7	1392.5	6738.9
	20	6.44	1266.1	1151	5480.5
	24	5.52	1315.3	1172.3	4637.1
衰减阶段	18	1.03	1159.4	−123.1	5290.8
	20	1.03	1142.3	−370.9	6819.1
	24	0.97	1192.2	−1163.8	2802

虽然多股簧的阻尼和刚度随着压缩位移的增加而增加,但是在高速冲击载荷下的非线性特性尤为显著。由表 4.6 可知,冲击阶段的阻尼系数约为衰减阶段阻尼系数的 6 倍。同样,以冲击速度为 18m/s 的试验为例进行分析,由图 4.10 及图 4.15 可知,冲击后压缩最大变形量约为 0.45m,恢复力约为 1300N,而衰减阶段的弹簧最大压缩变形量约为 0.12m,恢复力约为 200N,仅约为最大恢复力的 15%,此时多股簧钢索处于未拧紧状态,因此阻尼系数比较小。阻尼是动态设计的重要因素,描述了结构振动过程中能量传递和衰减的性能,有助于机械系统受到瞬时冲击后很快恢复到稳定状态。因此,多股簧应用于高速冲击载荷时更能体现其减振的优势。

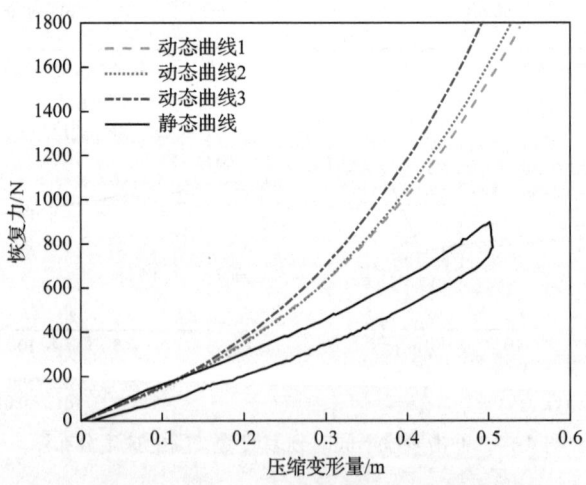

图 4.15　恢复力与压缩变形量的关系曲线

图 4.15 为恢复力与压缩变形量的关系曲线,图中动态曲线 1、2、3 分别为冲

击速度 18m/s、20m/s、24m/s 下的曲线，为了进行对比说明，在静态试验机上相应地进行了静态加载试验，如图中静态曲线所示。以动态曲线 1 为例，当压缩变形量达到静态最大变形量的 80%（即 0.4m）时，其恢复力 1000N 约为静态下恢复力的 1.5 倍。因此，多股簧的冲击载荷特性与静态特性一样均为非线性硬特性，但冲击载荷下的非线性渐硬特性比静态载荷下的非线性渐硬特性更显著，即刚度的非线性特性更为明显。

当多股簧实际应用于高速枪炮的复进簧时，枪机框和复进簧的自由端实际承受的后座速度是不变的，要实现高频率的连续射击，需缩短复进簧在前一次射击后的振动时间，阻尼等模态参数的设计至关重要。因此，在设计多股簧减振系统时，有必要先对复进簧进行冲击试验来分析测得阻尼、刚度等参数，再选择其他合适参数的阻尼元件与多股簧组成合适的枪炮减振系统，以满足性能要求。通过该试验分析，减少了实弹射击试验造成的不必要的经济损失。

第 5 章　多股簧制造回弹试验及理论研究

当材料承受的载荷不断增加时，材料内部会出现弹塑性分区，同时存在弹塑性变化。载荷去除后，弹性部分恢复变形，而塑性部分不能恢复变形，因此塑性变形又称为残余变形[102]。在结构设计中，考虑材料的塑性进行弹塑性设计可以节约原材料，避免浪费。金属的成形也利用了材料的塑性特质。螺旋弹簧的成形和回弹也是材料的弹塑性变化的过程，采用理论方法难以研究不同钢丝截面及加载中的应变过程及应力分布情况，而非线性有限元分析软件 ABAQUS 的可视化后处理功能可以清晰展现该状态，并且可以通过模拟对回弹进行预测。目前，有限元仿真分析在板材及管材的成形模拟中已有应用，并达到了良好的效果。本章基于试验及 ABAQUS 软件，针对弹簧钢丝材料在成形和回弹时的弹塑性变化进行分析研究。弹簧的成形包含材料非线性、边界非线性和几何非线性，属于高度非线性问题的求解。本章的模拟分析以单股簧的成形为基础，研究多股簧的绕制成形方法[36]。

5.1　弹塑性有限元法

5.1.1　弹塑性成形的基础理论

多股簧绕制成形过程中，材料内部的弹塑性分布影响弹簧的成形质量和卸载后的弹复量。材料的弹塑性成形理论主要涉及四个方面：屈服准则、增量理论、全量理论和材料的本构关系[103]。

屈服准则又称为塑性条件或屈服判据，它是变形体由弹性变形状态向塑性变形状态过渡的力学条件，主要取决于变形体的材质和状态。屈服准则是建立在假说的基础上的，需要经过试验的验证。有限元法模拟材料的弹塑性变形时采用的是 Mises 屈服准则，其中等效应力 $\bar{\sigma}$ 为

$$\begin{aligned}\bar{\sigma} &= \sqrt{\frac{1}{2}\left[(\sigma_1-\sigma_2)^2+(\sigma_2-\sigma_3)^2+(\sigma_3-\sigma_1)^2\right]}\\ &= \sqrt{\frac{1}{2}\left[(\sigma_x-\sigma_y)^2+(\sigma_y-\sigma_z)^2+(\sigma_z-\sigma_x)^2+6(\tau_{xy}^2+\tau_{yz}^2+\tau_{zx}^2)\right]}\\ &= C\end{aligned} \quad (5.1)$$

式中，$\bar{\sigma}$ 为等效应力；σ_x、σ_y、σ_z 为正应力；τ_{xy}、τ_{yz}、τ_{zx} 为切应力；σ_1、σ_2、σ_3 为主应力；C 为材料常数，与材料性质有关，与应力状态无关。

若材料在纯剪切时的屈服剪应力为 k，则 $\sigma_1 = -\sigma_3 = \tau = k, \sigma_2 = 0$，将其代入式(5.1)可得 $\bar{\sigma} = C = \sqrt{3}k$，即 Mises 屈服条件为

$$(\sigma_1 - \sigma_2)^2 + (\sigma_2 - \sigma_3)^2 + (\sigma_3 - \sigma_1)^2 = 6k^2 \tag{5.2}$$

在弹塑性状态下，材料内一点应变不仅与当前的应力状态有关，也与加载历史有关。虽然应力分量与应变分量不再呈一一对应关系，但是应力的增量与应变的增量之间存在对应关系。理想弹塑性材料的增量理论公式为

$$\begin{cases} \mathrm{d}e_{ij} = \dfrac{1}{2G}\mathrm{d}s_{ij} + \dfrac{3(\mathrm{d}W_d)}{2\sigma_s^2} \\ \mathrm{d}\varepsilon_m = \dfrac{1}{3K}\mathrm{d}\sigma_m \end{cases} \tag{5.3}$$

式中，e_{ij} 为应变偏张量；ε_m 为平均应变；σ_m 为平均应力；σ_s 为屈服极限；$\mathrm{d}W_d$ 为形状改变比功增量；s_{ij} 为应力偏张量；G 为材料的剪切模量；K 为体积弹性模量。

虽然塑性变形中的应力分量与应变分量之间不能建立对应关系，但是在简单的加载条件下，可以求解对应关系，如式(5.4)所示[103]。

$$\begin{cases} e_{ij} = \dfrac{3}{2}\dfrac{\varepsilon_i}{\sigma_i}s_{ij} \\ \mathrm{d}\varepsilon_m = \dfrac{1}{3K}\mathrm{d}\sigma_m \end{cases} \tag{5.4}$$

式(5.4)表征了塑性本构关系的形变理论，对不同材料的本构关系进行简化，由推理可知，全量理论是增量理论的特殊情况，在简单加载条件下，两种塑性材料的本构关系是相同的[102]。

材料的本构关系表征物体内一点在载荷作用下应力 σ 和应变 ε 之间的关系，物体在弹性阶段和塑性阶段的本构关系是不同的。当 $\sigma \leqslant \sigma_s$ 时，物体无论是处于加载阶段还是卸载阶段，其变形皆为弹性变形，应力 σ 和应变 ε 呈线性关系，符合胡克(Hooke)定律 $\sigma = E\varepsilon$。物体内一点的 6 个应力分量和 6 个应变分量之间也存在线性关系。此时，应变仅取决于最后的应力状态，与变形过程无关，全量形式为[103]

$$\boldsymbol{\sigma} = \boldsymbol{D}_e \boldsymbol{e} \tag{5.5}$$

式中，$\boldsymbol{D}_e$ 为弹性矩阵。

当$\sigma > \sigma_s$时，物体屈服，发生塑性变形，在该阶段，加载过程和卸载过程的本构关系不同。在加载过程中，当$\Delta\sigma \geq 0$时，物体产生新的塑性变形，服从塑性本构关系。应力与应变之间的关系由弹塑性矩阵$\boldsymbol{D}_{ep}$决定，即

$$\mathrm{d}\boldsymbol{\sigma} = (\boldsymbol{D}_e - \boldsymbol{D}_p)\mathrm{d}\boldsymbol{\varepsilon} = \boldsymbol{D}_{ep}\mathrm{d}\boldsymbol{\varepsilon} \tag{5.6}$$

式中，$\boldsymbol{D}_p$为塑性矩阵。

在卸载过程中，$\Delta\sigma < 0$，此时应力的改变量(卸掉的应力)与应变的改变量(卸掉的应变)服从弹性本构关系，即$\Delta\sigma = E\Delta\varepsilon$。当载荷为0时，变形并不为0，则该部分变形为塑性变形或残余变形，用ε_p表示，恢复的弹性变形用ε_e表示，则该点的应变为

$$\varepsilon = \varepsilon_e + \varepsilon_p \tag{5.7}$$

因此，只有塑性阶段的加载过程服从塑性本构关系，其他状态时服从弹性本构关系。

5.1.2 非线性的有限元求解

多股簧在绕制成形过程中，材料的变化不仅有弹性变形还有塑性变形，应力和应变不再是非线性关系，属于材料的非线性问题。在成形过程中，在载荷的作用下，钢丝发生了较大位移和转动，属于典型的几何非线性问题。同时，绕制过程中钢丝和芯轴之间有接触作用，钢丝和钢丝之间不仅有接触作用，还有摩擦作用。钢丝与钢丝之间以及钢丝与芯轴之间的接触皆为圆截面的线接触，其互相接触边界的位置和范围以及接触面上力的分布和大小不能事先给定，需要依赖整个问题的求解才能确定，属于典型的边界非线性问题。因此，多股簧的绕制成形数值模拟属于高度非线性问题的有限元求解[36]。

材料非线性问题的求解分为两类：一类是不依赖时间的弹塑性问题；另一类是依赖时间的黏(弹、塑)性问题。多股簧的绕制成形为第一类弹塑性问题的求解，也就是当载荷作用时，材料的变形立即发生且不再随时间发生变化。此类问题的求解主要围绕5.1.1节提出的屈服准则、增量理论、全量理论和材料的本构关系展开。关于材料的非线性有限元求解，王勖成[104]给出了相关理论和详细的推导过程。

几何非线性和边界非线性的有限元计算是多股簧绕制成形涉及的重点工作，也就是接触问题的求解。这是因为多股簧在成形过程中，钢丝与芯轴之间、钢丝与钢丝之间的接触位置在不断变化之中，接触条件也具有非线性，例如，钢丝与钢丝之间以及钢丝与其他部件之间不可相互侵入，接触力的法线分力只能是压力，切向接触的摩擦条件(主要是钢丝与钢丝之间)选择。接触的界面条件包括两个方

面：法向接触条件和摩擦力条件。法向接触条件用来判断钢丝与其他部分之间是否已经进入接触，规定钢丝在与其他部件的接触过程中，表面不可发生侵入和贯入现象。多股簧的成形过程不考虑接触面间的黏附和冷焊作用，因此钢丝与其他部件接触面之间只存在压力作用，其条件为

$$F_N^B \leqslant 0, \quad F_N^A = -F_N^B \geqslant 0 \tag{5.8}$$

式中，F_N^A、F_N^B 为接触面间的法向接触力。

除了使用法向接触条件判断是否进入接触状态外，还需要切向接触摩擦力条件来判断接触面之间具体的接触状态，分为无摩擦模型和有摩擦模型。钢丝与芯轴和导向装置之间的接触都属于无摩擦力的形式，认为接触面之间是绝对光滑的，表示形式为

$$F_T^A = F_T^B \equiv 0 \tag{5.9}$$

式中，F_T^A、F_T^B 为接触面间的切向接触力。

在成形过程中，钢丝与钢丝之间的摩擦作用不能忽略。在工程分析中，主要采用经典干摩擦定律进行计算，即处于接触状态下的物体表面之间的相对滑动，只有当平行于接触面的切向力达到临界值时才发生，临界值的大小与法向接触力成比例，比例常数即为摩擦系数。在摩擦的计算过程中，为了简便，假设动摩擦系数 μ_d 和静摩擦系数 μ_s 统一由摩擦系数 μ 代替，即不区分动摩擦系数、静摩擦系数。

对于接触问题的求解，目前通常采用的是罚函数法，拉格朗日乘子法和增广拉格朗日法三种。使用罚函数法引入界面约束条件，不会增加求解的自由度，且求解方程的系数矩阵保持正定。因为不增加问题的自由度，所以可以与使用显式数值积分方法求解包含惯性项的接触问题时的求解方程相协调。由于系数矩阵保持正定，在求解静力接触问题时，可以避免由系数矩阵非正定性带来的问题。因此，罚函数法得到了较为广泛的应用，ABAQUS 软件分析多股簧绕制成形中的接触问题也是基于罚函数法的，它允许接触面法向有微小的穿透量。当进行有限元计算时，罚参数的取值需要特别注意，以避免求解过程的不稳定[104, 105]。

5.2 基于 ABAQUS 软件的分析方法

ABAQUS 软件包含两个主求解模块，即 ABAQUS/standard 和 ABAQUS/explicit。ABAQUS/standard 模块是一个通用模块，可以求解领域广泛的线性问题和非线性问题，包括静力电磁、动力电磁和物理场耦合分析等。

ABAQUS/standard 模块的求解器为动态载荷平衡的并行稀疏矩阵求解器，最

多可以实现 16 个处理器的并行计算。此外，还提供一个并行的 Lanczos 特征值求解器，用于实现在大规模模型中快速有效地提取多阶特征值，进行瞬态响应、谐波响应、随机响应和地震响应谱分析等线性动力学分析，而复特征值求解器可以提取非线性系统或带阻尼对称系统的复特征值[106]。

ABAQUS/explicit 模块主要用于进行显示动态分析，求解非线性动力学和准静态问题，尤其是模拟分析跌落、冲击和爆炸等短暂和瞬时的动态问题。对于接触条件的高度非线性问题，使用 ABAQUS/explicit 模块也非常有效，如材料的成形问题。ABAQUS/explicit 模块可以使用子模型技术，在大变形问题中，使用任意拉格朗日-欧拉(arbitrary Lagrangian-Eulerian，ALE)自适应网格技术可以避免求解过程中出现网格畸变，以保证顺利求解。

ABAQUS 软件的两种算法各有不同的适用范围，相比较而言，动力显式算法不需要迭代，避免了静力隐式算法中常常遇到的收敛性问题。在采用集中质量矩阵和集中阻尼矩阵后，形成的整体求解方程是彼此独立的，不需要联立求解，减少了所需的存储量和计算量。

5.2.1 材料特性

本章研究 T9A 弹簧钢丝。有限元仿真需要钢丝的材料特性，也就是弹塑性变形数据，此数据的真实性将影响绕制成形及卸载回弹后结果数据的准确性。

RGM-2100 微机控制电子万能试验机如图 5.1 所示，主要用于测试各种材料在拉伸、压缩、弯曲和剪切等状态下的力学性能及有关的物理参数，该试验机自身带有显示和控制键盘，可独立操作并显示负荷值、位移值和横梁移动速度，并且该试验机配备了不同的夹具，可以进行撕裂、剥离和穿刺等试验。RNJ-50 型液晶显示微机控制扭转试验机如图 5.2 所示，主要用于测定各种材料及零部件在扭转

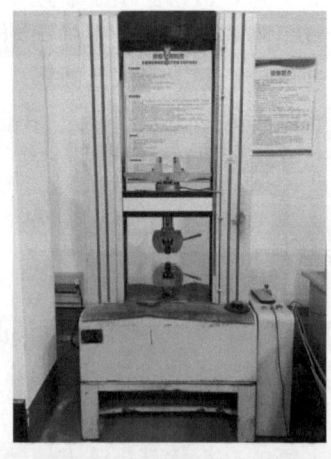

图 5.1　RGM-2100 微机控制电子万能试验机　图 5.2　RNJ-50 型液晶显示微机控制扭转试验机

力状态下的性能及物理参数，该试验机自身带有显示和控制键盘，可独立操作并显示扭矩值、转角值和扭转角速度，具有结构紧凑、操作简单和维护方便等特点。通过上述试验设备对 T9A 弹簧钢丝进行拉伸试验和扭转试验，以获得弹簧材料的应力、应变数值。

通过试验测得的钢丝材料的应力、应变属于名义数据，在 ABAQUS 软件中仿真分析需要材料的真实应变。真实应力、真实应变和名义应力、名义应变之间需要进行换算，其换算公式为

$$\varepsilon = \ln(1+\varepsilon_n) \tag{5.10}$$

$$\sigma = \sigma_n(1+\varepsilon_n) \tag{5.11}$$

式中，ε 为真实应变；ε_n 为名义应变；σ 为真实应力；σ_n 为名义应力。

真实塑性应变由式(5.12)确定：

$$\varepsilon^p = \varepsilon^t - \sigma/E \tag{5.12}$$

式中，ε^p 为真实塑性应变；ε^t 为真实总应变。

5.2.2 分析步确定

考虑到螺旋弹簧的加工工艺，将有限元分析具体分为钢丝初始预加载、绕制成形和卸载回弹三个阶段。对弹簧钢丝的初始预加载，也就是对钢丝施加张力的过程，使用 ABAQUS/standard 模块中的静力分析步模拟。当弹簧在有芯轴绕制成形时，钢丝材料存在拉伸、弯曲和扭转的复合作用，对于有限元分析，这是一个涉及材料非线性、边界非线性和几何非线性的力学模拟过程。当考虑收敛时，弹簧的绕制成形本质上属于静态问题，因此使用 ABAQUS/explicit 模块准静态模拟弹簧的绕制成形。多股簧在实际绕制成形时，弹簧内部产生很大的内应力，不能直接卸载，需要轴向设置一定量的回松长度，同时绕芯轴轴线设置回松圈数，该部分仿真分析依然使用 ABAQUS/explicit 模块[36]。

弹簧的卸载回弹有两种方式：一种是使用 ABAQUS/explicit 模块直接进行卸载模拟；另一种是将 ABAQUS/explicit 模块的计算结果和需要模拟回弹的部件使用导入技术导入 ABAQUS/standard 模块进行回弹求解。然而，当使用 ABAQUS/explicit 模块计算回弹时，需要引入阻尼，消耗大量的时间来获得稳态的计算结果，卸载时要非常小心。因此，在螺旋弹簧的卸载回弹模拟中使用 ABAQUS/standard 模块进行计算求解。

综上所述，在弹簧钢丝预加载完毕进行成形模拟时，采用重启动技术将 ABAQUS/standard 模块中产生的结果数据传递到 ABAQUS/explicit 模块中；成形

结束后，使用导入技术将完整的成形模型从 ABAQUS/explicit 模块传递到 ABAQUS/standard 模块中进行回弹分析[36]。

5.2.3 单元类型及网格划分

在 ABAQUS 软件中，应力-位移单元的实体单元族是应用最广泛的。在弹簧绕制成形过程中，需要研究钢丝截面的应力状况、钢丝表面的应力分布以及钢丝之间的接触摩擦对应力分布的影响。在绕制完毕卸载回弹后，要计算轴向和径向的弹复量以及此时钢丝截面和表面的应力分布情况，因此对于钢丝部件选择实体单元用于仿真分析。

对于芯轴，卡盘及钢丝导向等部件的变形可以忽略不计，其刚度远大于钢丝的刚度，因此选择刚体单元进行分析。刚体单元不参与实际的运算，可以提高分析的运算速度。刚体部件包括解析型刚体部件与离散型刚体部件两种类型，解析型刚体部件适合形状简单的部件，对于螺旋弹簧的芯轴部件和导向部件，则需要离散型刚体部件。

网格划分是有限元分析中的重要一步，网格划分的质量直接影响分析求解的精度和时间。ABAQUS 软件主要有自由网格划分、结构化网格划分和扫略网格划分三种方式，其中自由网格划分方式应用最广泛。弹簧的绕制成形仿真主要有刚性体部件和柔性体部件(钢丝)两种形式，对钢丝部件的网格划分往往影响分析结果和分析速度。在单股钢丝的绕制分析中，模型结构简单，可以直接在 ABAQUS 软件的前处理模块中生成有限元模型，钢丝可以采用上述三种划分方式，考虑到求解过程中单元畸变的影响，采用结构化网格划分方式，使用中性轴算法可以得到形状规则的网格。多股簧的绕制成形几何模型比单股簧的绕制成形几何模型要复杂，钢丝带有弯曲和曲面特征，需要先使用 PRO/E 软件进行建模，再导入 ABAQUS 软件中进行分析，因此钢丝的网格划分也使用结构化划分方式及中性轴算法[106-108]。

5.3 ABAQUS 软件准静态分析

多股簧的绕制成形过程既不属于动态问题也不属于静态问题，ABAQUS 软件在分析材料的成形问题时使用准静态分析技术。虽然准静态分析也可以在 ABAQUS/standard 模块中进行，但是显式求解方法求解准静态问题更有价值，对于某些静态问题显式求解方法较 ABAQUS/standard 模块更容易。显示求解方法是一种真正的动态求解方法，惯性发挥主导作用，主要用来模拟高速冲击问题。准静态的显示求解是在惯性力影响不显著的情况下用最短的时间进行模拟求解。经过分析，螺旋弹簧的成形模拟适用于 ABAQUS/explicit 模块的显示求解。显示分析的时间增量值非常小。有两种方法可以提高效率：一是提高加载速率；二是增加材料的密度[106]。

虽然在多股簧成形时的准静态分析中使用自然时间一般可以得到准确的准静态结果，但是只要分析中保持动态效果不明显以及符合静态解答，就可以提高加载速率，使分析过程的时间缩短。在施加加载速率时，在 ABAQUS 软件准静态分析中，若载荷施加得突然，则加载速率不连续会产生应力波动现象，造成分析收敛困难，或者根本无法完成整个分析过程即终止计算。若采用光滑步的方式定义一条光滑步幅值曲线(图 5.3)来完成载荷的施加，则可以避免这种现象的发生。

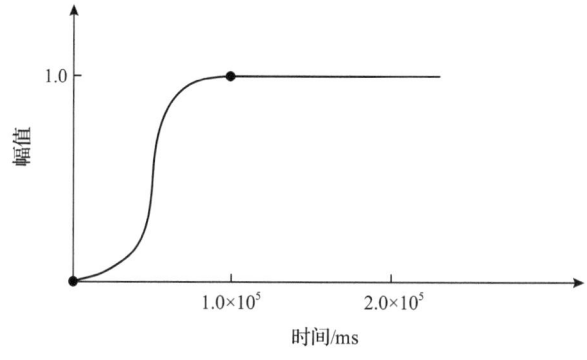

图 5.3 光滑步幅值曲线

在具体计算时，准静态的动态响应时间可以通过静态分析中结构最低模态的频率和相应的周期来估算，一般是最低阶模态周期的 10 倍。

在 ABAQUS/explicit 模块准静态分析中，稳定时间增量与材料密度之间的关系由式(5.13)确定：

$$\Delta t = \frac{L^e}{c_d}, \quad c_d = \sqrt{\frac{E}{\rho}} \qquad (5.13)$$

式中，Δt 为稳定时间增量；L^e 为特征单元的长度；c_d 为线弹性材料在泊松比为零时的膨胀波速；E 为弹性模量；ρ 为材料密度。

由式(5.13)可知，增大材料密度相当于降低波速，增加稳定时间增量。采用质量放大可以在不放大加载速率的情况下提高计算效率，避免了加载速率提高造成的数据结果不稳定。尤其是在含有率相关材料或率相关阻尼问题时，质量放大是唯一能够节省求解时间的方式。因此，需要在多股簧绕制成形的动态分析步中设置合理的放大系数，一般需要几次有限元分析才能确定合适的值。

为了验证模拟分析是否为准静态过程，ABAQUS/explicit 模块采用如下能量

平衡方程进行评估:

$$E_{\text{total}} = E_I + E_V + E_{KE} + E_{FD} - E_W \tag{5.14}$$

式中,E_{total} 为系统的总能量;E_I 为包括弹性应变能和塑性应变能在内的内能;E_V 为黏性耗散所吸收的能量;E_{KE} 为动能;E_{FD} 为摩擦耗散所吸收的能量;E_W 为外力做功[104]。

对于准静态分析,外力做功与系统内能相差不大,且不考虑惯性力影响和黏性耗散能量。在有限元计算结束后,对变形材料的能量进行评估,如果其动能与其内能的比例为 5%~10%,那么可以认为分析过程是准静态的,仿真结果贴合试验结果。

5.4 单股簧绕制成形及卸载回弹的模拟分析

本节根据圆柱螺旋弹簧有芯轴绕制的成形原理,如图 5.4 所示,合理简化绕簧机构,建立的圆柱螺旋弹簧绕制成形几何模型如图 5.5 所示。

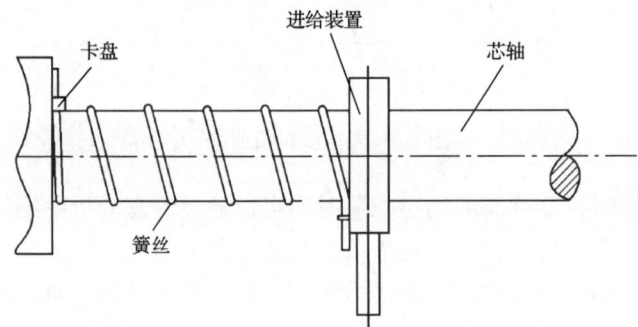

图 5.4　圆柱螺旋弹簧有芯轴绕制的成形原理

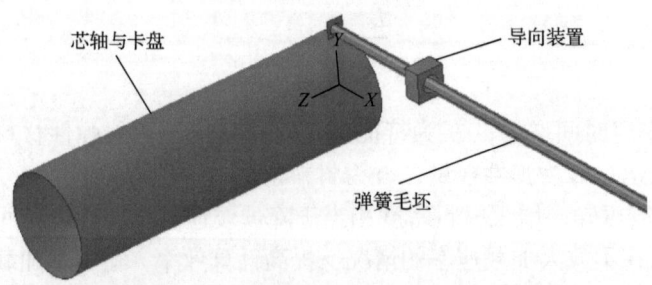

图 5.5　圆柱螺旋弹簧绕制成形几何模型

在该例中,芯轴直径为 18mm,钢丝材料为 T9A,钢丝直径 $d=1.5$mm,钢丝密度 $\rho = 7.8 \times 10^{-9}$T/mm^3,弹性模量 $E = 2.0 \times 10^5$MPa,泊松比 $\nu = 0.3$,弹簧的绕制螺距为 6mm。

5.4.1 有限元模型

芯轴与卡盘及导向装置的刚度远大于钢丝的刚度，忽略其变形，将其设为离散刚体部件，采用四边形离散刚体单元 C3D4 对其网格进行划分。钢丝为变形体，采用沙漏控制的六面体减缩积分实体单元 C3D8R 对其进行网格划分。为便于分析钢丝轴向和径向的弹复量，将钢丝部件划分为 4 个部分，钢丝部件在生成有限元网格时，会沿中心线布置节点，节点相对位移的变化表征了弹簧的回弹情况。因此，圆柱螺旋弹簧绕制成形有限元模型如图 5.6 所示，钢丝的有限元模型如图 5.7 所示[36]。

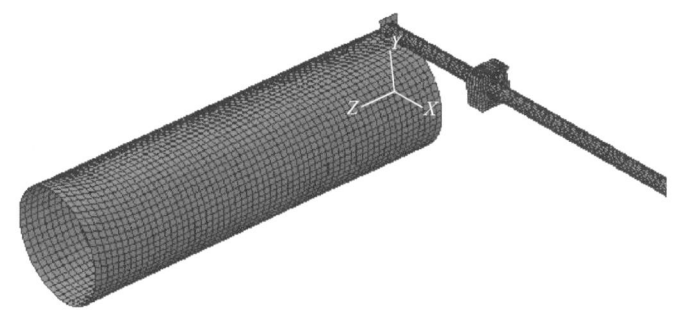

图 5.6 圆柱螺旋弹簧绕制成形有限元模型

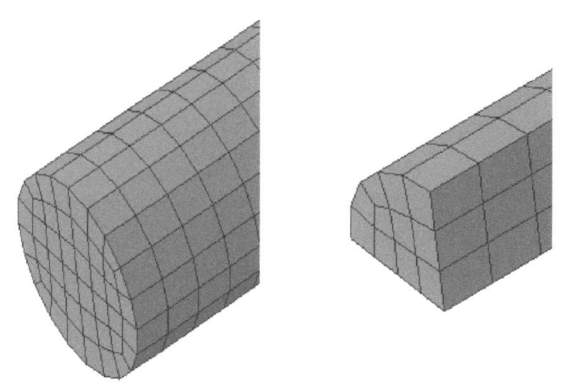

图 5.7 钢丝的有限元模型

根据螺旋弹簧的实际成形过程，对有限元模型施加边界条件，钢丝一端与卡盘耦合约束，另一端施加面载荷模拟张力，钢丝与芯轴之间设置摩擦系数 $f=0.1$。卡盘和芯轴部分绕 Z 轴做旋转运动和平移运动，将钢丝均匀绕在芯轴上成形。导向装置空间位置固定，以防止钢丝在芯轴上偏移。

5.4.2 有限元计算结果

螺旋弹簧绕制成形结果如图 5.8 所示,绕制圈数 $n=4$。螺旋弹簧成形的动能历史如图 5.9 所示,螺旋弹簧成形的内能历史如图 5.10 所示。由数据分析可知,动能与内能的比值符合 5%~10%的要求,而且内能很快达到平衡状态,没有产生振荡现象,说明分析步中质量放大因数和载荷步中光滑曲线的设定都是可取的,弹簧成形过程符合准静态要求,模型结果可用于卸载回弹分析。将 ABAQUS/explicit 模块的成形结果导入 ABAQUS/standard 模块模拟弹簧的卸载回弹。弹簧卸载时,首先截断钢丝部分,弹簧有一部分回弹,然后松开卡盘处钢丝的固定约束,弹簧又一次回弹。为了真实模拟弹簧的回弹过程,在有限元的回弹分析中也分为两步进行回弹,先固定一端进行卸载,再固定另一端进行卸载,螺旋弹簧卸载回弹结果如图 5.11 所示。

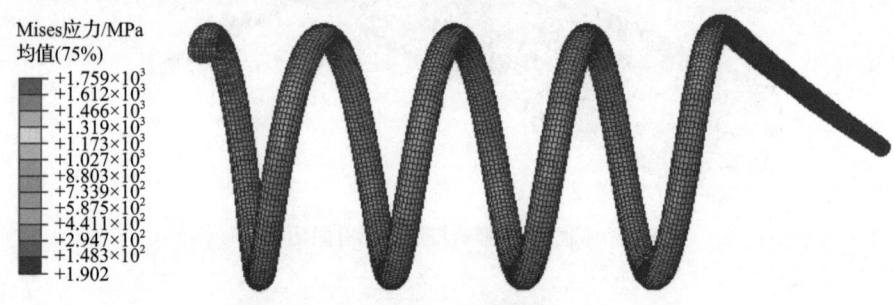

图 5.8 螺旋弹簧绕制成形结果

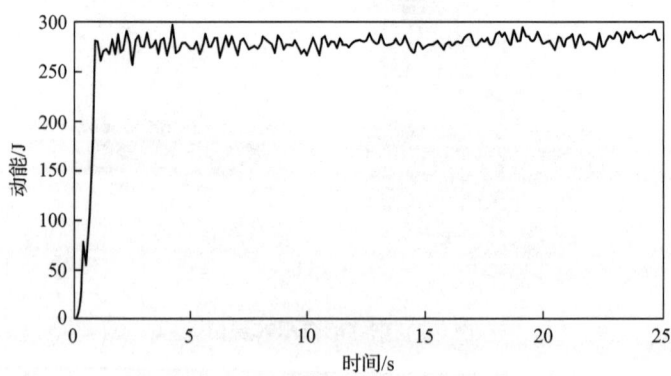

图 5.9 螺旋弹簧成形的动能历史

螺旋弹簧卸载后,钢丝材料弹性部分的回弹作用使得弹簧在轴向节距和径向直径的尺寸都有所增大。利用钢丝中心线上单元节点的相对位移数据,可以计算出螺旋弹簧卸载后的弹复量与试验结果的对比情况,仿真结果与试验结果的对比数据如表 5.1 所示。经计算,仿真结果与试验结果的误差为 5%,符合要求,仿真方法可以对回弹的试验结果进行预测。

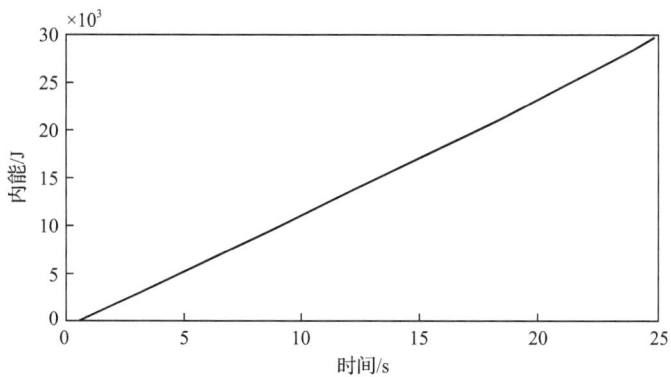

图 5.10　螺旋弹簧成形的内能历史

图 5.11　螺旋弹簧卸载回弹结果

表 5.1　仿真结果与试验结果的对比数据

结构参数	有限元结果/mm	试验结果/mm
弹簧螺距	9.52	10
弹簧外径	23.87	24.5

弹簧在绕制成形过程中，钢丝承受拉伸、弯曲和扭转的共同作用。当承载时，钢丝内、外径表面首先进入塑性状态，然后向内部扩展。钢丝表面在摩擦和扭转状态下形成表面切应力。最终，弹簧弹复量的大小与弹簧成形后钢丝截面弹塑性区域所占比例和分布情况有关。螺旋弹簧成形时钢丝截面应力分布如图 5.12 所示。使用 ABAQUS 软件的可视化功能模块显示弹簧成形时钢丝截面的应力分布，可以发现，弹性区域占有面积较小，偏离截面的几何中性层，靠近钢丝内径一侧，且接近带状分布。钢丝表面在不同区域的应力情况也不相同，弹性区域表面的应力较塑性区域表面的应力要小。

螺旋弹簧卸载回弹后钢丝截面应力分布如图 5.13 所示，由图可知，由于约束的解除，钢丝材料出现部分弹复现象，弹性区域呈现变大趋势。弹簧的内径与外径侧的塑性区域的残余应力值要小于中心区域的应力值。同时，钢丝截面和表面的应力值皆有下降。通过模拟计算还可以得知，导向装置与芯轴间的距离对弹复量也有影响，二者间距离越大，弹复量也越大，且分布不均匀。单股簧绕制成形的数值模拟方法是多股簧绕制成形模拟的基础，其原理和有限元计算方式及影响因素也都是相同的，只是多股簧的钢丝拧成钢索的同时要绕制成弹簧，增加了边界条件。

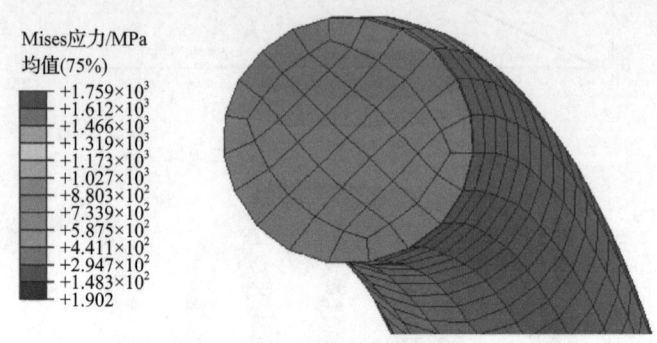

图 5.12　螺旋弹簧成形时钢丝截面应力分布

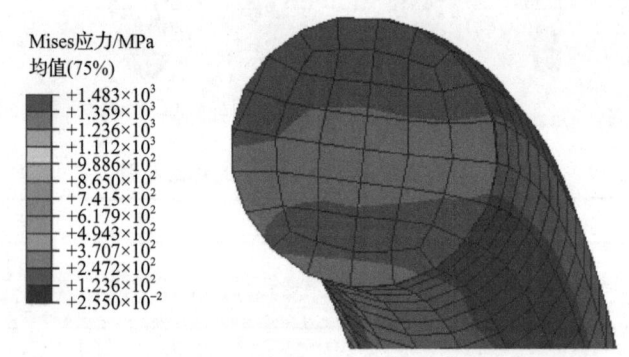

图 5.13　螺旋弹簧卸载回弹后钢丝截面应力分布

5.5　多股簧绕制成形及卸载回弹的模拟分析

5.5.1　几何模型

多股簧绕制成形的模型要比单股簧复杂，需要建立钢丝的弯曲模型，因此成形的建模几何模型使用 PRO/E 软件建立，并存为 STEP 格式的文件导入 ABAQUS 软件中。在 PRO/E 软件中建模时已经针对各个部件的相对位置进行了装配，因此导入 ABAQUS 软件后多股簧的装配关系也是确定的,其模型见图 5.14。为了防止钢丝在绕制过程中发生互相缠绕,在钢丝的出料口增加套筒,将钢丝间隔开来。在该例计算中,芯轴直径为 18mm,钢丝材料为 T9A,钢丝直径 $d=1.5$mm,钢丝密度 $\rho = 7.8 \times 10^{-9}$t/mm^3,弹性模量 $E = 2.0 \times 10^5$MPa,泊松比 $\nu=0.3$,多股簧的绕制螺距为 6mm,绕制索距为 20mm。

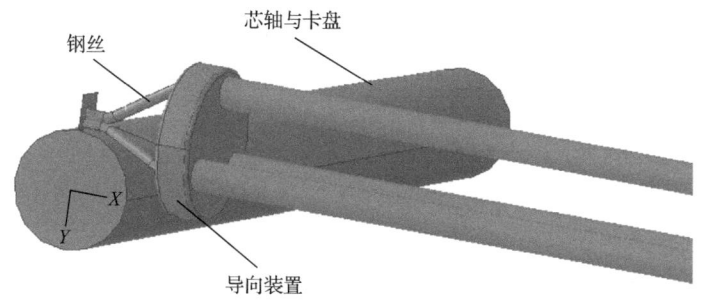

图 5.14 多股簧绕制成形模型

5.5.2 边界条件及网格划分

多股簧绕制成形有限元模型如图 5.15 所示。根据多股簧实际的绕制过程施加边界条件,三股钢丝的端面皆由卡盘约束,另一端面施加载荷模拟张力。根据试验情况,钢丝之间设置摩擦系数 $f=0.1$,其余接触面为光滑接触,忽略了摩擦的影响。卡盘和芯轴绕 Z 轴旋转的同时沿 Z 轴的负向移动。导向装置在空间中只有围绕 X 轴的旋转运动,以防止弹簧螺距偏移的同时把钢丝拧为钢索。

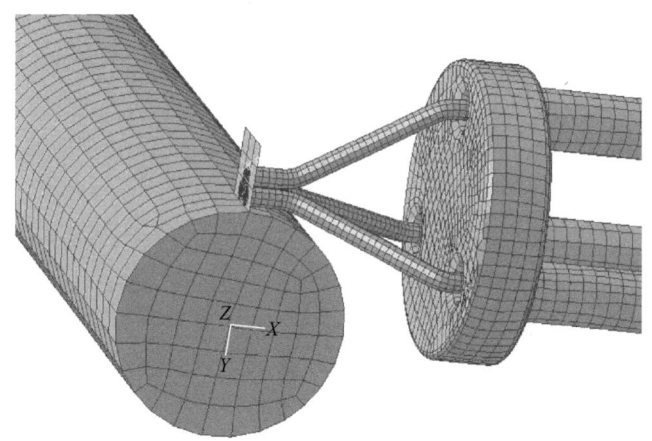

图 5.15 多股簧绕制成形有限元模型

同样,由于芯轴与卡盘及导向装置的刚度远大于钢丝的刚度,可以忽略其变形,设为离散刚体部件,采用四边形离散刚体单元 C3D4 对其网格进行划分。钢丝为变形体,采用沙漏控制的六面体减缩积分实体单元 C3D8R 对其进行网格划分,划分结果见图 5.15。

5.5.3 有限元计算结果

多股簧的有限元模拟成形过程如图 5.16 所示。多股簧绕制成形的有限元结果如图 5.17 所示。多股簧回松后,将 ABAQUS/explicit 模块的成形结果导入 ABAQUS/standard 模块中进行回弹,多股簧卸载回弹结果如图 5.18 所示。

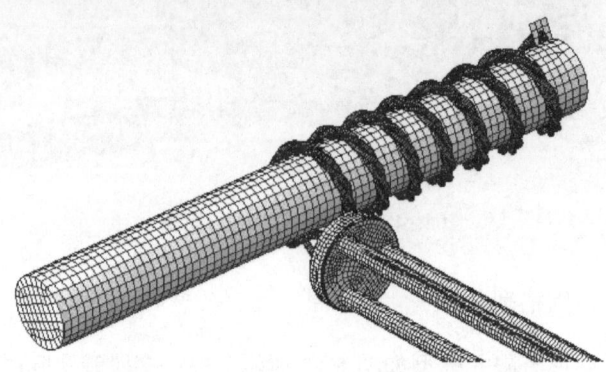

图 5.16　多股簧的有限元模拟成形过程

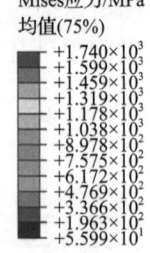

图 5.17　多股簧绕制成形的有限元结果

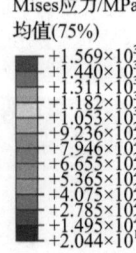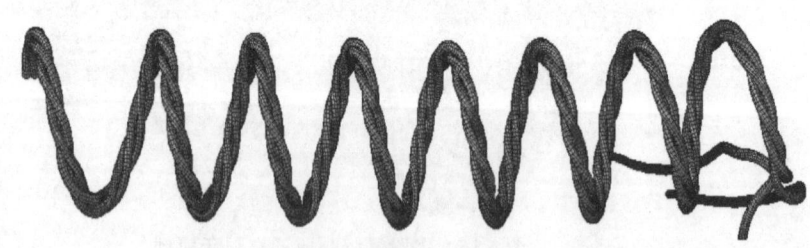

图 5.18　多股簧卸载回弹结果

由图 5.17 和图 5.18 可知，卸载后由于钢丝材料的回弹，多股簧在径向和轴向的尺寸会发生改变。仿真结果与试验结果的对比数据如表 5.2 所示，由表可知，弹簧螺距的试验结果与仿真结果有 5%的误差，ABAQUS/explicit 模块模拟成形及回弹在可接受的误差范围内，验证了上述仿真模拟多股簧绕制成形及卸载回弹的正确性。

表 5.2 仿真结果与试验结果的对比数据

结构参数	仿真结果/mm	试验结果/mm
弹簧螺距	14.26	15
弹簧外径	28.34	29

通过 ABAQUS 软件的可视化模块观察回弹后钢丝截面的应力分布(图 5.19)得知，截面的弹性区域呈现变大趋势，钢丝中心区域的残余应力大于外侧区域的残余应力。同时，由图 5.18 和图 5.19 可知，钢丝表面和截面的应力值皆有所下降。

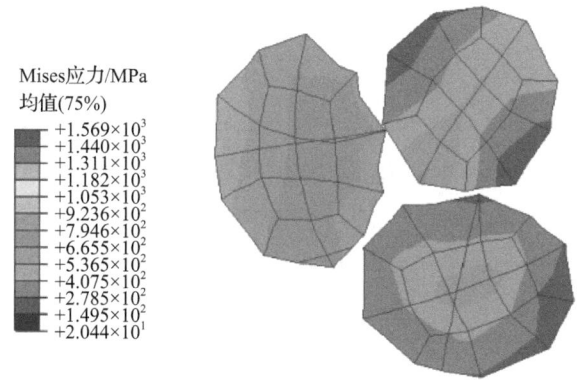

图 5.19 螺旋弹簧卸载回弹后钢丝截面应力分布

5.5.4 多股簧股间钢丝的载荷分布分析

图 5.20 为多股簧钢索截面随不同旋转角度的等效应力分布情况。分析可知，等效应力由外向内逐渐变化，并且呈同心圆状分布。塑性区域分布在钢丝表面，弹性区域分布在钢丝中心。塑性区域包围着弹性区域，由层状过渡到弹性区域。

钢丝互相接触区域的等效应力值较大。钢丝的接触区域一般在弹簧径向的内侧，当承受载荷时，钢索旋向和多股簧绕向相反，钢丝之间互相挤压，研究资料表明，随钢丝间摩擦力的增大，接触应力也相应呈增大的趋势。在多股簧冲击试验中，也可以看到股间钢丝接触面间存在磨损，其原因在于钢丝之间呈线接触状态，多股簧承受载荷时钢丝之间产生微动摩擦，与钢丝的微动磨损试验情况一致。

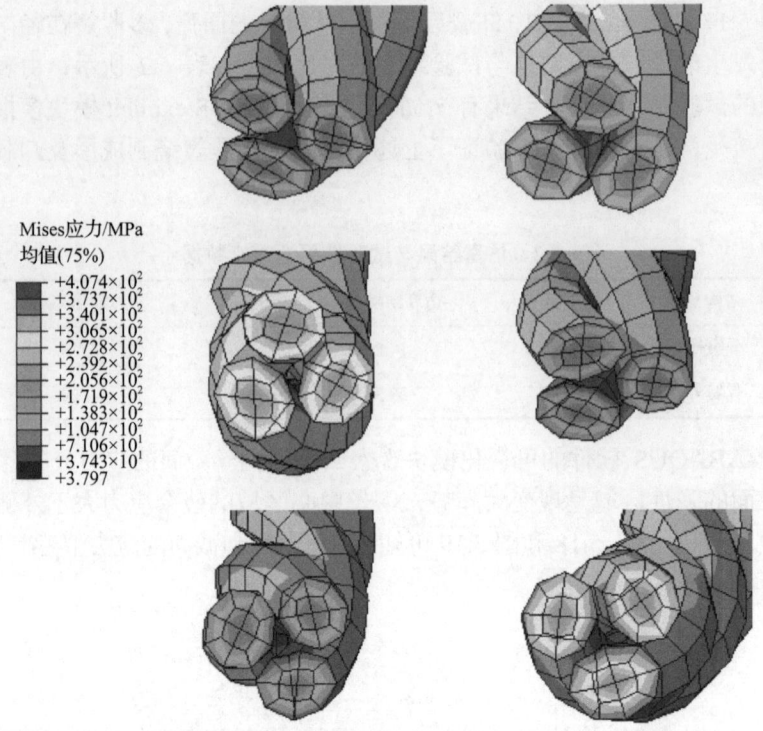

图 5.20 多股簧钢索截面随不同旋转角度的等效应力分布情况

单股钢丝的应力分布如图 5.21 所示，应力、应变也具有规律性。其一，钢丝应力、应变水平分布不均匀，随着钢丝的位相沿长度方向变化，这是由钢丝材料在承受载荷时的波动效应导致的。其二，应力的分布在不同簧圈上具有一致性，在每个簧圈上也呈规律性变化，这与多股簧的微分理论研究相符。

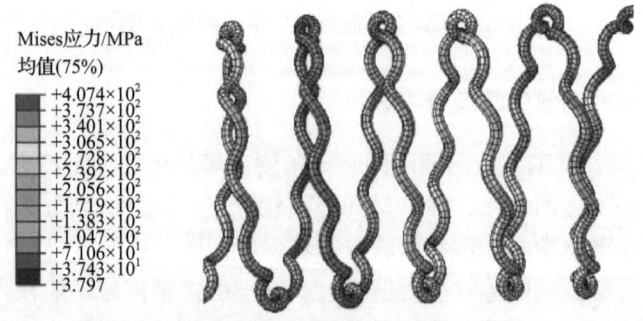

图 5.21 单股钢丝的应力分布

5.5.5 单股钢丝与单股簧的分析

单股簧中的单股钢丝和普通多股簧的形状不同，这两种类型的钢丝在受力时的变形特性和弹塑性特性需要加以研究。因此，将这两种钢丝单独施以同样的载荷、边界条件及网格划分，使用有限元法进行对比分析。图 5.22 为单股簧的几何模型。将此模型保存为 STEP 格式并导入 ABAQUS 软件和试验部件进行装配，设置有限元计算条件进行仿真分析。单股簧的有限元模型如图 5.23 所示。将多股簧的三股钢丝去掉两股，以同样的有限元计算条件进行仿真分析，将两种分析所得结果进行比较。

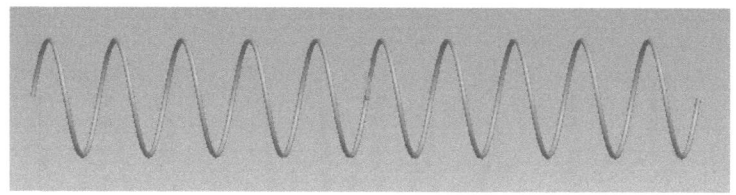

图 5.22 单股簧的几何模型

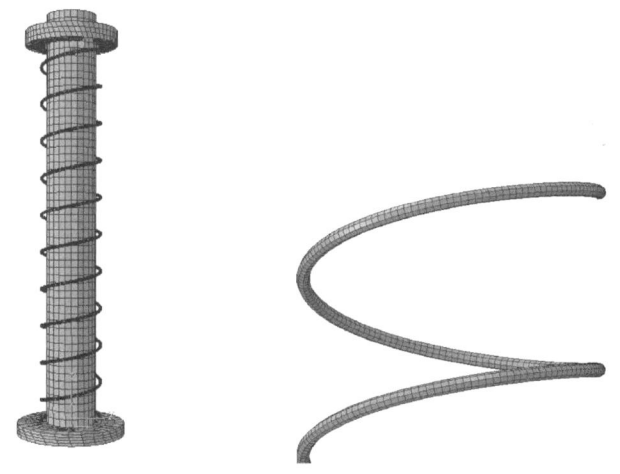

图 5.23 单股簧的有限元模型

不同时刻簧圈的位移情况和材料截面的应力分布分别如图 5.24 和图 5.25 所示。由图 5.24 和图 5.25 可知，最大应力在载荷作用下由承载端沿轴线方向在簧圈中移动，相对而言，应力在单股簧中传播速度更快，应力沿轴向分布更为均匀。

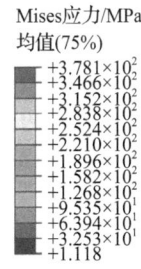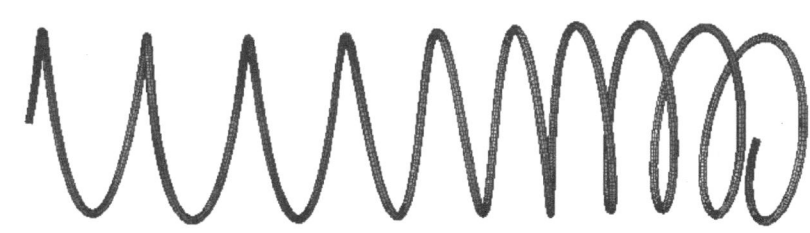

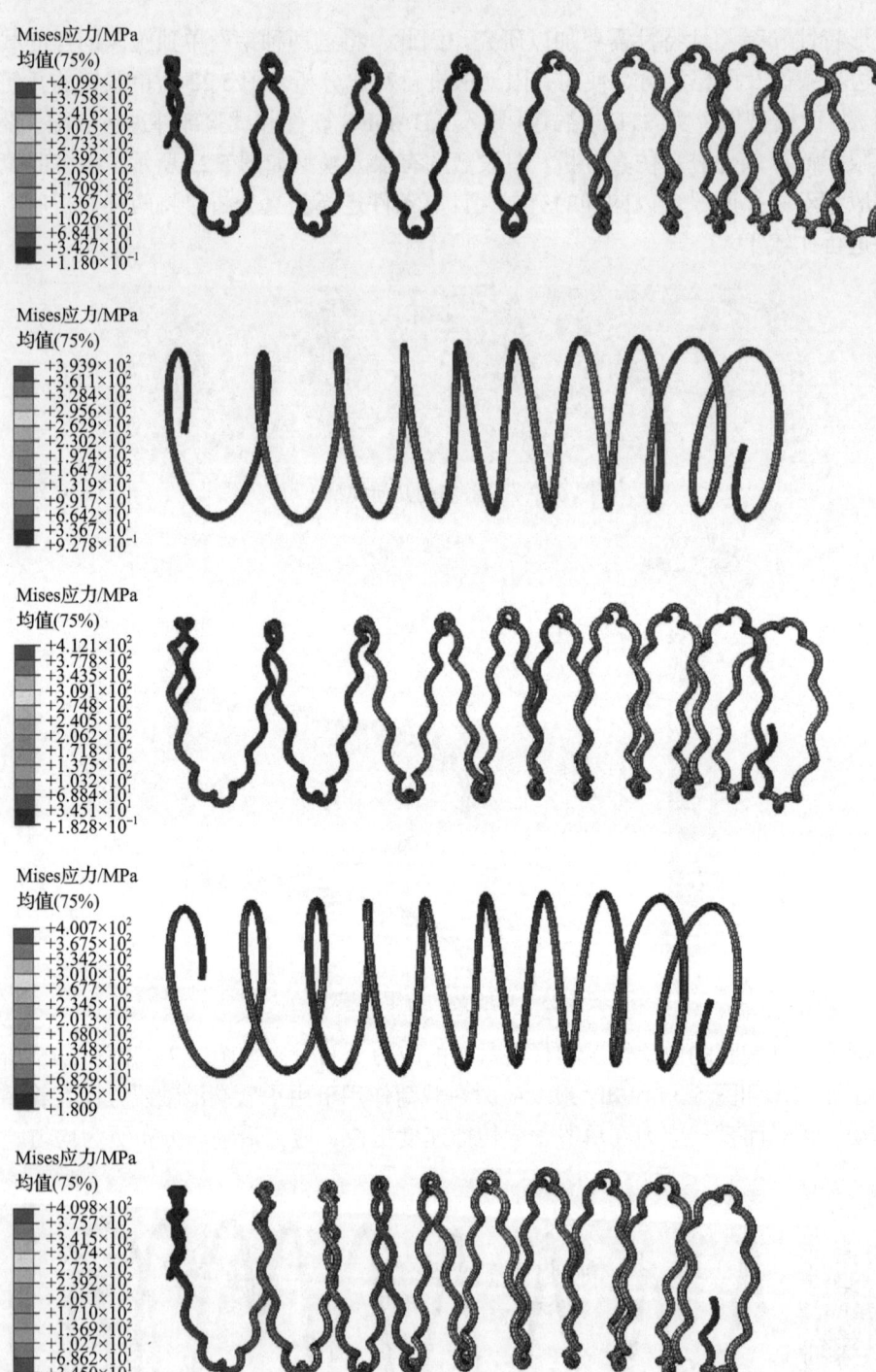

图 5.24 不同时刻簧圈的位移情况

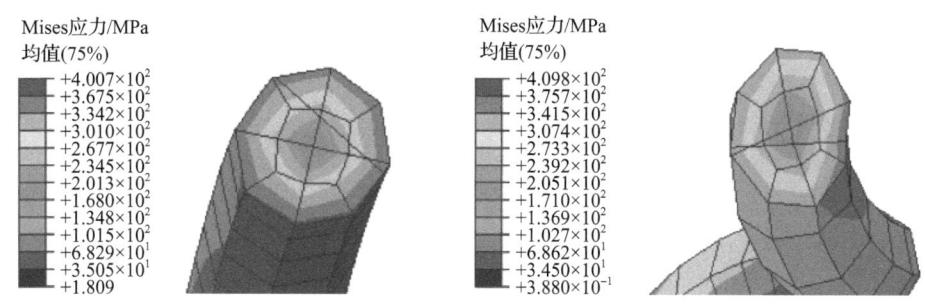

图 5.25 材料截面的应力分布

在单股钢丝中,应力的分布还要受到不同的弯曲曲率和扭转挠率的影响。相对于材料的截面应力,单股簧的截面应力呈规则的同心圆状分布;单股钢丝的应力分布虽为同心环状,但为椭圆状,两者存在差异。

第6章 多股簧制造工艺

多股簧的制造工艺非常复杂,尤其是加工具有中心层钢索的多股簧时,需要在数控加工机床上进行多主轴联控。多股簧的制造技术主要包括材料的选型、绕制工艺和后处理技术三个方面。

在实际加工过程中,多股簧的绕制成形加工是重点,涉及拧索速度的控制、绕簧主轴速度的控制以及两者之间的速度匹配、钢丝的张力控制等各种工艺参数的选择,这些参数影响多股簧的成形尺寸与力学性能[109-111]。在进行大量多股簧绕制试验的基础上,本章总结出不同工艺条件对回弹的影响规律。

6.1 多股簧的材料

6.1.1 钢丝材料简介

钢丝材料的性能在一定程度上决定了多股簧的物理特性和力学特性,影响了多股簧特殊性能要求的提升,尤其是多股簧这种主要用于冲击载荷的弹簧类型,对钢丝材料的要求较一般弹簧不同[1]。

多股簧钢丝应具备如下性能:

(1)高强度。为提高弹簧抗疲劳破坏和抗松弛能力,钢丝应具有高屈服强度 σ_s、弹性极限 σ_e 及高屈强比(σ_s/σ_b)。通常情况下,材料的弹性极限与屈服强度成正比,因此在设计时总希望材料具有高的屈服强度,一般情况下弹簧材料的抗拉强度 σ_b 与其屈服强度 σ_s 比较接近,如冷拔碳素钢丝的 σ_s 约为 σ_b 的 90%。材料的抗拉强度与其化学成分、金相组织、热处理状况、冷加工程度及其他强化工艺等因素有关。抗拉强度与疲劳强度也有一定的关系,当材料的抗拉强度 σ_b 在 1600MPa 以下时,其疲劳强度随抗拉强度的增加而增加,大致上材料的疲劳强度与抗拉强度有如下关系:$\sigma_{-1}=(0.1\sim0.55)\sigma_b$。值得注意的是,过高的强度会降低材料的塑性和韧性且增加脆性倾向,因此在弹簧选材时需根据具体情况选择具备适当强度的材料[4]。

(2)良好的塑性和韧性。多股簧钢丝的中心线为二次螺旋线,曲线上的曲率通常较大,在多股簧制造过程中,钢丝加工变形较大,因此要求钢丝具有良好的塑性,在卷绕成形过程中不会出现裂纹、折损等缺陷,同时在承受冲击载荷或者变载荷时具有良好的韧性[112]。

(3) 优良的表面状态和疲劳性能。多股簧工作时表面承受的应力最大,疲劳破坏往往从钢丝表面开始,对于用在重要场合的多股簧,如自动武器复进弹簧、航空发动机气门弹簧等,都要求有几百万次、几千万次甚至更长的循环寿命,对多股簧钢丝的疲劳性能提出了很高的要求。钢丝的化学成分、纯净程度、表面质量、硬度和金相组织等都是影响钢丝疲劳性能的重要因素,其中,表面质量影响最大。因此,必须保证钢丝表面不存在裂纹、划痕、折叠、压痕、鳞皮、凹坑和锈蚀等缺陷[1]。

(4) 良好的均匀性。钢丝的均匀性是指对钢丝的化学成分、尺寸偏差、力学性能等各项指标要求均匀和稳定。若钢丝各方面的性能无法保证好的均匀性,则会给多股簧的生产带来很大困难,使产品的几何尺寸、负荷、硬度等参数呈现严重的离散性,甚至会造成废品。

(5) 添加合金元素。碳素钢丝的化学成分以铁、碳为主,为保证弹簧满足不同条件下的工作需求,通常会在碳素弹簧钢丝的基础上添加一定量的合金元素,以使弹簧钢丝获得碳素钢材所不具备的优良性能,如良好的淬透性、耐腐蚀性以及高弹性极限等。几种常见的合金元素在弹簧钢丝中的作用如下[1]。

① 碳(C)是钢材中的重要化学元素,弹簧钢丝的 $w(C)$ 范围是 0.3%~1.2%,其中碳素弹簧钢丝的 $w(C)$ 为 0.6%~0.9%,合金弹簧钢丝的 $w(C)$ 为 0.46%~0.75%。碳元素含量越高,钢丝的硬度、强度和脆性越高,但塑性越低。

② 通常在弹簧钢丝中加入 1% 左右的锰(Mn)。该元素可提高钢材的淬透性、强度并降低脱碳倾向,使钢材具有热敏感性和回火脆性倾向,淬火时开裂倾向也较大。

③ 硅(Si),碳素钢丝中 $w(Si)$ 通常不超过 0.37%,该元素主要作为冶炼过程中的脱氧剂加入钢丝中。对于含硅的合金弹簧钢丝,其 $w(Si)$ 一般为 0.7%~2.8%。该元素可融入铁素体中使铁素体显著强化,从而提高钢丝的强度和屈强比,该元素还可以提高钢丝的淬透性和回火稳定性。若硅元素在钢材中的含量过高,则易造成钢丝的晶粒粗化,增加石墨化倾向,故弹簧钢丝中的硅元素含量不能过高。

④ 铬(Cr)元素可以细化晶粒,提高淬透性,是制造具有高疲劳性能的合金弹簧钢丝的重要元素之一,当 $w(Cr)$ 达到 13% 以上时,钢材具有很好的耐腐蚀性能,因此该元素是制造弹簧用不锈钢的主要添加元素。铬能够引起回火脆性,因此回火后均需要快速冷却,以避免产生回火脆性。

6.1.2 钢丝材料的力学性能参数

目前,国内多采用牌号为 T9A 的碳素冷拔钢丝作为多股簧钢丝,该种钢丝的性能参数如表 6.1 所示[112]。

表 6.1　钢丝的规格尺寸和抗拉强度

钢丝直径 d/mm	抗拉强度 σ_b/MPa	钢丝直径 d/mm	抗拉强度 σ_b/MPa
0.08	2840~3240	0.80	2400~2840
0.09	2840~3240	0.90	2350~2750
0.10	2790~3190	1.00	2300~2690
0.12	2740~3140	1.20	2250~2550
0.14	2740~3140	1.40	2150~2450
0.16	2690~3090	1.60	2110~2400
0.18	2690~3090	1.80	2010~2300
0.20	2690~3090	2.00	1910~2200
0.22	2690~3090	2.20	1810~2110
0.25	2640~3040	2.50	1760~2060
0.28	2640~3040	2.80	1710~2010
0.30	2640~3040	3.00	1710~1960
0.35	2600~2990	3.50	1660~1910
0.40	2600~2990	4.00	1620~1860
0.45	2550~2940	4.50	1620~1860
0.50	2550~2940	5.00	1570~1810
0.55	2500~2890	5.50	1570~1810
0.60	2450~2840	6.00	1520~1760
0.70	2450~2840	7.00	—

注：数据摘自《冷拉碳素弹簧钢丝》(GB/T 4357—2022)。

6.2　多股簧的绕制成形方法

6.2.1　多股簧的绕制工艺

多股簧的复杂结构决定了其制造工艺的复杂性，多股簧制造工艺流程如图 6.1 所示[113, 114]。其中，最重要的工序是拧索和绕簧，即把多股钢丝拧成钢索，进而将钢索绕制成弹簧。根据多股簧的结构特点及生产条件，将其绕制方法分为两种：第一种是拧索与绕制弹簧同时进行；第二种是钢丝先拧成钢索后再绕制成弹簧。

两种方法各有优缺点，第一种绕制方法可在经适当改装的普通车床上进行，其优点是绕制质量较好、生产效率较高；缺点是钢索索距及钢索直径不易检验，而且需要专门的工艺设备，机床及工装结构比较复杂。第二种绕制方法的优点是加工简单，所需工装少，钢索直径与钢索索距也易于检验；缺点是拧好的钢索从

第6章 多股簧制造工艺

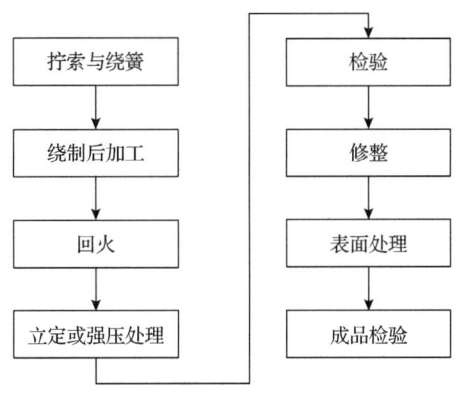

图 6.1 多股簧制造工艺流程

机床夹具上卸下后，容易因为反弹而发生松弛现象，且钢索越长，钢索索距与钢索直径的均匀性越不易控制，这种方法在生产中已很少使用。目前，国内外常用的是第一种绕制方法，即拧索与绕簧同时进行，本书中涉及的多股簧均采用第一种绕制方法加工所得。

当按照第一种绕制方法加工多股簧时，通常采用若干个抽丝装置绕一拧索轴匀速转动以将钢丝拧成钢索，同时拧成的钢索一端固定于绕簧轴上随绕簧轴转动，而且绕簧轴沿其自身轴线方向匀速平移实现弹簧的卷绕。在加工过程中，拧索轴的转速、绕簧轴的转速以及绕簧轴的平移速度必须按所设计弹簧的几何参数精确匹配。

6.2.2 张力控制对多股簧绕制成形的影响

张力控制是多股簧绕制的重点，在多股簧加工过程中，必须对各股钢丝施加一定的张力，若同层各股钢丝的张力不一致，则会使得所加工多股簧中的某几股钢丝紧密接触，而另一些钢丝接触不够紧密，钢索呈现明显的凹陷或突起[51]，如图 6.2 所示。

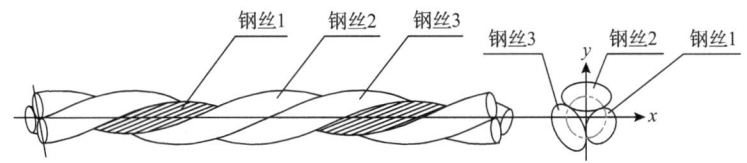

图 6.2 钢丝张力不均匀造成的钢索缺陷

大量试验表明，卷绕成形后的多股簧在绕簧工艺完成之后的弹复量与加工时施加在各股钢丝上的张力值密切相关，若不能在加工过程中保证所施加的张力稳定，则回弹后的多股簧螺距以及直径会出现不均匀的现象。

由于多股簧加工工艺对张力控制有较高的要求，通常需采用带反馈控制系统的专用数控加工机床来完成。图 6.3 为作者课题组研发的高精度多股簧数控加工机床，可绕制最多三层钢丝的不同规格的多股簧。该机床采用的多通道张力动态协同监控系统可以在多股簧拧索、绕制过程中实时检测每股钢丝的张力值，并将张力值反馈回张力控制系统，与张力的目标值进行比较、校正，再将张力制动信号输出到张力制动系统，以保证每股钢丝不仅张力值大小恒定，而且各股钢丝的张力值大小一致，从而保证了多股簧的加工质量[51]。

图 6.3　作者课题组研发的高精度多股簧数控加工机床

6.3　多股簧的后处理

多股簧的应用环境通常比较恶劣，因此对多股簧的性能提出了更高的要求。对多股簧进行后处理是为了充分发挥材料的潜力，使之达到或接近最佳的力学性能，保证多股簧能够长期可靠地工作。为了消除卷绕成形后有害的残余应力，改善多股簧表层的应力分布状况，需要对多股簧进行热处理，也可以在制造过程中采用强拉、强压、强扭等机械强化工艺[1]。

6.3.1　热处理

多股簧的热处理工艺主要是根据材料的品种和加工状态来制定的，大致可以分为以下三种类型。

(1)对于经过强化工艺处理的钢丝，如碳素弹簧钢丝、重要用途碳素弹簧钢丝、淬火回火弹簧钢丝和钢带以冷成形工艺制作的弹簧，成形后只需要进行去应力退火(又称为定型回火)处理。

(2)对于使用热成形和已退火材料冷卷绕的多股簧，均需要进行淬火回火处理。

(3) 对于经过固溶处理和冷拉强化处理的奥氏体不锈钢、沉淀硬化的不锈钢钢丝、钢带和铜镍合金以冷成形工艺制作的多股簧，成形后需要进行时效硬化处理。

目前生产的多股簧主要是采用碳素弹簧钢丝制造的，故在此仅对去应力退火工艺进行简要介绍，如表 6.2 所示。

表 6.2 常用材料的去应力退火工艺

材料名称		处理温度/℃	处理时间/min	工作条件
冷拔碳素弹簧钢丝及重要用途碳素弹簧钢丝（琴钢丝）	$<\phi 1.28$mm	200~230	10~30	防止弹簧应力松弛条件下使用，长期工作温度不超过 120℃
	$\phi 1.28 \sim \phi 3.0$mm	230~260	20~40	
	$>\phi 3.0$mm	275~290	60~80	
		300~350	15~30	疲劳强度较高场合下使用，工作温度较高
低合金钢油淬火-回火钢丝		300~400	20~40	抗应力松弛性能良好，疲劳强度要求高工作温度为 200~250℃
18-8 型奥氏体不锈钢丝		350~450	20~40	耐腐蚀条件下使用，工作温度较高
黄铜		200~220	≈60	使用温度不超过 250℃
磷青铜		200~250	≈60	使用温度不超过 275℃
白铜（德银）		300~350	≈60	使用温度不超过 400℃

以最常用的碳素弹簧钢丝多股簧为例进行热处理试验，去应力退火是冷形变后的金属在低于再结晶温度加热，以去除内应力的热处理方式。弹簧的去应力退火效果对正定工序的影响显著。如果冷拉残余应力不能很好地消除，正定后的弹簧会出现轴线扭曲、直线度差的现象。本节对经不同退火温度处理的多股簧进行了金相组织分析，不同去应力退火温度下碳素弹簧钢丝多股簧钢丝金相组织如图 6.4 所示。由图可知，280℃以下退火温度都不会引起多股簧钢丝的相变，均为纤维状组织。为了保证弹簧的弹性，多股簧的去应力退火应当保持弹簧钢丝的金

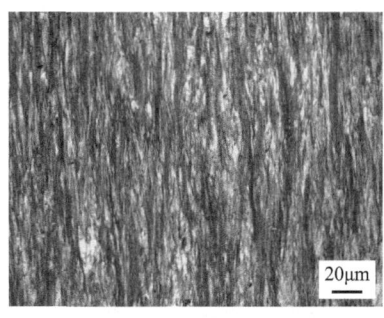
(a) 未进行热处理

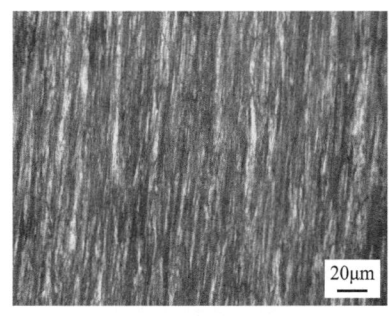
(b) 240℃，30min

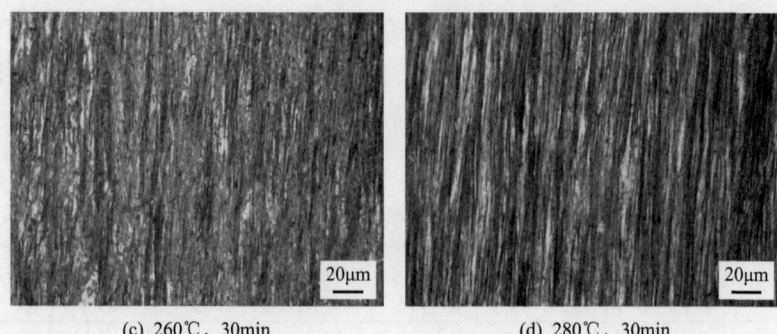

(c) 260℃,30min　　　　　　　(d) 280℃,30min

图 6.4　不同去应力退火温度下碳素弹簧钢丝多股簧钢丝金相组织

相组织不发生变化。在此前提下,退火温度越高,所需热处理时间越短,效率越高。

6.3.2　稳定化(立定)处理

多股簧采用的弹簧钢丝是多相多晶体材料,存在组织、成分、弹性等的不均匀性,在弹性范围内应力和应变偏离设计关系,这种现象称为滞弹性。由此产生弹性模量降低、应力松弛、弹性后效、弹性滞后等现象。对回火后的多股簧进行稳定化处理可以消除滞弹性[1, 36]。

在进行稳定化处理时,通常把压缩弹簧压缩到并紧高度数次;对于拉伸弹簧,则把弹簧拉伸至工作极限长度数次;对于扭转弹簧,则把弹簧扭转至工作极限扭转角数次。如此作用若干次之后,多股簧的性能将趋于稳定。

多股簧经过稳定化处理后自由高度将会降低,为了使最终产品达到图样上规定的自由高度,在绕簧时的卷制高度除自由高度外还应留有一定的变形余量,该高度称为预制高度。由于影响稳定化处理的因素众多,目前还无法准确地计算变形量,尚且需要在生产实践中积累经验来指导新产品的生产。

稳定化处理之后,如果进行低温回火,那么弹簧承受载荷的能力将有所提高,使用温度较高的弹簧对改善弹簧性能和提高合格率效果明显。

6.3.3　机械强化处理

当多股簧用作压缩弹簧和拉伸弹簧时,其主要应力是切应力,当多股簧用作扭转弹簧时,其主要应力是弯曲应力,但无论用作何种弹簧,都在材料的表层产生最大应力[1, 115]。

若材料中的残余应力与工作应力方向相反,则可提高多股簧的承载能力,反之则会降低多股簧的承载能力,多股簧加工过程中所产生的残余应力多为后一种情况。前面已经介绍了采用去应力退火工艺来消除这种内应力,本节所介绍的机械强化处理(包括强压、强拉、强扭、喷丸等)主要用于使材料表面产生有利的残余应力,以提高多股簧的承载能力。

对于压缩(拉伸、扭转)多股簧,强压(强拉、强扭)处理是指把弹簧压至材料层的应力超过屈服点,使材料表面产生负残余应力,心部产生正残余应力。

在生产中强压通常有两种工艺方法,第一种方法称为静强压,把多股簧压至要求高度,放置若干小时后松开。该方法的优点是性能稳定,缺点是所需工艺装置及设备较多,同时占用较大场地,只适用于小型多股簧。第二种方法是把多股簧压至规定的高度,并保持一段时间(约 1min),然后缓慢放开(约 1min),使多股簧产生塑性变形[36]。强压能够提高多股簧承载能力的原理是:当对多股簧施加强压载荷时,多股簧各股钢丝的截面受到不均匀的切应力,且表面应力最大,当强压载荷足够大时,材料外层将出现塑性变形,去掉强压载荷之后,材料内层的弹性变形开始恢复,但由于外层已经出现了塑性变形,所以钢丝的变形不能完全恢复,这样就在材料表层留下了负残余应力,而在心部留下了正残余应力,当多股簧承受工作载荷时,各股钢丝承受的应力为工作应力与残余应力之和,显然此时材料心部应力由于工作应力与残余应力方向相同而增大,而表面应力由于工作应力与残余应力方向相反而减小。这种应力分布的变化充分发挥了材料心部的潜力。

强拉、强扭分别用于拉伸弹簧和扭转弹簧的强化,其原理与上述强压方法类似。若强压(强拉、强扭)处理得当,则可有效提高多股簧的寿命,反之,若强压(强拉、强扭)载荷选择过大,则会使所处理的多股簧的疲劳寿命下降。为了防止在高温条件下工作的多股簧产生松弛和蠕变现象,应进行加温强压(强拉、强扭)或蠕变回火。加温强压(强拉、强扭)是指将多股簧在高于工作温度的条件下进行强压处理;蠕变回火是指在加载荷的状态下进行低温回火。这两种方法都可以起到去应力退火和强化的作用,两者的主要区别在于应力值和保温时间不同。对在高温环境下工作的多股簧进行这样的处理是很有利的,既可以防止多股簧的松弛,又可以提高其疲劳强度[1]。

加温强压(强拉、强扭)和蠕变回火的处理条件(温度、应力、时间)可根据设计者要求来选择。常用的多股簧处理温度为 200~400℃,蠕变回火时间约为 30min,加温强压(强拉、强扭)处理的保持时间为 2~6h。对于采用耐热弹簧钢制造的多股簧,可适当提高处理温度并延长处理时间。

6.4 多股簧的表面处理

多股簧在制造、存放、使用等过程中,经常会遭受周围介质的腐蚀。腐蚀按化学反应的类型可分为化学腐蚀和电化学腐蚀。化学腐蚀是指材料仅与周围的物质发生化学反应而造成的腐蚀；电化学腐蚀是指材料与电解液接触，形成原电池作用而产生的腐蚀。通常情况下，化学腐蚀是轻微的、缓慢的，而电化学腐蚀是严重的、快速的，一般情况下这两种腐蚀同时存在[36]。

为避免腐蚀造成多股簧弹力发生改变而丧失功能，可采用表面处理的方法使其表面覆盖一层保护层。根据保护层的性质，可将工程中常用的保护层分为以下几种。

(1) 化学保护层。利用化学反应的方法，使弹簧表面生成一层致密的保护膜，防止弹簧腐蚀，常用的化学保护方法有氧化处理(又称为发蓝或发黑)和磷化处理。

(2) 金属保护层。金属保护层不仅可以保护多股簧不受腐蚀，还可以起到装饰作用，一般采用电镀的方法获得。有些电镀金属保护层还能改善多股簧的工作性能，如提高耐磨能力、热稳定性、表面硬度等。常用的金属保护层有镀锌层和镀铬层。

(3) 非金属保护层，即用油漆、涂料、沥青、润滑油、石蜡等涂覆在多股簧表面形成的保护层。

6.4.1 表面预处理

表面预处理的目的是把多股簧的表面清洗干净，以使保护层与弹簧表面金属可以牢固结合，并保证外观完好。表面预处理的质量对保证表面处理的质量，即保护层的质量，是非常重要的。表面预处理一般包含去污和去锈两大部分，本节分别对它们的处理方法进行介绍。

(1) 去油和去锈处理。如果材料表面有油污或生锈，那么会对表面保护层与基体金属的结合力产生影响，导致表面处理质量变差。因此，在表面处理之前应先去油、去锈。

(2) 化学去油。工业用油脂通常不溶于水但可用有机溶剂或碱性溶液将其清洗掉。使用有机溶剂(如汽油、煤油、酒精等)除油，是利用有机溶剂可溶解油脂的特性。汽油价格低、毒性小且使用方便，故获得广泛应用。

(3) 化学去锈。化学去锈通常是通过酸洗方法来完成的。酸洗方法一般采用盐酸或硫酸的腐蚀作用将弹簧表面的锈溶解。一般来说，利用低浓度的酸进行酸洗时，氧化铁在硫酸中比较容易溶解，而氧化亚铁和金属本身在盐酸中不易溶解。但是随着浓度的提高，氧化铁在盐酸中的溶解度又比在硫酸中的溶解度高。相反，金属本身在盐酸中的溶解度又比在硫酸中的溶解度低。因此，最好在盐酸中进行酸洗，以避免金属在酸洗后脆化。酸洗时间取决于酸性溶液的温度以及酸洗条件，温度越高，酸洗时间越短，但温度不能过高，否则弹簧材料会被酸液严重腐蚀。一般盐酸不超过 40℃，硫酸为 50~60℃。为了防止过腐蚀和氢脆现象，酸洗时通常还应加入一定量的缓蚀剂。缓蚀剂可在纯净的金属表面吸附成膜，隔离酸液与金属，防止过腐蚀和氢脆，且缓蚀剂不易附着在金属氧化物上，不会阻碍去锈过程[36]。

6.4.2 表面氧化处理

表面氧化处理又称为发蓝、发黑等，主要用于防腐蚀，同时使外观光亮。常用的氧化方法有碱性氧化法、无碱氧化法和电解氧化法。多股簧的氧化处理通常采用碱性氧化处理，是在含有氧化剂（如亚硝酸钠）的火碱溶液中进行的。当溶液接近其沸点时，多股簧表面的铁被溶解，生成铁酸钠和亚铁酸钠，这两种物质再相互作用生成磁性氧化铁，即氧化膜，该膜的厚度一般为 0.5~1.5μm。氧化膜的颜色由材料的种类及表面状态决定，通常为黑色、蓝黑色或棕褐色。

为提高氧化膜的抗腐蚀能力，可将氧化处理过的多股簧浸入肥皂或重铬酸盐溶液中，使氧化膜钝化，然后用机油、锭子油等将其填满。氧化处理过的多股簧可用 5%~10%的肥皂溶液在 80~90℃下进行再处理，时间为 3~5min，也可采用 3%~5%发热重铬酸钾溶液在 90~95℃下处理 10~15min。

6.4.3 表面磷化处理

在含锰、铁、锌的磷酸盐溶液中进行化学处理而在表面产生一层磷酸盐或磷酸氢盐结晶膜层的方法称为磷化处理。磷化膜的外观呈暗灰色或灰色，其厚度远超过氧化膜的厚度，抗腐蚀能力比氧化膜高 2~10 倍。磷化膜对材料的截面尺寸影响较小，原因是磷化膜生成的同时，金属表面也部分溶解在磷化溶液中。

磷化膜在 400~500℃下也可经受短时间的烘烤。因此，在高温环境下工作的多股簧应进行磷化处理。磷化膜的缺点是硬度低、机械强度不高、具有脆性，此外磷化处理过程中会产生大量氢气，使得处理后的弹簧产生氢脆现象，通常需要进行去氢处理[115]。

磷化处理的工艺流程由三部分组成：预处理、磷化处理和补充处理。磷化处理的预处理除进行脱脂、去锈外，对于不需要去铜的多股簧也要用铬酸进行酸洗，并在磷化处理之前进行中和处理。铬酸洗又称为铬酸去渣，因为用硫酸酸洗后金属表面会附上碳化物和杂质，所以应用质量分数为 20%~25%的铬酸、1%~2%的食盐和 1%~3%的硫酸混合溶液去除杂质及碳化物。

磷化处理后的多股簧应尽快进行补充处理，为了提高磷化膜的抗腐蚀能力，可将多股簧水洗后放置于温度为 80~95℃、质量分数为 0.2%~0.4%的碳酸钠和 3%~5%的重铬酸钾混合溶液中处理 10~15min，或者置于温度 80℃以上，3%~5%的肥皂溶液中处理 3~5min。肥皂溶液处理过的多股簧需烘干或用压缩空气将表面吹干。若要求抗腐蚀能力较强，则可将多股簧置于温度为 105~110℃的锭子油中处理 5~10min，取出停放 10~15min，将表面残留的锭子油沥干。

第7章 多股簧数控加工机床

多股簧具有强度高、消振及抗冲击能力强、寿命长和安全性高等优点,其应用领域也较为广泛,几乎所有使用单股簧的场合均可使用多股簧代替,以提高其性能,因此多股簧具有很大的应用价值和良好的应用前景。然而,多股簧制造工艺比较复杂,国内目前还没有完全实现数字化、自动化加工的多股簧制造设备。因此,为了满足实际应用需求,保证多股簧的加工质量和精度,作者课题组根据多股簧的结构及成形特点,研制出高精度的多股簧数控加工机床及全自动大型多股簧数控加工机床,使多股簧的生产加工设备数控化、自动化、高精度、高效率。本章主要介绍高精度多股簧数控加工机床及全自动大型多股簧数控加工机床的总体结构设计、机床控制系统及张力控制系统等[1-3, 116, 117]。

多股簧广泛应用于高频往返运动的机械设备中,其寿命是相同规格传统螺旋弹簧的3~5倍。目前,国内仅重庆望江工业有限公司制造过单台能绕制双层多股簧的简易设备,由一台普通车床改制而成。拧索机构与车床大拖板连成一体,边拧索边随机床大拖板移动。钢索外层钢丝螺距和绕制弹簧的螺距均通过更换机床挂轮来控制,无数控功能,由于在绕制弹簧的过程中难以预测钢丝各方向的弹复量,一旦更改设计,即使只更改其中一种钢丝的规格或股数,也必须加工大量的挂轮进行组合、试加工、再重新组合,用改变挂轮传动比的方式来补偿弹簧的弹复量,即使如此,因不同批号的钢丝机械性能都有微小差异,再加上该设备无自动钢丝张力控制装置,在拧索和绕簧的过程中,各股钢丝绷紧的程度全凭操作者的手感控制(用螺钉压紧钢丝盒),使钢丝盒转动时产生阻力矩,且随着钢丝盒中钢丝逐渐减少,钢丝盒中所缠绕钢丝的最大外径减小,拉动钢丝的阻力逐渐变大,所以每根钢丝的内张力无法保证一致。因此,绕制的多股簧常发生松紧不一致的现象,即使降低设计精度,其废品率也高达85%以上。目前,尚无关于国外相关制造设备的报道,属于保密技术,使其成为我国相关零件制造的一个技术瓶颈。

7.1 高精度多股簧数控加工机床

7.1.1 机床结构设计

针对多股簧加工的主要特点,作者课题组研发出高精度多股簧数控加工机床(图 7.1),采用数控系统进行精密加工成形控制,通过四轴联动的无级速度匹配,克服了传统挂轮传动的分级速度控制的缺陷,使机床能够加工任意结构参数的三层有芯轴多股簧;多股簧成形过程的关键工序是拧索和绕簧,在作者课题组研发的多股簧数控加工机床方案中,拧索和绕簧工序同时进行[118],利用张力控制器来控制多股簧拧索过程中各股钢丝的张力,使用蓝牙技术实现了计算机与旋转拧索机架之间的通信。机床控制系统采用工业控制计算机+可编程控制器的结构,具有良好的人机交互性能[113, 114]。

图 7.1 高精度多股簧数控加工机床

高精度多股簧数控加工机床总体方案如图 7.2 所示,主要特点如下:

(1)能够生产最多具有三层结构的多股簧。

(2)可以方便地对中层钢索、外层钢索和弹簧的旋向进行控制,并实现对钢索索距、钢索直径和弹簧节距的无级调整。

(3)在钢丝被拧成钢索前,各钢丝的张力大小可预调设定,其张力设定范围为20~300N。在拧索过程中,钢丝能保持恒定张力,其张力波动大小控制在0~40N范围内。

(4)多股簧成品的尺寸参数满足一定的精度要求,主要精度标准有:钢索索距精度为±3%;钢索直径精度为±4%;弹簧节距精度为±5%;弹簧直径精度为±0.30mm。

(5)弹簧主要参数(钢丝直径、拧索层数、各层钢索索距、各层钢索旋向、弹簧节距、弹簧旋向、弹簧直径及主轴转速等)均在设备的屏幕上进行设定;显示屏显示各股钢丝的实时张力。

(6)绕簧时能方便地控制并头或不并头。

根据以上设计方案及原理分析,设计出高精度多股簧数控加工机床,其主要零部件机械结构图和装配图如图 7.3~图 7.5 所示。

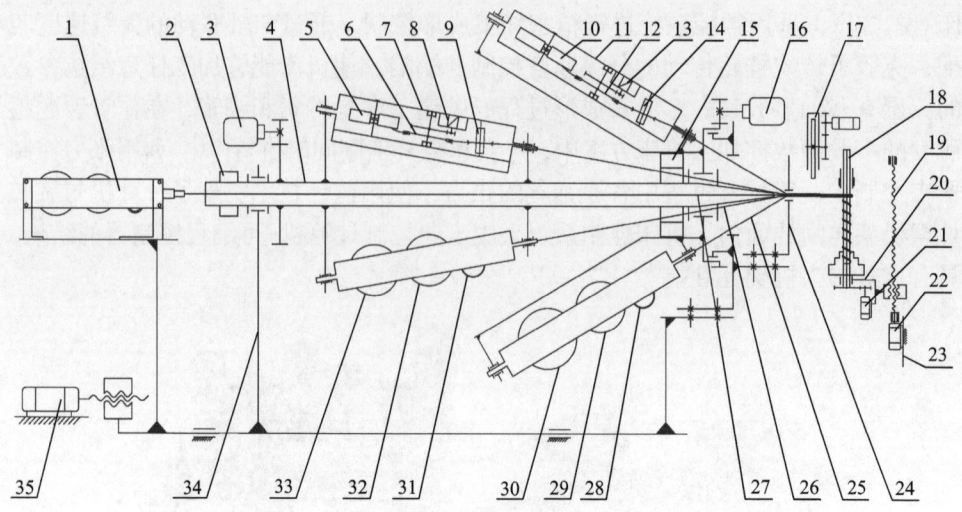

图 7.2 高精度多股簧数控加工机床总体方案

1-内层钢丝盒安装架；2、15-导电滑环；3-中层伺服电机；4-机床主轴；5、10、30、33-钢丝盒；6、12、29、32-制动盘；7-中层钢丝盒安装架；8、13-磁粉制动器；9、14、28、31-张力控制器；11-外层钢丝盒安装架；16-外层伺服电机；17-砂轮片；18-绕簧主轴；19-传动丝杆；20-机床大托板；21-绕簧伺服电机；22-纵向进给伺服电机；23-床身；24-钢索集束器；25、26、27-外、中、内层钢丝；34-拧索机架；35-索架进退伺服电机

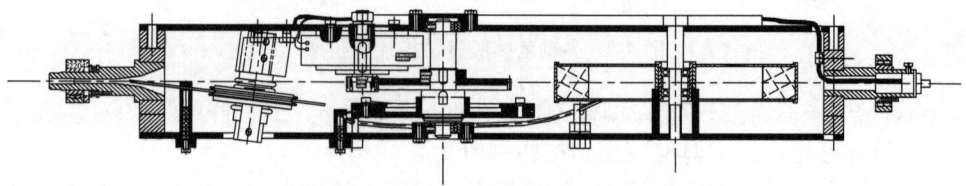

图 7.3 张力控制器机械结构图

7.1.2 机床加工工序

在拧索时，首先启动中层伺服电机驱动中层钢丝盒安装架旋转，使中层钢丝呈螺旋状包住内层钢丝，然后启动外层伺服电机驱动外层钢丝盒安装架旋转，使外层钢丝呈螺旋状包住中层钢丝，在钢索集束器处形成钢索。绕簧机构中的绕簧伺服电机安装在机床大托板上，其输出轴安装有卡盘，绕簧轴一端被夹持在卡盘上，另一端由辅助支撑定心。拧索机构控制的钢索端头被压板压固在绕簧轴的靠卡盘端，卡盘在绕簧伺服电机的驱动下带动绕簧轴旋转，使钢索绕在绕簧轴上，将钢索绕成螺旋弹簧。纵向进给伺服电机安装在机床左端，其输出轴与传动丝杆相连，传动丝杆再带动机床大托板移动，使弹簧形成设计所需的螺距。螺距达到设定值后，绕簧轴停止移动，拧索机架停止旋转，绕簧轴反向旋转设定圈数后停止，拧索机架在索架进退伺服电机的驱动下沿拧索机架导轨方向后退至设定位

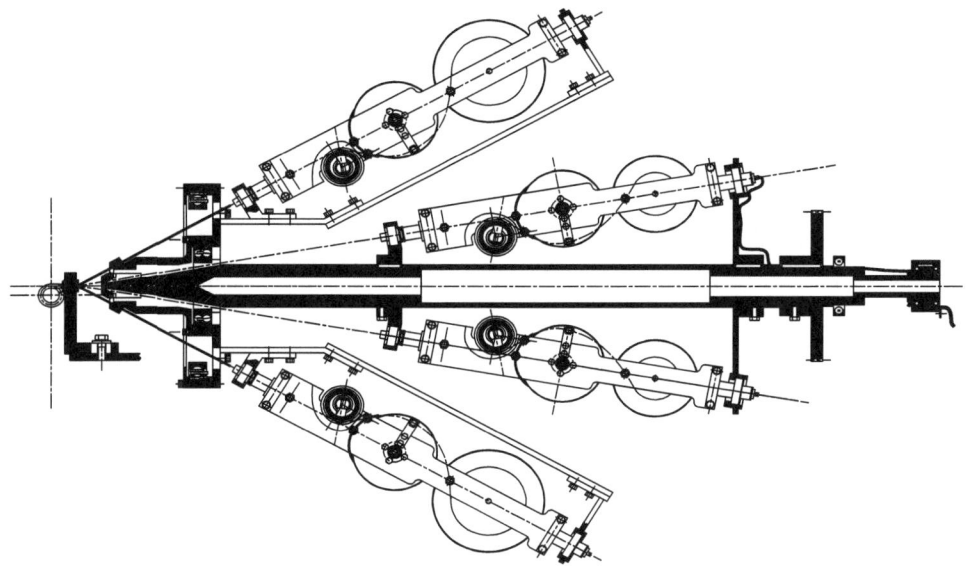

图 7.4 中、外层钢丝盒安装架结构图

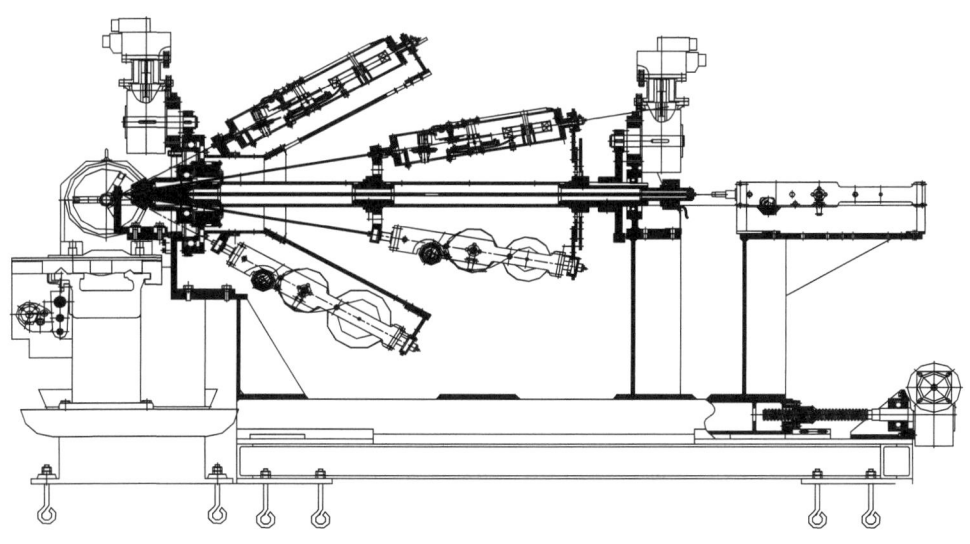

图 7.5 多股簧数控加工机床装配图

置,再用砂轮片切割机切断钢索,这样就生产出多股簧。

数控系统是基于工业控制计算机、可编程控制器和伺服运动系统组成的开放式数控系统平台。工业控制计算机完成产品设计数据库和工艺数据库的建立、加工过程监控、过程数据记录、各股钢丝张力显示、各股钢丝张力气压控制、各伺服电机转速及跟踪误差百分比跟踪、工艺参数修正、异常报警、绕簧过程动态显示。可编程控制器负责接收工业控制计算机下载的各类控制参数及气压传感器和张力传感器数据,将全部运行参数和故障信息上传给工业控制计算机,并通过伺服驱动器控制各伺服电机的转速匹配。其中,索架进给伺服电机驱动拧索机架进退,中层伺服电机驱动中层钢丝盒安装架旋转,外层伺服电机驱动外层钢丝盒安装架旋转,绕簧伺服电机驱动绕簧轴旋转,纵向进给伺服电机驱动绕簧轴移动形成螺距。

根据多股簧加工机床结构及多股簧加工原理,本机床的运动控制系统采用基于工业控制计算机+可编程控制器的主从式控制结构,建立了对中层拧索轴、外层拧索轴、绕簧主轴和纵向进给轴的转速匹配关系,通过四个伺服驱动器和伺服电机形成闭环系统来控制四轴的精确联动,伺服运动系统速度时序图如图 7.6 所示。整个控制系统的主要组成部分有上位计算机、可编程控制器模块、执行元件(伺服驱动器和伺服电机)、被控对象(五个加工轴)以及传输数据的线缆。

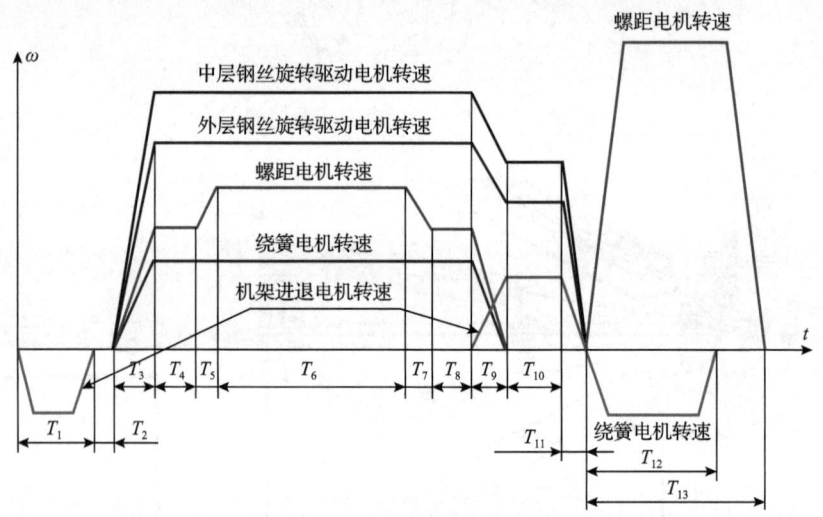

图 7.6 伺服运动系统速度时序图

在加工过程中,工业控制计算机首先发送控制指令到可编程控制器,再通过四个伺服驱动器来控制四个伺服电机的运转,并将各电机的状态实时反馈回可编程控制器,显示在操作界面上实现四轴联动。

7.2 全自动多股簧大型数控加工机床

为了适应日益增长的民用需求,克服高精度机床效率低的缺陷,作者课题组改进了结构方案,优化了控制系统,开发出基于无芯轴绕簧原理的全自动多股簧大型数控加工机床,实现了多股簧的全自动大批量生产。

7.2.1 机床结构设计

全自动多股簧大型数控加工机床主要由中心股钢丝放线机构、中层钢丝拧索机构、外层钢丝拧索机构、缓冲机构、推送机构、绕簧机构、剪切机构、牵引机构组成(图 7.7),实现了多股簧的全自动化连续不间断加工,绞线、绕簧和剪切同步进行,张力控制更加稳定可靠,产品合格率和加工效率更高。全自动多股簧大型数控加工机床可以加工的多股簧最大可由三层19股直径3mm的钢丝控制而成,线盘容量增大,不需要固定弹簧加工端头,剪切自动化,加工速度提升,大大提升了机床的加工能力和加工效率。

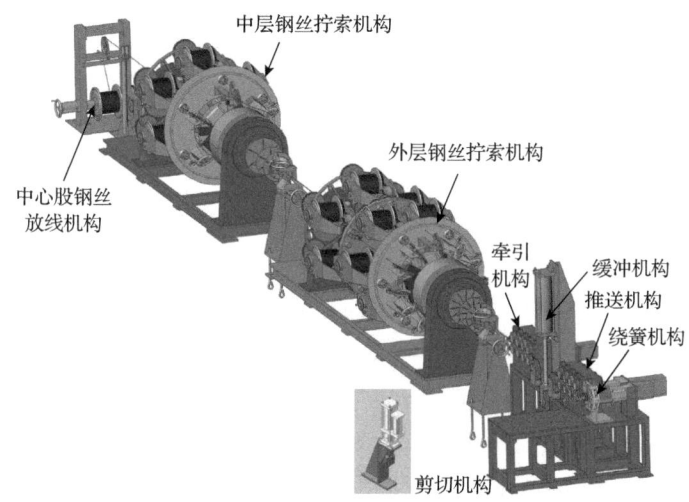

图 7.7 全自动多股簧大型数控加工机床

拧索机构最多可以绕制具有三层钢丝的钢索,分别为中心股、中层和外层。中心股一股钢丝经前端牵引机构直接从放线轮中牵出;中心股钢丝途经中层钢丝绞盘的过程中作为中层钢丝的成形支撑,拧制成钢索;该段钢索继续在牵引机构的作用下前进,途经外层钢丝绞盘的过程中作为外层钢丝的成形支撑,多股簧钢索拧制成形;钢索经前端牵引机构、缓冲机构、推送机构,最终在绕簧机构部分绕制成形。

根据多股簧的设计参数,中心股钢丝可选择是否装载。钢丝由线盘抽出,穿过中层钢丝拧索机构的主轴后到达中层钢丝拧索点。直流电机与磁粉离合器为中心股钢丝提供了钢索成形所需的张力,其张力大小通过调整磁粉离合器输入电流的大小来控制。

中层钢丝拧索机构最多可装 6 股钢丝，6 股钢丝通过线盘安装在 6 个以拧索主轴为中心均匀分布的摇篮上，摇篮安装在转盘上，可相对转盘旋转，实现指定比例退扭。钢丝由线盘抽出穿过摇篮，经线轮引导通过 Z 字形路径，再通过预变形机构到达拧索点处拧成钢索。称重传感器安装在 Z 字形路径底部的大导向轮支架上，用于检测钢丝张力。主轴电机通过减速器、主轴带轮、同步带驱动主轴旋转，实现拧索，其旋转方向决定了中层钢丝拧索机构的旋向；退扭电机通过减速器、退扭带轮、同步带、行星齿轮驱动摇篮相对转盘旋转，实现退扭，其转速相对于主轴电机的转速大小决定了退扭率的大小。直流电机、磁粉离合器、传动齿轮等钢丝张力执行器件安装在摇篮上，与中心股钢丝张紧原理类似，直流电机恒转速运转，输出扭矩经磁粉离合器、传动齿轮传递给线盘，使钢丝绷紧，其张力大小通过控制磁粉离合器输入电流的大小来控制。张力控制器件安装在转盘上，而转盘是旋转的，因此电源线与控制线需要通过导电滑环与外部相连；同理，摇篮上的电机和磁粉离合器也需要通过导电滑环与转盘上的器件相连。外层钢丝拧索机构的原理和结构与中层钢丝拧索机构类似，区别在于外层绕主轴在同一半径上均匀分布有 12 个摇篮，最多可装载 12 股钢丝。12 个摇篮分为前排和后排各 6 个，两排之间错开 30°，其张力控制同样多达 12 路。

全自动多股簧大型数控加工机床的前端成形部分包括牵引机构、缓冲机构、推送机构和绕簧机构。牵引机构通过四对压轮产生的摩擦力来实现钢索牵引，扭矩由牵引电机通过减速器、中间传动齿轮分配给四对压轮。推送机构的结构和原理与牵引机构相似，通过压轮的摩擦力推动钢索成形。在全自动加工方式下，牵引机构连续运动，多股簧的剪切由剪切机构实现，剪切时推送机构应该停止推送，因此推送机构做间歇性运动，在牵引机构和剪切机构之间出现钢丝冗余。缓冲机构由气缸推动缓冲轮实现冗余钢索绷紧，同时根据位置传感器检测冗余钢丝长度来设定推送机构的速度，以消除钢索冗余。多股簧的直径、节距通过调节绕簧机构的压轮位置确定，钢索在推送机构的推力下，辅以芯轴的摩擦牵引力，按照压轮的位置卷成多股簧。芯轴产生辅助摩擦牵引力的条件是转速要比钢索推送的速度略大。

7.2.2 机床控制系统设计

全自动多股簧大型数控加工机床控制系统总体分为三个子控制系统：人机交互系统、伺服驱动控制系统和张力控制系统。人机交互系统主要完成工艺参数的设置和下载、机床的启停控制、机床运行状态的监测、张力的实时显示和手动控制功能等。伺服驱动控制系统主要完成各电机的伺服驱动控制、各模块的供电控制、安全报警功能和状态检测功能。张力控制系统主要实现张力检测、张力输出和张力调节等功能。上位机和下位机之间采用 RS-485 通信。

人机界面输入参数多,根据多股簧加工过程中的数学模型,程序计算出相应的需求数据,然后下载到下位机和伺服驱动控制系统。多股簧数控加工机床以高效生产为目标,七轴+缓冲缸+剪切缸联动实现了绞线、绕簧、剪切的全自动化,而多股簧数控加工机床全自动化加工依靠伺服驱动控制系统完成。全自动多股簧大型数控加工机床共包含七套伺服驱动控制系统,在控制器的中央调控作用下,各轴按照指定速度运行,共同实现多股簧的加工。

伺服运动系统是实现多股簧加工的执行单元,在上位机和可编程控制器的控制下,自动完成多股簧加工的全过程。

全自动多股簧大型数控加工机床控制系统共有外层拧索主轴、外层拧索退扭、中层拧索主轴、中层拧索退扭、牵引机构、推送机构和绕簧机构伺服驱动控制系统七套。全自动多股簧大型数控加工机床面向的工艺参数完全取决于弹簧的设计参数,因此各电机的转速要求在一定范围内任意可调,且各电机转速必须严格按照相应的转速-时间关系进行顺序切换。图 7.8 为各伺服电机转速变化时序图。

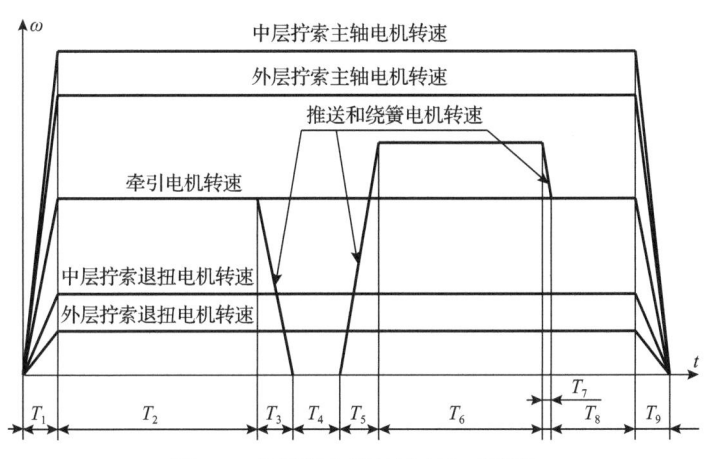

图 7.8　各伺服电机转速变化时序图

人机交互系统主控界面如图 7.9 所示,主要包括主控界面、张力实时显示界面、手动控制界面。主控界面应能显示本设备一些重要的加工信息,包括弹簧几何参数、加工工艺参数等,还要显示一些操作按钮,包括启停机床、切换操作界面等。在主控界面中可操作的控件有三种,分别是下拉组合框、文本编辑框和按钮,按类型把工艺参数进行分组,使得主控界面清晰简单。

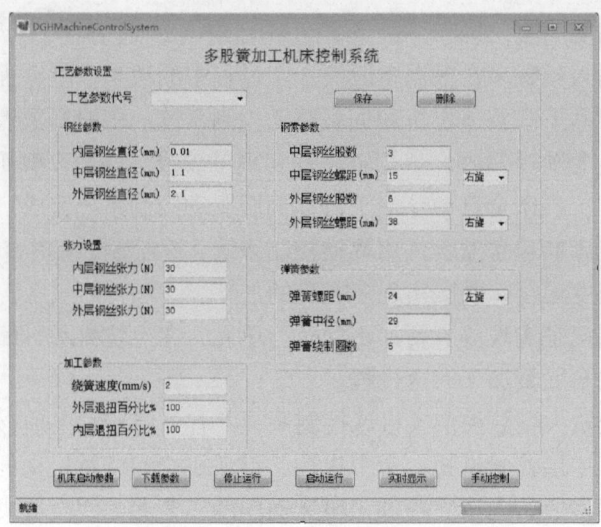

图7.9 人机交互系统主控界面

7.3 机床张力控制系统的设计与实现

7.3.1 张力控制系统设计

在多股簧加工过程中，不均匀的钢丝张力导致多股簧中各股钢丝不在同一圆柱面上，钢丝伸缩程度不一致，各股钢丝的应力也不相同，导致多股簧的使用性能下降，主要表现为使用寿命变短、可靠性变差。因此，张力一致性是影响多股簧质量的关键因素，需要实时控制加工过程中各股钢丝的张力。

基于张力控制系统的需求分析，张力控制系统采用上位机和下位机的主从控制模式。上位机用于加工过程中的人机交互，主要实现命令参数的下载以及加工过程参数的监控；下位机则实现张力的检测、处理及整定。在全自动多股簧大型数控加工机床的控制系统中，上位机采用研华工业控制计算机，下位机选用ADAM-5510M。

在全自动多股簧大型数控加工机床运行过程中，要求同时监控多股钢丝的张力值。在工程应用中，为避免复杂的控制算法，常将多输入多输出系统转换为多个并列的单输入单输出系统。结合检测方案和执行机构方案的选型结果，针对每股钢丝设计了独立的张力控制单元，单股钢丝的张力控制系统原理图如图7.10所示(图中 ω_0 为拧索主轴转速；ω_f 为摇篮转速；ω_r 为线盘转速；ω_c 为牵引轮转速；O_0 为成形点)，此拧索结构的优点在于钢丝的走丝路径简单，将传感器置于钢丝换向处，使传感器对钢丝张力的变化更为灵敏，并且更靠近拧索点，能较为真实地反映拧索处钢丝的张力值。

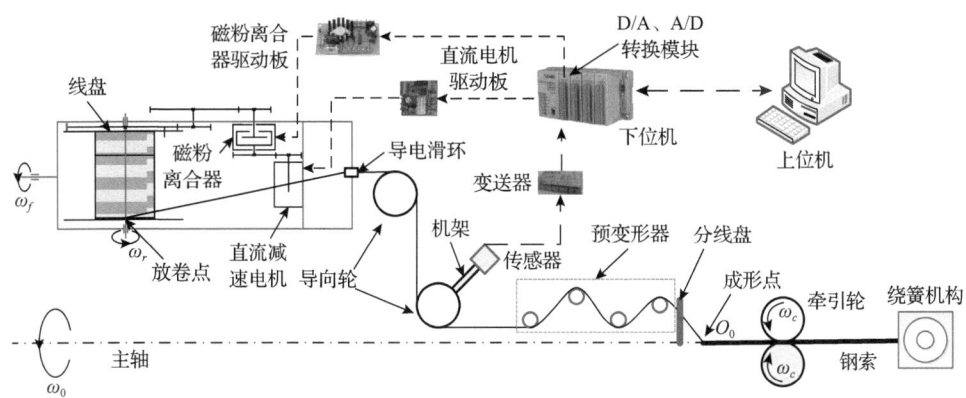

图 7.10　单股钢丝的张力控制系统原理图

在张力控制系统中，钢丝张力经传感器转换为电流信号，电流信号经变送器放大后被下位机的采集卡采集；上位机读取下位机采集的张力值，并与设定值比较，通过控制算法计算出控制参数，并发送到下位机；下位机通过数/模(digital/analog，D/A)转换模块、模/数(analog/digital)转换模块调节磁粉离合器驱动板的控制电位，改变磁粉离合器传递的扭矩，从而改变施加在线盘上的阻力矩，实现了钢丝张力的调整。另外，上位机通过设定直流减速电机的工作电流，控制直流减速电机的输出转矩与启停：上位机将直流减速电机的工作电流数值信号发送到下位机，下位机通过串口通信再将信号传递到直流减速电机的驱动板，驱动板通过比例积分微分(proportional plus integral plus derivative，PID)算法调节直流减速电机的输出转矩。

钢丝从线盘上被牵出，经过导电滑环、导向轮以及预变形器后，在 O_0 点拧索成形。其中，张力传感器安装于导向轮处，以检测钢丝张力。如图 7.10 所示的拧索机构的优点在于钢丝的走丝路径简单，将传感器置于钢丝换向处，使传感器对钢丝张力的变化更为灵敏，并且更靠近拧索点，能较为真实地反映拧索处钢丝的张力值。

张力控制系统需要对加工过程中的中心股钢丝、中层钢丝和外层钢丝的张力进行监控。其中，中层和外层各股钢丝的张力控制单元通过串口通信，下载各张力控制单元的控制参数，基于电机驱动板，控制直流减速电机的输出电流值，实现对各股钢丝张力控制单元的起停控制。以上位机为主站，基于 Modbus 通信协议，通过 RS-485 总线，读取 ADAM-5510M 和可编程控制器中的张力值，实现张力的在线监测功能。直流驱动板与下位机 ADAM-5510M 之间的通信采用总线型的网络结构。

7.3.2 张力控制智能算法设计

带修正的比例积分神经网络(proportion integral neural network，PINN)控制器如图 7.11 所示。张力控制系统针对每股钢丝均设计一个改进的 PINN 控制器,神经网络输出参数与前馈支路值叠加后输出到执行器简化模型。简化模型将反馈量转换为硬件的控制参数输出,以控制每股钢丝的张力。经反馈整定后的钢丝张力值被采集,作为神经网络的一个输入值,从而实现了多股簧大型数控加工机床钢丝张力的闭环控制。

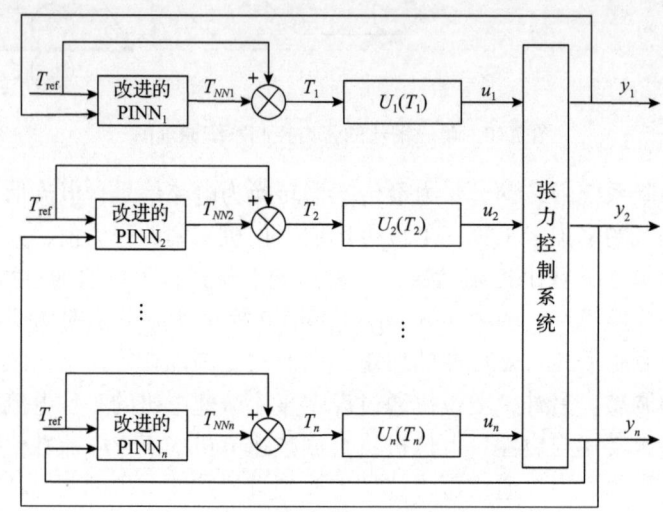

图 7.11 带修正的 PINN 控制器

带有前馈支路的 PINN 在第 k 个控制周期的输出值为

$$T_i(k) = T_{NNi}(k) + T_{ref} \tag{7.1}$$

式中,$T_{NNi}(k)$ 为第 k 个周期第 i 路改进的 PINN 控制器的输出;T_{ref} 为理想张力。

将 T_i 代入 $U_i(T_i)$ 中得到执行器的反馈控制值为

$$u_i(k) = U_i(T_i) \tag{7.2}$$

式中,$U_i(T_i)$ 为第 i 个控制单元的简化模型,即

$$U_i(T_i) = H_i^{-1} M_{i,c}^{-1} \left(\frac{K_{i,2}}{R_i} T_i \right) \tag{7.3}$$

改进的 PINN(图 7.12)调节器共有四层网络:输入层、比例积分(proportion integral,PI)参数层、修正层和输出层。输入层包含两个输入参数,分别是理想张

力值 T_{ref} 和实时采集的张力值 y_i。PI 参数层模拟增量式 PI 控制方式,由两个神经元组成,分别为比例神经元和积分神经元。修正层为一个神经元通过权值系数 $Z_i(k)$ 对 PI 参数层的输出结果进行修正。

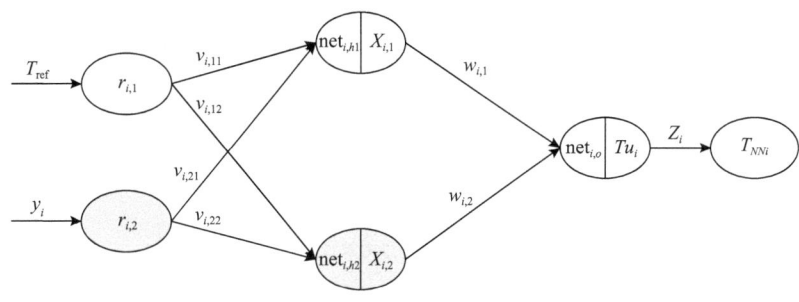

图 7.12 改进的 PINN

对于网络的输入层,张力期望值和实际测量值经过归一化处理后作为神经元的输入参数,可得

$$r_{i,1}(k) = g\left(\frac{T_{\text{ref}}}{T_{\max}}\right) \tag{7.4}$$

$$r_{i,2}(k) = g\left(\frac{y_i(k-1)}{T_{\max}}\right) \tag{7.5}$$

$$T_{\max} = K_t T_{\text{ref}} \tag{7.6}$$

式中,K_t 为放大系数,它的取值将影响系统响应的快慢以及超调量的大小;下标 i 表示第 i 个控制单元,$i = 1, 2, \cdots, n$。

PI 参数层各神经元的输入为

$$\text{net}_{i,hj}(k) = \sum_{l=1}^{2} v_{i,lj} r_{i,l}(k), \quad j = 1, 2 \tag{7.7}$$

式中,$v_{i,lj}$ 为输出层到输入层的权值迭代学习算子。

比例神经元的输出为

$$X_{i,1}(k) = g(\text{net}_{i,h1}(k) - \text{net}_{i,h1}(k-1)) \tag{7.8}$$

式中,$\text{net}_{i,h1}(k)$ 为 PI 参数层比例神经元的输入。

积分神经元的输出为

$$X_{i,2}(k) = g(\text{net}_{i,h2}(k)) \tag{7.9}$$

PI 参数层的输出参数为

$$\text{net}_{i,o}(k) = \sum_{j=1}^{2} w_{i,j} X_{i,j}(k) \tag{7.10}$$

$$Tu_i(k) = Tu_i(k-1) + g(\text{net}_{i,o}(k)) \tag{7.11}$$

式中，各神经元阈值函数 $g(x)$ 可表示为

$$g(x) = \begin{cases} 1, & x \geqslant 1 \\ x, & 0 < x < 1 \\ -1, & x \leqslant -1 \end{cases} \tag{7.12}$$

修正层的输出为

$$T_{NNi}(k) = Tu_i(k) Z_i(k) \tag{7.13}$$

式中，$Z_i(k)$ 为误差的方差比例权重因子，其计算方法为

$$Z_i(k) = \begin{cases} 1, & \text{abs}(\text{err}_i(k-1)) > F_x \\ \dfrac{\text{err}_i(k-1)^2}{\sum_{i=1}^{n} \text{err}_i(k-1)^2}, & \text{abs}(\text{err}_i(k-1)) \leqslant F_x \end{cases} \tag{7.14}$$

式中，$\text{err}_i(k-1) = T_0(k-1) - y_i(k-1)$；$F_x$ 为系统张力误差波动的阈值；n 为控制系统输出参数的数量，即钢丝数量。

神经网络采用基于误差反传的梯度算法对网络参数进行实时学习。基于梯度算法分析误差的网络传递过程，通过推导得出 PI 参数层到输出层之间参数的学习算子。在参数学习过程中，每组数据只迭代学习一次，且 PINN 引入的误差的方差比例因子对学习过程具有修正作用，通过大量数据的在线学习，避免了干扰对学习过程参数产生较大的影响。预整定 PI 控制器参数相当于预先选定一个较好的初始值，有利于加快参数学习的收敛过程。相对于传统的神经网络学习效率，PINN 参数的学习效率得到了提升。

实时采集的张力值相对于张力期望值的归一化误差 E_i 可以表示为

$$E_i = \left(\frac{T_{\text{ref}}(k) - y_i(k)}{T_{\text{max}}} \right)^2 \tag{7.15}$$

基于第 k 个控制周期的控制结果，输出层到 PI 参数层的权值迭代学习算子为

$$w_{i,j}(k+1) = w_{i,j}(k) - \eta \frac{\partial E_i}{\partial w_{i,j}} \tag{7.16}$$

式中，η 为输出层到 PI 参数层的学习率。

根据输出层到 PI 参数层的网络关系，可得

$$\frac{\partial E_i}{\partial w_{i,j}} = \frac{\partial E_i}{\partial T_{NNi}} \frac{\partial T_{NNi}}{\partial Tu_i} \frac{\partial Tu_i}{\partial \text{net}_{i,o}} \frac{\partial \text{net}_{i,o}}{\partial w_{i,j}} \tag{7.17}$$

基于式(7.15)~式(7.17)，有

$$\frac{\partial E_i}{\partial w_{i,j}} = -Z_i(k)\kappa_i(k)X_{i,j}(k) \tag{7.18}$$

$$\kappa_i = 2(r_{i,1}(k) - r_{i,2}(k))\text{sgn}\left(\frac{y_i(k) - y_i(k-1)}{T_{NNi}(k) - T_{NNi}(k-1)}\right) \tag{7.19}$$

输出层到输入层的权值迭代学习算子为

$$v_{i,lj}(k+1) = v_{i,lj}(k) - \xi \frac{\partial E_i}{\partial v_{i,lj}} \tag{7.20}$$

式中，ξ 为输入层到 PI 参数层的学习率。

按照输入层到 PI 参数层学习算子的推导关系，可得

$$\frac{\partial E_i}{\partial v_{i,lj}} = \frac{\partial E_i}{\partial T_{NNi}} \frac{\partial T_{NNi}}{\partial Tu_i} \frac{\partial Tu_i}{\partial \text{net}_{i,o}} \frac{\partial \text{net}_{i,o}}{\partial X_{i,j}} \frac{\partial X_{i,j}}{\partial \text{net}_{i,hj}} \frac{\partial \text{net}_{i,hj}}{\partial v_{i,lj}} \tag{7.21}$$

最后推导得到

$$\frac{\partial E_i}{\partial v_{i,lj}} = -Z_i(k)\kappa_i(k)w_{i,j}(k)\text{sgn}\left(\frac{X_{i,j}(k) - X_{i,j}(k-1)}{\text{net}_{i,hj}(k) - \text{net}_{i,hj}(k-1)}\right)r_{i,l}(k) \tag{7.22}$$

为了检验算法的有效性，作者基于自主研发的全自动多股簧大型数控加工机床进行了一系列试验。通过不同控制算法在不同工艺参数下张力控制效果的比较来验证改进算法的有效性，其试验工艺参数如表 7.1 所示。图 7.13 为全自动多股簧大型数控加工机床结构组成。

在不同的工艺参数下，不同控制算法试验结果的统计分析如表 7.2～表 7.5 所示。

由表 7.2 中数据分析可知，随着工艺参数的不断增大，张力控制系统的控制

表 7.1　不同加工情况下试验工艺参数

工艺参数	拧索主轴转速/(r/min)	牵引电机转速/(r/min)	张力期望值/N
工艺#1	480	189	70
工艺#2	780	377	100
工艺#3	864	566	130

图 7.13　全自动多股簧大型数控加工机床结构组成

表 7.2　不同控制算法下张力偏差的标准差　　　　（单位：N）

工艺参数	钢丝编号	增量式 PI 算法	改进的 PINN 算法	PI-PSO 算法	MPIDNN 算法
工艺#1	钢丝 1	4.12	2.85	5.27	3.85
	钢丝 2	5.22	3.42	9.78	4.2
	钢丝 3	5.52	3.04	7.02	3.08
工艺#2	钢丝 1	7.61	4.79	8.45	6.01
	钢丝 2	13.11	8.24	15.53	11.52
	钢丝 3	7.76	5.18	8.25	6.45
工艺#3	钢丝 1	8.96	4.01	9.91	9.65
	钢丝 2	9.11	7.9	17.72	10.08
	钢丝 3	8.72	4.19	12.36	10.4

表 7.3　不同控制算法下张力控制结果的 PAE$(0.05T_{\text{ref}})$　　（单位：%）

工艺参数	钢丝编号	增量式 PI 算法	改进的 PINN 算法	PI-PSO 算法	MPIDNN 算法
工艺#1	钢丝 1	26.79	49.55	30.81	36.83
	钢丝 2	28.94	50.60	15.68	39.56
	钢丝 3	16.48	62.59	26.13	56.90

续表

工艺参数	钢丝编号	增量式 PI 算法	改进的 PINN 算法	PI-PSO 算法	MPIDNN 算法
工艺#2	钢丝 1	54.11	65.26	40.44	64.19
	钢丝 2	28.38	50.04	21.86	32.94
	钢丝 3	52.28	70.94	44.25	59.33
工艺#3	钢丝 1	36.61	67.26	27.88	31.38
	钢丝 2	30.04	24.47	11.50	24.92
	钢丝 3	34.24	66.42	20.96	41.82

表 7.4　不同控制算法下张力控制结果的 PAE($0.1T_{\text{ref}}$)　　（单位：%）

工艺参数	钢丝编号	增量式 PI 算法	改进的 PINN 算法	PI-PSO 算法	MPIDNN 算法
工艺#1	钢丝 1	61.72	88.53	57.96	73.80
	钢丝 2	61.58	85.19	35.65	74.61
	钢丝 3	42.26	90.30	48.67	87.97
工艺#2	钢丝 1	82.57	94.95	75.30	89.97
	钢丝 2	52.95	79.77	45.45	60.12
	钢丝 3	83.40	96.06	76.79	90.46
工艺#3	钢丝 1	66.95	96.19	54.09	54.13
	钢丝 2	58.66	58.79	24.56	53.68
	钢丝 3	64.92	94.98	43.47	62.01

表 7.5　不同控制算法下张力控制结果的 DTP(99%)　　（单位：%）

工艺参数	钢丝编号	增量式 PI 算法	改进的 PINN 算法	PI-PSO 算法	MPIDNN 算法
工艺#1	钢丝 1	24.29	17.14	31.43	22.86
	钢丝 2	34.29	21.43	57.14	25.71
	钢丝 3	35.71	20.00	41.43	19.20
工艺#2	钢丝 1	19.94	14.00	18.87	11.00
	钢丝 2	26.00	18.00	37.34	24.00
	钢丝 3	19.88	11.00	18.30	16.00
工艺#3	钢丝 1	28.46	14.03	34.41	26.15
	钢丝 2	30.77	24.62	54.97	32.05
	钢丝 3	29.02	14.80	40.00	29.75

环境更恶劣，张力偏差的波动增大。在高速加工模式下，放线过程的冲击和扰动更大、更频繁，张力控制系统更易受到干扰，并且系统的参数变化率加快。因此，

钢丝的张力控制更困难。在不同工艺参数下，当采用本节改进的 PINN 算法时，每股钢丝张力偏差的标准差均为所有算法控制结果中的最小值，其中，钢丝 1 和钢丝 3 的标准差控制在 3~5.2N。虽然采用多输出 PID 神经网络(multi-output PID neural networks，MPIDNN)算法时张力的波动表现仅次于本节改进的 PINN 算法，但是张力偏差的标准差最大值达到了 11.52N。对于增量式 PI 算法和 PI-PSO (particle swarm optimization，粒子群优化)算法，张力偏差的标准差最大值分别达到 13.11N 和 17.72N。综上，在所有试验的控制算法中，改进的 PINN 算法的控制平稳性最好。

表 7.3 和表 7.4 给出了不同控制算法下误差累积偏差百分比(percentage absolute error，PAE)的分布情况。当采用改进的 PINN 算法时，随着工艺参数的增大，PAE($0.05T_{ref}$)在 49.55%~70.94%波动，唯有钢丝 2 在工艺#3 时为 24.47%。当采用其他对比算法时，大部分 PAE($0.05T_{ref}$)小于 50%，最差时降到 11.50%。当张力期望值较小时，PAE($0.1T_{ref}$)的阈值也更苛刻，因此工艺#1 参数下三根钢丝的平均的 PAE($0.1T_{ref}$)小于工艺#2 参数下三根钢丝的平均的 PAE($0.1T_{ref}$)。当工艺参数不断增大时，控制变得更困难，因此工艺#2 参数下三根钢丝的平均的 PAE($0.1T_{ref}$)大于工艺#3 参数下三根钢丝的平均的 PAE($0.1T_{ref}$)。在所有试验的控制算法中，改进的 PINN 算法表现最好，随着工艺参数的增大，钢丝 1 和钢丝 3 对应的 PAE($0.1T_{ref}$)在 88.53%~96.19%波动，而钢丝 2 的 PAE($0.1T_{ref}$)从 85.19%降到 58.79%。从不同控制算法在不同工艺参数下的控制结果可知，钢丝 2 的表现均没有钢丝 1 和钢丝 3 的表现好。

表 7.5 为不同控制算法下张力控制的最大偏差百分比。当张力期望值较小时，99%的误差累积下的误差值百分比(deviation value at the threshold percentage of data points，DTP(99%))较为苛刻。因此，工艺#1 参数下测试结果的 DTP(99%)大于在工艺#2 参数下的 DTP(99%)。随着工艺参数的不断增大，控制环境更恶劣，导致工艺#2 参数下的 DTP(99%)小于工艺#3 参数下三根钢丝的平均的 DTP(99%)。在所有试验结果中，当采用改进的 PINN 算法时，DTP(99%)均为最小，即使是波动最大的钢丝 2 所对应的 DTP(99%)也小于 25%。因此，在钢丝之间相互影响的机制下，改进的 PINN 算法表现最好，减弱了钢丝之间张力的相互影响。

综合表 7.2~表 7.4 中的数据分析可知，改进的 PINN 算法在多股簧加工过程中钢丝张力的控制效果最好，控制效果最差的是 PI-PSO 算法。为了获取每一粒子状态所对应的适应度值，需要将粒子状态参数应用到实际控制中，而在粒子群在线整定 PI 参数时，其搜寻速度包含随机因子，导致某些粒子的位置参数恶化了系统的控制效果，甚至引起系统紊乱或振荡，且干扰 PSO 算法的学习过程。当采用增量式 PI 算法时，钢丝 2 对应的 DTP(99%)和标准差分别达到 34.29%和 13.11N，这表明在增量式 PI 算法中，固定的控制参数在时变系统中不能取得较好的控制效果。当采用 MPIDNN 算法时,每股钢丝对应的 DTP(99%)和标准差均下降了,但在多股簧加工过程中张力控制的效果仍有待提高。采用本节提出的改进的 PINN 算法的控制结构时,钢丝张力的控制均取得了较好的效果,当控制环境变差时,钢丝 2 对应的 DTP(99%)和标准差最大分别为 24.62%和 8.24N。因此,本节提出的改进的 PINN 算法的控制结构提高了多股簧加工过程中钢丝张力的控制精度,能够满足多股簧加工过程中张力控制的需求。

对钢丝 2 的张力控制结果进行分析,图 7.14~图 7.16 给出了不同工艺参数的系统在不同控制算法作用下钢丝 2 对应的张力偏差。由图 7.14~图 7.16 以及表 7.2~表 7.4 可知,在不同试验中,相对于其他两股钢丝的张力控制,钢丝 2 的控制效果均比较差。这可能是因为钢丝 2 在加工过程中存在较多干扰,在工艺参数变大时尤为明显。若线盘放线过程冲击基本一致,以及工业环境对测量的干扰也一致,则钢丝 2 在改进的 PINN 算法的控制下表现较差的主要因素来自测量装置重力和离心力的残余补偿误差。一方面,钢丝 2 的传感器安装位置距离相位传感器最远,相位误差最大;另一方面,钢丝 2 的传感器的补偿模型误差相对其他钢丝传感器的误差较大,因此补偿残余误差较大且频繁。

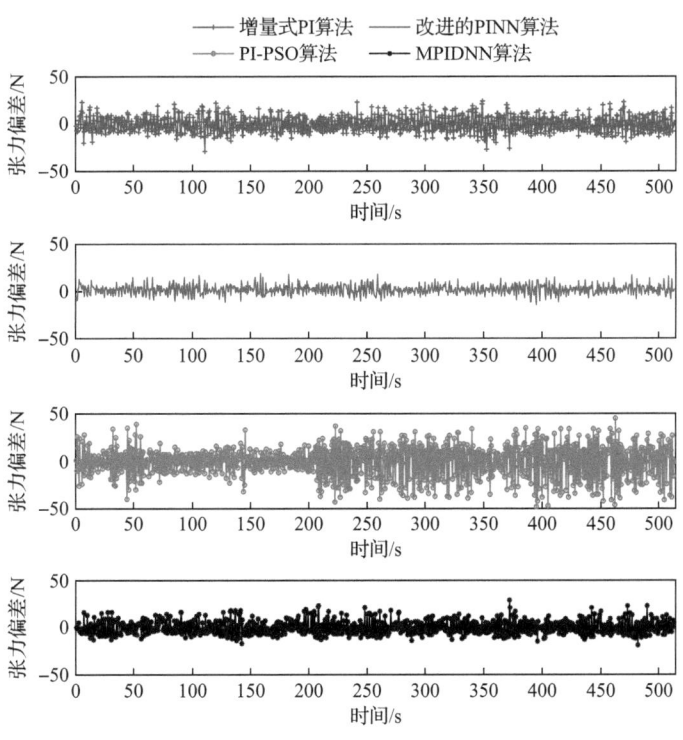

图 7.14　不同控制算法在工艺#1 参数下钢丝 2 的张力偏差

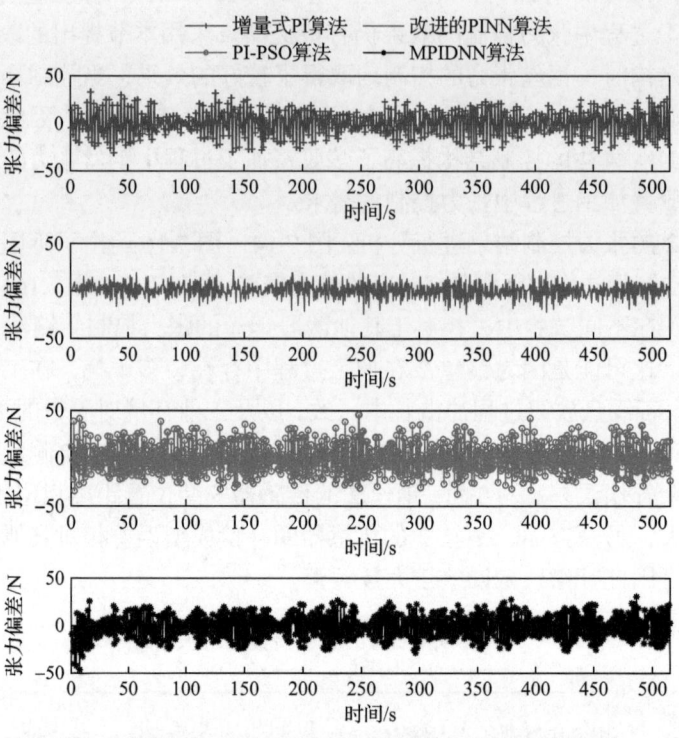

图 7.15 不同控制算法在工艺#2 参数下钢丝 2 的张力偏差

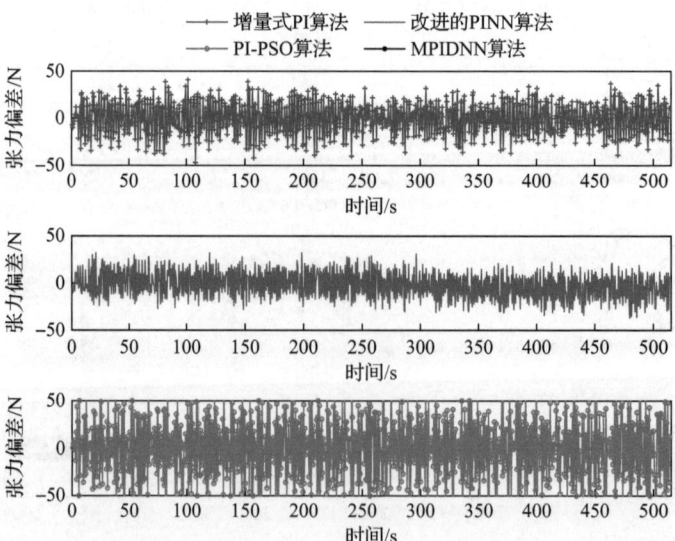

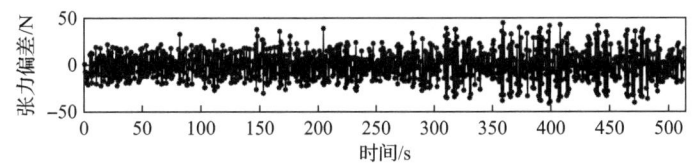

图 7.16　不同控制算法在工艺#3 参数下钢丝 2 的张力偏差

7.3.3　张力控制系统实现

多股簧数控加工机床的上位机人机交互系统包含主控界面、手动控制子系统、机床各张力控制单元启停控制子系统以及张力检测子系统。

多股簧由多股钢丝绕制而成，在实际加工过程中，要求机床基于工艺参数能独立地控制各张力控制单元的启停。由对张力控制系统的机械结构和电气控制电路的设计可知，张力控制单元的执行调节元件为磁粉离合器，而磁粉离合器的动力输入源为直流减速电机。

图 7.17 为张力控制单元启停控制系统界面。通过勾选框设置需要启动的张力控制单元，并通过填写右侧的直流电机工作电流实现对各直流电机输出扭矩的控制，允许填写的最大电流值为 7.5A，当填写值大于该阈值时，系统会提示错误信息并要求重新输入参数。未勾选的张力控制单元的默认工作电流为 0mA。参数输入完毕后，点击"设置"按钮，系统按设置流程将各张力控制单元的直流电机运行参数下载到 ADAM-5510M 中。ADAM-5510M 基于各直流电机工作电流是否为零对磁粉离合器的工作状态做出判断，同时为了监测直流电机是否工作于设置参数，点击"监测"按钮即可监测直流电机的工作电流值。

图 7.17　张力控制单元启停控制系统界面

张力监控系统主要包括张力检测、数据存储、机床启停控制、张力参数下载、电机运行参数监测和张力控制算法参数整定等功能。在多任务处理中，基于线程的操作可实现多任务的协同运行。本节基于多线程技术，添加了2个独立的线程，分别作为张力监控线程和电机转速监控线程。其中，张力监控线程为带参数的线程，以便适应不同监控的需要。张力监控线程用于对各张力控制单元的钢丝张力值进行检测及数据处理，实现对各股钢丝张力的监控，判断张力是否过大而进入预警停机模式。搭建的张力监控系统人机交互界面如图7.18所示。

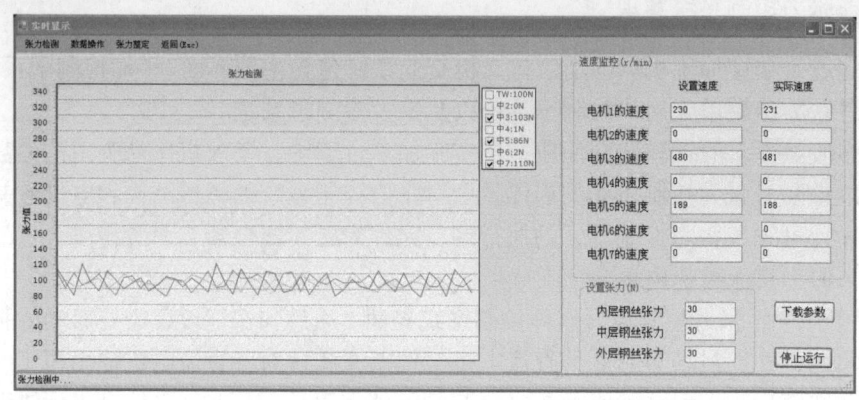

图7.18　张力监控系统人机交互界面

点击图7.18中"张力整定"按钮，通过事件响应机制触发PID参数整定界面。张力控制参数整定界面如图7.19所示，该界面用于整定PID控制算法或PINN算法中的比例、积分和微分等算法参数。

图7.19　张力控制参数整定界面

中心股钢丝张力采用S7-200作为运算控制核，以可编程控制器自带的PID控制算法为钢丝张力的控制算法。S7-200最多支持8路PID控制回路，并采用继电反馈算法来实现参数的自整定，基于用户的响应速度需求，系统给出控制参数的推荐值。在执行向导过程中,回路给定值的取值范围、回路输入和输出均是基于硬件参数设定的,但在设定时需要注意正确设置回路参数,维持过程量为 0~1。在回路参数输入过程中,需要对输入参数进行转换和标准化处理,即将采集值除以回路参数输入值的区间长度,若结果大于 1 或小于 0,则系统会报错。本节设计的张力控制系统传感器的额定参数如下:测量范围为 0~50kg;输出参数为 0~20mA。由于测量装置以及测量方式的影响,需要对传感器进行重新标定,标定后,传感器能反映的钢丝张力范围为 0~312N。向导设置参数如表 7.6 所示,生成的 PID 调节控制面板如图 7.20 所示。

表 7.6 向导设置参数

类别	反馈(单极性)		给定	
	实际张力测量范围/N	模拟量输入范围	百分比/%	物理工程单位形式/N
高限	312	32000	100	312
低限	0	0	0	0

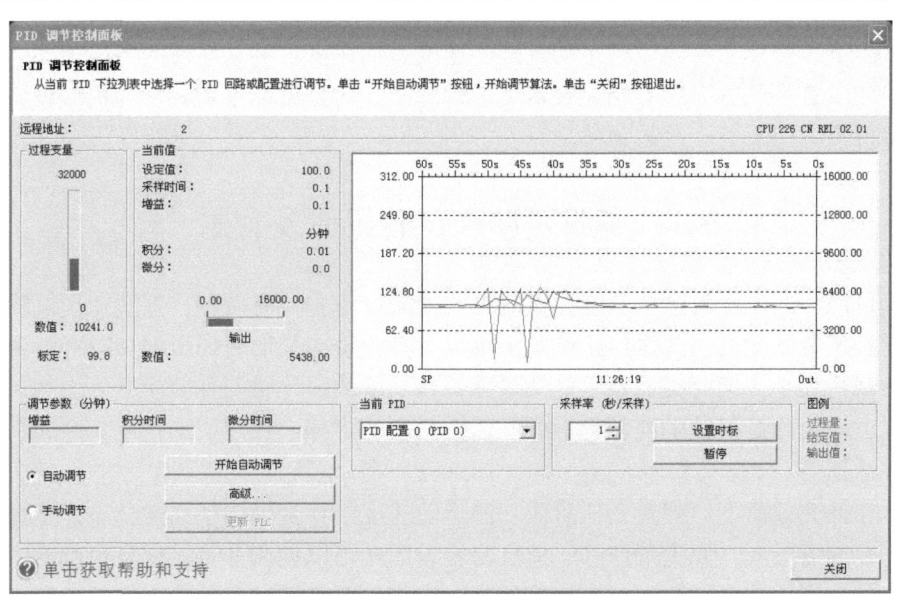

图 7.20 PID 调节控制面板

第8章 多股簧检测和试验

多股簧广泛应用于各行各业的机械设备之中，包括航空发动机和自动武器等重要产品的弹簧复位零件。然而，多股簧在高速冲击载荷作用下其内部的变形情况非常复杂，弹簧上各质点的移动速度沿轴向不再呈线性分布，而是以纵波的形式向固定端传递，并会在固定端反射。对于动态力学参数的检测，现有的弹簧拉压试验设备和检测技术不再适用。目前，一些进口设备使用的多股簧结构参数都由外方提供。弹簧的动态力学参数均无相关试验设备进行检测，只能简单地用低速谐波疲劳试验代替高速冲击疲劳试验，因此只能得到疲劳寿命的近似结果，而且误差非常大。为了得到弹簧的实际寿命只能进行实弹试验，这种做法成本高、周期长、效率低[17]。

本章研发一套冲击条件下多股簧动态参数检测设备，以检测多股簧在冲击振动状态下，簧杆上各质点的运动位移、速度、加速度。本章研发的多股簧动态参数检测设备不仅可以突破相关技术引进的壁垒，而且可以推动其作为机械设备的复位机构应用于更广泛的领域。

8.1 多股簧冲击试验机研发背景

目前，国内针对圆柱螺旋弹簧的试验检测设备主要有两种：弹簧拉压试验机和弹簧疲劳试验机。弹簧拉压试验机可以测量弹簧在变形时的压缩（或拉伸）量和变形载荷大小，但此类设备只能测量弹簧总长度的变化量与弹簧所受外力的对应关系，不能测量弹簧轴向长度上中间任意质点的位移、速度、加速度、应力、应变等数据[112, 118]。

在低速载荷下，弹簧上任意质点的运动速度沿弹簧轴向呈线性分布，受力端位移、速度最大，固定端位移、速度为零，因此可以检测并直接推算出弹簧内部各点的应力、应变结果，且其精度较高[119, 120]。多股簧轴向低速变形时位移、速度和作用力关系如图8.1所示。图中，$F(t)$ 表示作用力，$V(t)$ 表示速度，$X(t)$ 表示位移。

当多股簧的一端受到高速冲击载荷时，因为弹簧自身有质量和惯性，所以弹簧内部的变形情况完全不同，弹簧上各质点的移动速度不再沿轴向呈线性分布，而是以纵波的形式向固定端传递，并会在固定端反射。此时，如果仍用现有的弹簧拉压试验机进行检测，那么误差会相当大，检测结果完全不能满足要求。多股簧轴向高速变形时位移、速度和作用力关系如图 8.2 所示[121, 122]。

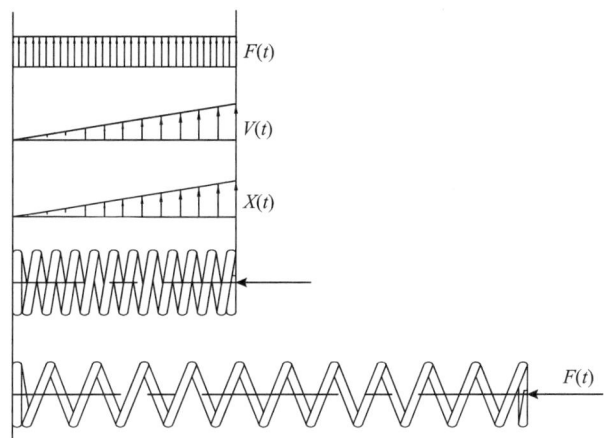

图 8.1 多股簧轴向低速变形时位移、速度和作用力关系

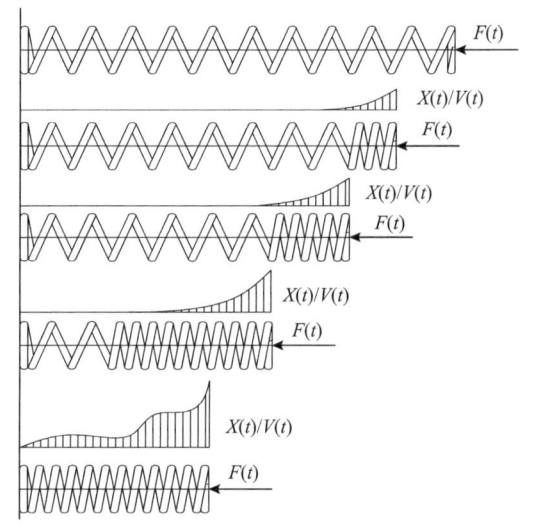

图 8.2 多股簧轴向高速变形时位移、速度和作用力关系

弹簧疲劳试验机主要用于对各种螺旋弹簧进行疲劳性能试验。通过模拟弹簧的实际工况，将弹簧压缩(或拉伸)至实际安装尺寸，按照弹簧的工作行程进行周期性的高频拉压，直至弹簧失效或断裂，但无法获得弹簧内部的力学特性及其变化过程，不能为弹簧的深入研究提供过程试验数据。

由此可知，弹簧拉压试验机和弹簧疲劳试验机都只能宏观地检测出弹簧的整体力学参数，不能具体地检测出弹簧钢丝上任意质点的运动数据和应力变化情况，因而无法得知弹簧钢丝的实际受力情况，尤其是在高速变形状态下。虽然一般机械设备上使用的弹簧的变形都属于低速变形,其静态力学特性满足要求即可,但是在一些要求非常特殊的场合(如快速变形、高速冲击工况等),弹簧的变形过程非常复杂,弹簧轴向各质点的应力不再相等,且差别非常大。使用理论方法准确地计算出多股簧的最大应力截面非常困难,对这类弹簧进行强度计算和校核也非常复杂。这类弹簧常用于高技术含量的航空发动机和自动武器的复位机构中,对可靠性要求很高。

本章利用相关的检测技术,设计出一套全新的专用检测系统,该系统根据冲击振动状态下的检测数据,求出各质点的运动位移、速度和加速度,然后逆推求出弹簧的动力学数学模型的修正值,完善多股簧设计理论和加工工艺[17, 112, 118]。

8.2 冲击试验机的研制

冲击试验机将机电一体化技术、非接触高速测量技术、虚拟仪器技术、计算机技术和仿真技术应用于单股簧和多股簧动态参数的检测系统中,为弹簧在高速冲击载荷作用下其内部的变形过程研究提供了试验检测平台。

8.2.1 总体方案设计

实现冲击的方法是设计冲击试验机的重点。在选择冲击方法时,既要使冲击符合弹簧的实际冲击工况,又要考虑冲击试验机装备和测试简单化。一般冲击机械系统的工作频率远小于冲击机械系统的固有频率,连续撞击对应力波在系统中的传播规律几乎没有影响,因此可以采用单次撞击法,以单次撞击来模拟冲击机械系统连续撞击的工作过程。该方法也是冲击机械波动力学研究中应用最为普遍的试验方法[2, 75]。

目前,冲击试验装置主要有两种:落锤冲击试验台和水平冲击试验台。落锤冲击试验台是冲击机械系统波动力学试验研究中的常用装置,其冲击速度可以通过落锤的高度任意调节,而且操作方便,但是落锤冲击速度受空间条件限制,一般小于 10m/s。水平冲击试验台常选用压缩空气作为驱动冲锤的动力,包括导向装置、支撑架、冲锤等部分。该装置可根据研究项目的要求调节压力和速度,冲锤的冲击速度能达到 30m/s,远大于一般落锤的冲击速度,而且安全可靠,但其冲击速度受空气压力、冲锤质量和冲锤行程的影响,因此不便于精确控制。

本节研发的冲击试验机主要用于研究多股簧在高速冲击载荷作用下的内部变形过程。然而,落锤冲击试验台的冲击速度受到限制,而且空间结构庞大,不能满足冲击试验机装备结构简单化的要求。因此,为了检测不同冲击速度下多股簧簧圈任意质点的运动规律,并研究其在高速冲击载荷下的失效机制,本节采用水平冲击试验台。

8.2.2 冲击试验机布局设计

1. 冲击试验机总体布局

水平冲击试验台的冲锤动力为压缩空气，选择空气压缩机为动力装置，用气动三联件过滤空气，保证压缩空气的质量，为储气罐提供不同压强的压缩气体。为了实现多股簧的单次撞击，选择电磁阀作为气体控制开关。多股簧冲击检测设备总体布局如图 8.3 所示。其工作流程为：空气压缩机 1 产生压缩气体，气体经气动三联件 2 进入储气罐 3，压力表检测储气罐的压强，电磁阀 4 作为气体控制开关；当电磁阀通电时，气体迅速进入冲击试验台 5 冲击多股簧；最后通过检测设备检测出弹簧在受冲击载荷下任意质点的运动规律，从而可以分析出不同冲击载荷条件下多股簧的动态力学性能。

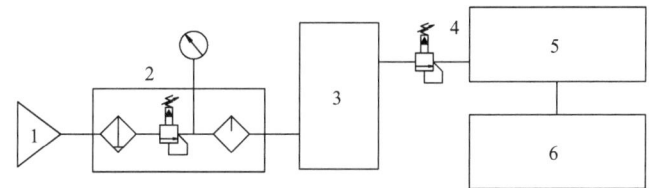

图 8.3 多股簧冲击检测设备总体布局
1-空气压缩机；2-气动三联件；3-储气罐；4-电磁阀；5-冲击试验台；6-检测设备

2. 冲击试验机的结构设计

冲击试验台结构原理图如图 8.4 所示。压缩空气从冲击试验机右端进入，压缩空气推动大质量块 6 沿着导向装置右内管 8 向左端加速运动，大质量块 6 碰到阶梯阻碍后停止运动，此时大质量块 6 左端的小质量块 9 由于惯性作用继续向左端运动，冲击装在左内管 4 中的多股簧 5；为了固定内管和外管，在冲击试验台的左右两端分别安装端盖，左端盖 2 支撑左内管 4 和左外管 3，右端盖 11 支撑右内管 8 和右外管 7，在冲击试验机中间设计一个过渡架 6，支撑各个管道并连接左内管 4、右内管 8 和左外管 3、右外管 7；左端盖 2 中间孔可用于装卸多股簧 5，调整螺杆 1 用于支撑和调整多股簧 5 的初始位置。以上结构都安装在基座 12 上下面重点介绍质量块和中间过渡架 6 的结构设计。

在冲击过程中，质量块冲击速度受空气压力、冲锤质量和冲锤行程的影响，不便于精确控制及计算，从而影响了冲击试验的分析结果。为了使质量块冲击多股簧时速度稳定，本装置采用大质量块嵌套小质量块的复合结构，其示意图如图 8.5 所示。其中，大质量块、小质量块之间采用间隙配合，以便小质量块能够从大质量块左端孔中顺利冲出；另外，大质量块上开卸荷孔，使小质量块两端气压保持平衡，进一步减少小质量块从大质量块左端孔冲出时的速度损耗，从而提高小质量块冲击多股簧的速度[118]。

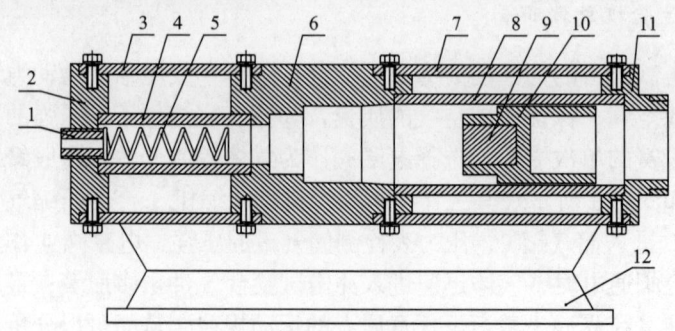

图 8.4　冲击试验台结构原理图
1-调整螺杆；2-左端盖；3-左外管；4-左内管；5-多股簧；6-过渡架；7-右外管；8-右内管；9-小质量块；
10-大质量块；11-右端盖；12-基座

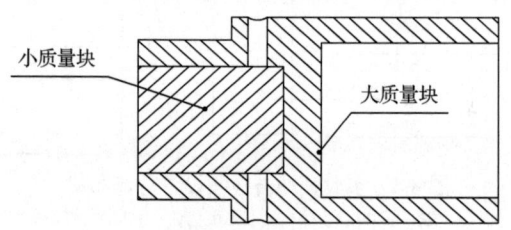

图 8.5　质量块复合结构示意图

过渡架支撑各个管道并连接左内管、右内管和左外管、右外管，同时控制大质量块的运动，从而保证小质量块在惯性作用下顺利冲出。为了保证大质量块在高速运动过程中突然停止，在过渡架右端孔中设计一个急停台阶(图 8.6)，使大质量块急停、小质量块冲出。因为右内管和过渡架之间不光滑过渡会阻碍质量块的运动，所以在过渡架台阶处设计一个坡口，以减小大质量块对过渡架急停台阶的冲击[118]。

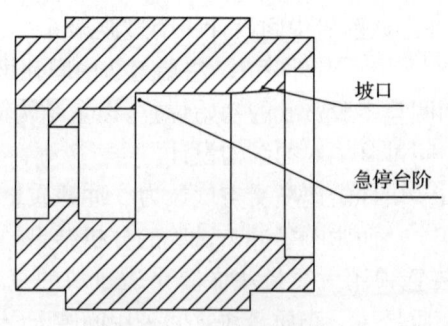

图 8.6　过渡架结构图

8.3 检测装置设计

检测装置采用多通道非接触检测方法,将传感器采集到的光路通断信号按规律合成,用于推导多股簧任意质点的运动位移、速度、加速度规律。光路通断取决于是否有簧圈通过。

1. 检测方法的确定

在低速加载情况下,弹簧上任意质点的运动速度沿弹簧轴向呈线性分布,受力端位移、速度最大,固定端位移、速度为零。因此,可以直接推算出弹簧内部各点的应力、应变情况,且精度较高。然而,当多股簧的一端受到高速冲击时,弹簧上各质点的运动速度沿轴向不再呈线性分布,而是以纵波的形式向固定端传递,并会在固定端反射,而现有的弹簧拉压试验设备和检测技术均不能适用,因此本节采用非接触多通道检测方法,即沿多股簧轴向布置一排传感器,通过相应的算法转换采集到的数据,推导出多股簧上任意质点的运动规律。非接触检测方法是指传感器在不接触弹簧表面的情况下,得到弹簧表面参数信息的测量方法[118,123]。

2. 传感器的选型与布置

检测装置通过一排传感器采集信号,因此信号的准确性与传感器的性能紧密相关,包括对传感器的个数要求、采样频率要求和安装要求等。传感器的个数与被测弹簧的长度和试验精度要求有关,在检测弹簧长度一定的情况下,精度要求越高,需要布置的传感器越多。传感器的采样频率要求与弹簧压缩速度有关,因为被高速压缩的弹簧螺距变化极快,所以对传感器采样频率的要求比较高,传感器采样频率应高于各个簧圈通过传感器的频率。同时,高的采样频率能保证在弹簧轴向运动中有足够多的采样点数,从而确保动态参数变化曲线的真实性。

为了便于采集和分析数据,传感器沿多股簧的上边缘布置,并且是等距离布置,传感器布置示意图如图 8.7 所示。传感器安装在传感器安装架上,为了使传感器有相应的传输通路,在冲击试验台内管和外管的对应位置设计了一排圆孔,传感器安装结构图如图 8.8 所示。

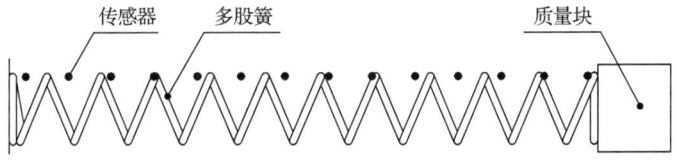

图 8.7 传感器布置示意图

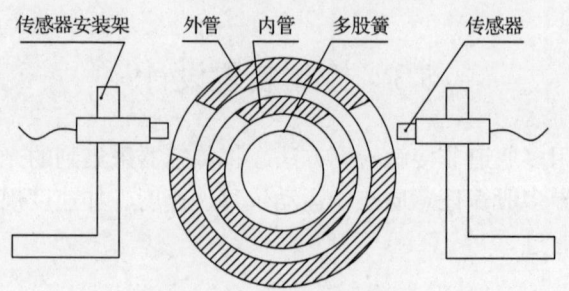

图 8.8　传感器安装结构图

8.3.1　数据采集与处理

1. 数据采集硬件

当多股簧的一端受到高速冲击时，各个簧圈沿轴向运动，会间断地阻隔传感器光路。在传感器检测到相应簧圈信号后，信号经过 PCLD-782B 24 路光隔离 D/I(digital/input，数字/输入)卡的处理，并被传送到 PCL-724 24 路数字量 I/O(输入/输出)卡。同时，需要采集的参数是各个信号被采集的时间，考虑到成本及结构简化，本节采用磁盘操作系统(disk operating system，DOS)环境下基于 PCL-724 数据采集卡中断功能的软件计时法[118]。数据采集模块流程如图 8.9 所示。

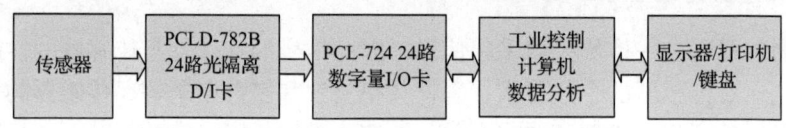

图 8.9　数据采集模块流程

（1）PCLD-782B 的特点如下：
① 带有电压比较器的输入缓冲；
② 带显示输入逻辑状态的发光二极管指示灯；
③ 板上带螺丝端子，便于接线；
④ 16 路或 24 路光隔离数字量输入；
⑤ 与所有带有数字量输入通道的 PC-LabCards 兼容。

（2）PCL-724 的特点如下：
① 24 路数字量 I/O 接口；
② 仿真 8255 可编程外围接口模式 0；
③ 可编程中断处理；
④ 50 管脚定义与 Opto-22 I/O 模块完全兼容。

2. 数据处理

通过硬件采集的大量数据的后期分析处理非常复杂，只能由专门的软件来完成。首先，对所有数据进行有效性分析，去除异常数据，然后，分析数据的分布规律，利用已知类型的曲线去拟合，找出数据变化的一般规律及各项数据之间的相互影响关系等。为了得到相应曲线，需要对多股簧任意簧圈运动时位移和时间两个动态参数的数据进行处理。第一个动态参数(位移)是固定的，该参数取决于传感器的安装位置；第二个动态参数(时间)就是各个信号被采集的时间，直接由数据卡采集。

采集到的数据信号包括各个传感器的通断状态和时间。其中，0 表示传感器光路连通；1 表示传感器光路断开。传感器断开的条件为检测质点正好通过此处阻断通光路。数据处理的重点是将传感器光路通断的信号转换为簧圈上检测质点的位移。传感器位置是固定的，因此已知冲击过程中检测质点与传感器的相对位置关系，便可推算出检测质点的位移。通过位移和时间参数便可绘制弹簧任意簧圈的运动速度曲线，进而绘制出速度与时间、加速度与时间的关系曲线。

光纤传感器采集到第一个信号的时刻为数据采集的开始时间，采集到第二个信号的时刻为数据采集的截止时间。每个传感器采集到的信号变化次数均为偶数，前 50%数据为压缩运动数据，后 50%数据为回弹运动数据。本节重点对前 50%数据进行处理，研究弹簧的压缩运动规律，该处理过程非常复杂，本节将通过数据处理模型图和程序流程图来表示。

8.3.2 数据处理与算法

数据处理分析过程的假设条件如下：

(1) 弹簧螺距为 P，检测质点(圆柱螺旋弹簧各簧圈上边缘位置)数为 X，从右到左记为 $1, 2, \cdots, X$，则自由状态下弹簧长度 $L=P(X-1)$；

(2) 传感器安装间距为 D，传感器数量为 N，从右到左记为 $1, 2, \cdots, N$；

(3) 传感器 1 与弹簧右端距离为 S。

1. 传感器数量

传感器安装间距与检测精度要求有关，在对不同规格的弹簧进行检测时，所需传感器数量 N 不同。冲击模型如图 8.10 所示，由图可知，若 $D(N-1) \leqslant L$，则

$$N \leqslant \frac{L}{D}+1 \tag{8.1}$$

此时，得到的 N 可能为小数，取整得传感器数量为

$$N = \text{int}(L/D + 1) \tag{8.2}$$

2. 传感器与检测质点的关系

弹簧簧圈上端为检测质点，为了找到冲击过程中检测质点与传感器的关系，

需要求出第 x 个传感器右端检测质点个数 y，由图 8.10 可得

$$D(x-1)+S \geqslant P(y-1) \tag{8.3}$$

则有

$$y \leqslant \frac{D(x-1)+S}{P}+1 \tag{8.4}$$

对检测质点数取整，即 $y=\text{int}\{[D(x-1)+S]/P+1\}$，其中，$1 \leqslant x \leqslant N$，并把 N 个数据保存到数组 $c[N]$ 中。

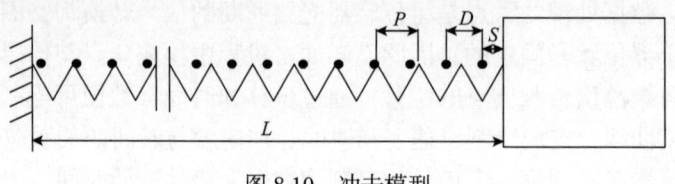

图 8.10　冲击模型

3. 数据读取

传感器输出信号的初始值(0 或 1)取决于 S 的大小，并不影响数据读取。经 M 次数据采集后，N 个传感器的输出信号保存在数组 $a[M][N]$ 中，每次采集的时间数据保存在数组 $t[M]$ 中，令 $t[0]=0$。例如，在第 1 次数据采集时，第 1 个传感器的状态为 $a[0][0]=0$(或 $a[0][0]=1$)，采集时间为 $t[0]$。

4. 数据分析

首先，计算分别经过 1~M 次采集后，每个传感器出现一个或连续几个 1 的次数，并保存在数组 $b[M][N]$ 中。例如，经过 100 次采集后，假设第 10 个传感器出现一个或连续几个 1 的次数为 5，则记录 $b[99][9]=5$。

其次，将数组 $b[M][N]$ 与数组 $c[N]$ 进行比较：当 $b[n][i-1]=c[i-1]-j+1$ 时，经过 n 次采集后传感器 i 检测到第 j 个质点，此时采集时间 $t[n]$ 保存在 $t[j-1][i-1]$ 中($1 \leqslant i \leqslant N$，$1 \leqslant j \leqslant c[i-1]$)。

最后，便可得到检测质点经过各个传感器的时间：
质点 1，经过传感器 i 的时间为 $t[0][i-1]$，位移为 $D(i-1)+S$；
质点 2，经过传感器 i 的时间为 $t[1][i-1]$，位移为 $D(i-1)+S$；
……
质点 j，经过传感器 i 的时间为 $t[j-1][i-1]$，位移为 $D(i-1)+S$。

5. 绘制运动曲线

以时间为横坐标，以位移为纵坐标，绘出质点运动曲线图。以质点 1 为例，

各个点的横坐标分别为 $t[0][0], t[0][1], t[0][2], \cdots, t[0][i-1]$，纵坐标分别为 $S, D+S, 2D+S, \cdots, D(i-1)+S$，连接各点便得到了质点 1 的运动曲线图。同理，可以绘制出任意质点 i 的运动曲线图。

6. 绘制速度曲线

对位移与时间曲线进行拟合后得到位移与时间的关系方程，对其进行求导，可以绘制出相应的速度随时间变化的关系曲线。

数据处理算法流程图如图 8.11 所示。

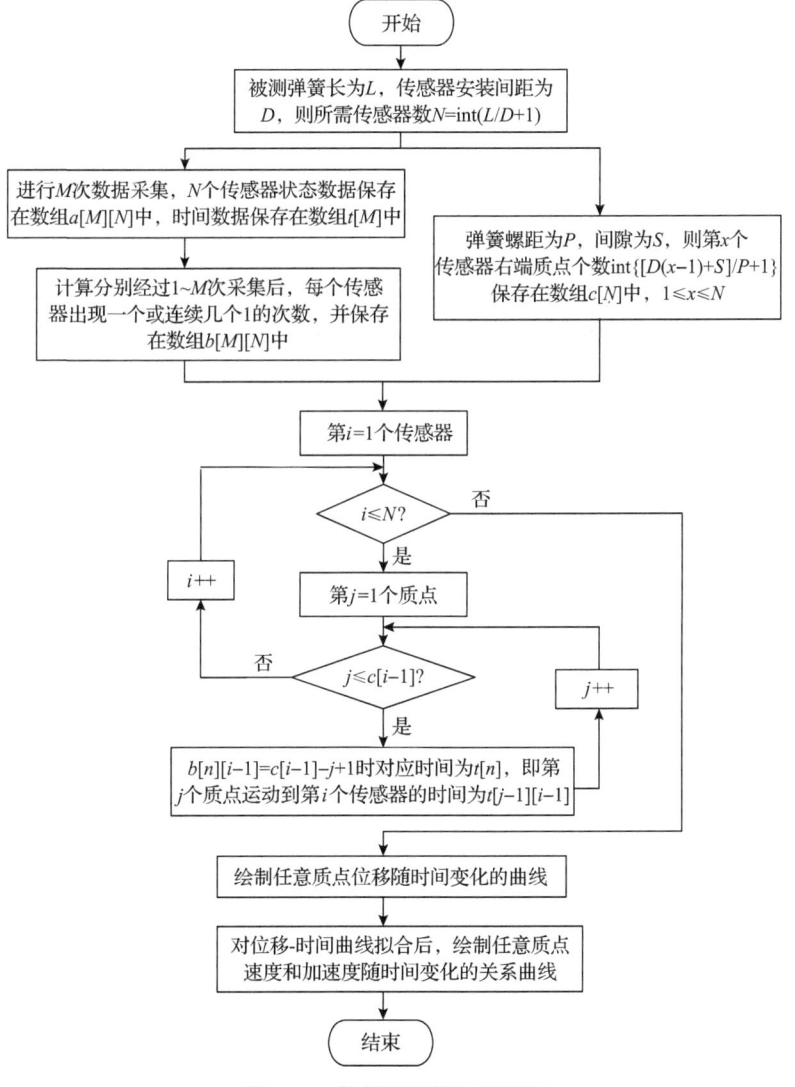

图 8.11 数据处理算法流程图

8.4 冲击试验机试验案例

根据设计原理,本章开发出的多股簧冲击试验机如图 8.12 所示。应用冲击试验机进行冲击试验,检测该试验机性能是否达到研发要求,能否正确地采集数据并绘制出位移与时间、速度与时间和加速度与时间的关系图[9, 124]。

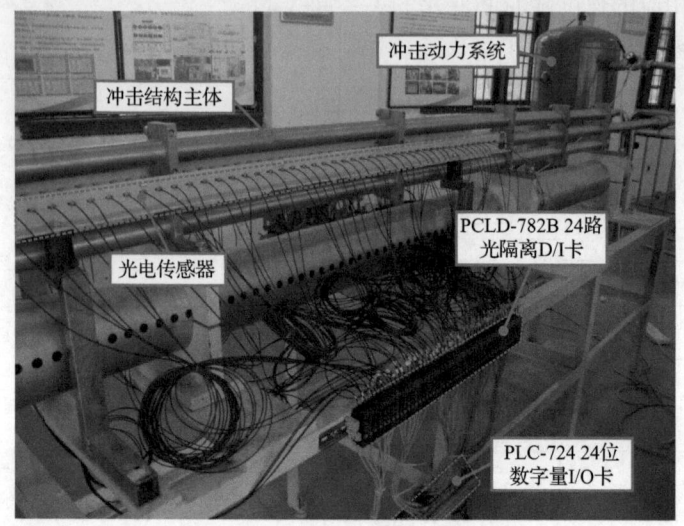

图 8.12　多股簧冲击试验机

1. 试验条件

在冲击试验中,通过调节压缩气体的气压和质量块的质量可以实现不同的冲击速度,本试验选定冲击气压为 0.2MPa,质量块质量为 12.326kg,冲击速度约为 30m/s,被测弹簧簧圈数为 41 圈。

2. 试验效果

被测弹簧各质点的位移-时间曲线图、第 10 个检测点的位移、速度和加速度随时间变化曲线图、不同时刻各个簧圈的位移图以及不同时刻多股簧位置状态的仿真图分别如图 8.13～图 8.16 所示。

3. 试验效果分析

(1) 该冲击试验机可以通过调节压缩气体的气压和质量块的质量来实现不同的冲击速度,模拟多股簧实际应用中不同的冲击工况,适用范围广。

(2) 该冲击试验机可以精确地检测多股簧受冲击时的各个动态参数,求出簧杆

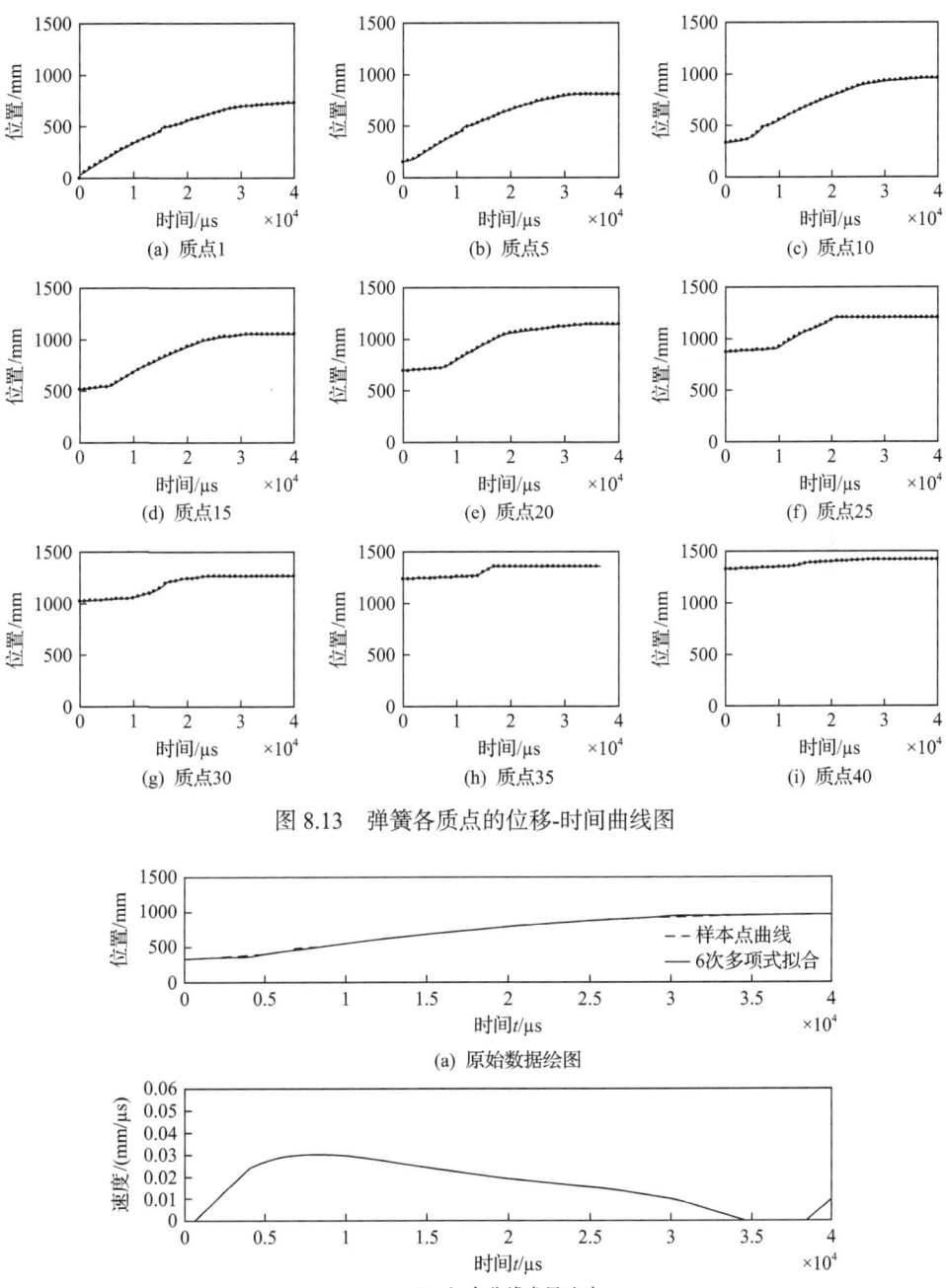

图 8.13 弹簧各质点的位移-时间曲线图

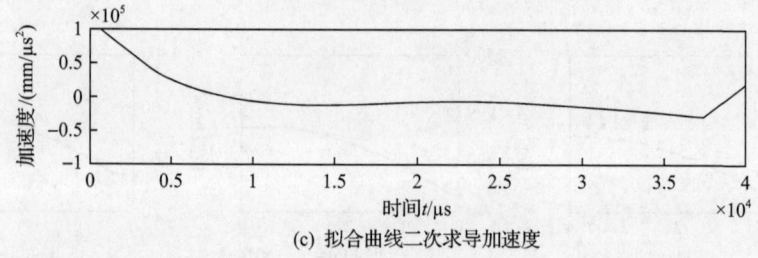

(c) 拟合曲线二次求导加速度

图 8.14 第 10 个检测点的位移、速度和加速度随时间变化曲线图

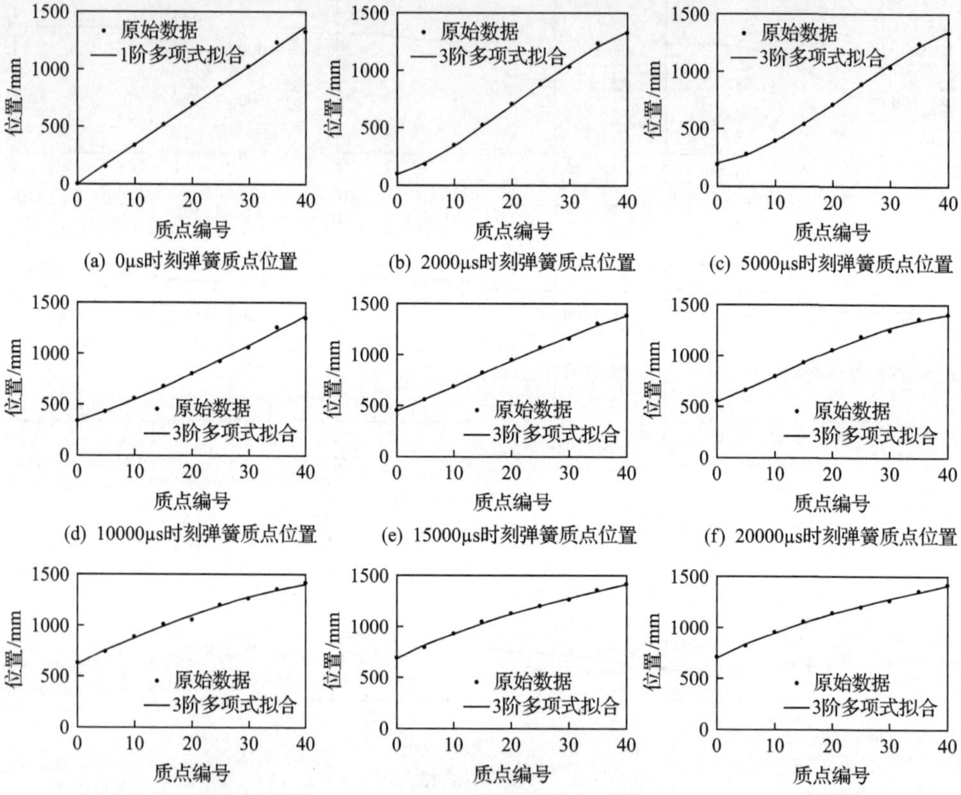

(a) 0μs时刻弹簧质点位置
(b) 2000μs时刻弹簧质点位置
(c) 5000μs时刻弹簧质点位置
(d) 10000μs时刻弹簧质点位置
(e) 15000μs时刻弹簧质点位置
(f) 20000μs时刻弹簧质点位置
(g) 25000μs时刻弹簧质点位置
(h) 30000μs时刻弹簧质点位置
(i) 35000μs时刻弹簧质点位置

图 8.15 不同时刻各个簧圈的位移图

上各质点的运动位移、速度、加速度。

(3) 质量块的初始速度越小,弹簧各圈的变形越均匀,应力也越小;多股簧在工作过程中,其冲击响应特性与其刚度有关,降低多股簧的刚度,可以增加纵波在受力端与固定端之间的传递时间,从而减小由过应力引起的永久变形。

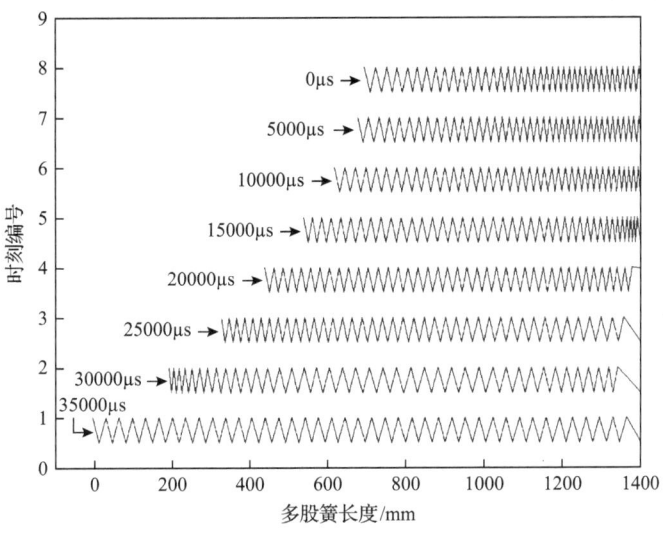

图 8.16 不同时刻多股簧位置状态的仿真图

8.5 多股簧疲劳试验装置

多股簧常用于高速运动的航空发动机和冲击运动的自动武器等的复位机构中，这些设备对弹簧的可靠性要求很高。为了测试多股簧的疲劳寿命，必须对其进行疲劳性能检测。目前，国内外弹簧疲劳试验机只有三种：机械式疲劳试验机、电磁谐振式疲劳试验机和电液伺服式疲劳试验机。机械式疲劳试验机采用曲轴或凸轮机构，或者利用偏心重锤旋转的离心力，反复对样品进行加载，虽然其振幅范围大，价格低，但是频率太低；电磁谐振式疲劳试验机虽然频率高，但是振幅太小，而且只能产生正弦波，不能产生冲击波；电液伺服式疲劳试验机虽然具有负荷高、频率高、振幅宽等优点，又可以选择任意波形，但是其振幅和频率难以同时达到较高值。多股簧在工作过程中通常承受冲击载荷，且冲击力、速度、振幅和频率都很大，承受的振动波也非正弦波等规则波形。因此，本章研发出一套适用于冲击工作环境下的弹簧疲劳试验机，通过模拟多股簧的实际工况真实地测试弹簧的工作寿命，为弹簧的设计和制造提供准确的依据[92, 125, 126]。

冲击式大行程弹簧疲劳试验机原理图如图 8.17 所示。该试验机是一种直线电机加速冲击式弹簧疲劳试验装置，主要包括圆筒形直线电机、电气控制部分和机身。根据试验要求在计算机中的用户界面上输入试验参数，计算机将根据这些试验参数生成相应的控制程序，并以串口通信的方式传输到控制器中，然后控制器将变频器的输出频率调节到一定值。此时，直线电机次级就会沿着导向杆滑动，其滑动方向取决于三相电流的相位关系。

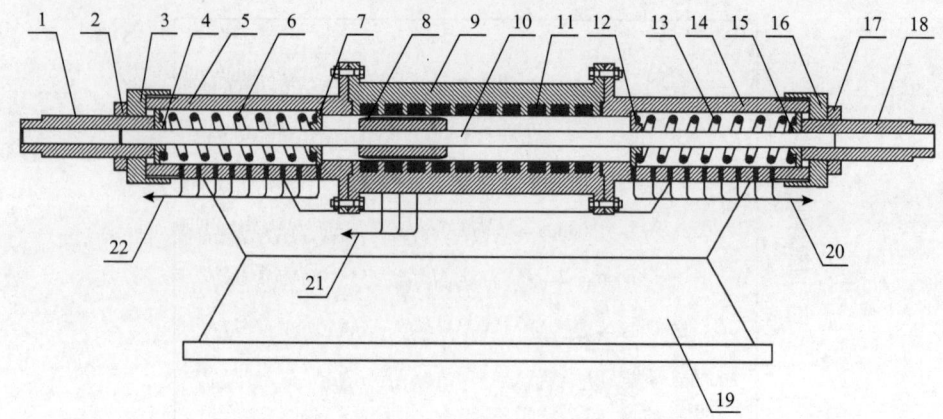

图 8.17　冲击式大行程弹簧疲劳试验机原理图

1、18-调节螺杆；2、17-锁紧螺母；3、16-螺母；4、15-后挡板；5、14-外套；6、13-弹簧样品；7、12-前挡板；8-电机次级；9-电机初级；10-导向杆；11-绕组；19-底座；20、22-传感器信号线；21-电源线

假设电机次级最初滑动方向是向左,当电机次级 8 碰到前挡板 7 时,开始压缩弹簧样品 6,其动能也会逐渐减少,一部分变成弹簧样品 6 的弹性势能,另一部分则转化为热能并耗散。当电机次级 8 的动能减为零时,弹簧样品 6 就不再被压缩,且其弹性势能随弹簧样品 6 的回弹而逐渐转化为电机次级 8 的动能,推动电机次级 8 向右滑动。由于电机次级 8 开始反向运动的位置不确定,所以在外套 5、外套 14 的轴向安装了一系列位置传感器,当位置传感器感应到电机次级 8 向右运动时,控制器就会改变变频器输出三相电流的相位,给电机次级 8 提供向右运动的动力,增加其动能。

当电机次级 8 碰到前挡板 12 时,开始压缩弹簧样品 13,由于其动能比向左运动时大,所以弹簧样品 13 被压缩的程度更大,转化成的弹性势能和损失的热能也更大。当电机次级 8 的动能消减为零时,弹簧样品 13 将不再被压缩,且此时的弹性势能会随弹簧样品 13 的回弹而逐渐转化为电机次级 8 的动能,推动电机次级 8 向左滑动。当外套 14 上的感应器感应到电机次级 8 向左运动时,控制器就会改变变频器输出三相电流的相位,从而给电机次级 8 提供向左运动的动力,增加其动能。

如此往复运动,当电机次级 8 得到的能量与损失的能量相等时,它就会保持一个平衡运动状态,从而对左右两端的弹簧样品 6、弹簧样品 13 进行疲劳冲击。此时,由速度传感器检测出电机次级 8 在冲击前挡板时的初始速度,若该速度高于试验所需的速度,则减小变频器的输出频率;反之,则增大变频器的输出频率,直到满足试验要求。在整个疲劳试验过程中,可以通过计算机界面监视实际试验状态。

第9章 多股簧疲劳失效研究

除了优良的减振特性外，多股簧还具有比单股簧更长的疲劳寿命，而且多股簧中少量钢丝的断裂对多股簧的性能影响不大，仍然能够持续工作。这保证了多股簧在复杂工况下的使用可靠性[127]。目前，多股簧的疲劳失效研究尚不成熟，而多股簧的疲劳失效直接关系到航空航天装备和军用自动武器的可靠性。因此，必须进行多股簧的疲劳寿命预测及疲劳失效研究，为多股簧的设计计算提供参考，从而推动多股簧的应用。本章基于三维模型建立多股簧动态响应的有限元模型，求解多股簧应力应变及动态响应曲线，在获得较精确结果的同时缩短有限元计算的时间。结合多股簧的应力应变历程和多轴疲劳寿命预测模型，预测多股簧的疲劳寿命，并进行试验验证，将极大地降低多股簧疲劳试验的高成本。对疲劳试验中发生疲劳失效的多股簧进行钢丝断口的宏观形貌分析和微观形貌分析，结合分析结果和多股簧的加工工艺，提出提高多股簧疲劳寿命的措施[128,129]。

9.1 多股簧轴向载荷下的有限元仿真

9.1.1 多股簧有限元建模

利用有限元软件 ABAQUS/standard 建立多股簧压缩过程的有限元模型。通过网格划分、设置接触、施加边界条件和进行求解计算，获取多股簧的应力应变和动态响应结果。

1. 材料属性和网格划分

本节对多股簧进行有摩擦弹性有限元分析。其中，钢丝材料为 T9A，为各向同性材料，其材料属性参数如表 9.1 所示[60]。

表 9.1 T9A 材料属性参数

参数	数值
屈服强度/MPa	1980.0
最大抗拉强度/MPa	2200.0
弹性模量 E/GPa	205.0
剪切模量 G/GPa	78.85
泊松比 ν	0.3

运用 mesh 命令对多股簧钢丝进行网格划分,选用的单元为 C3D8R 八节点六面体线性减缩积分单元,该单元在受拉钢丝绳模型的相关研究中具有良好的表现[130,131]。多股簧有限元模型示意图如图 9.1 所示。因为有限元分析主要是为了得到多股簧承载时的动态响应和应力应变历程,所以在进行有限元分析时对固定导杆、基座和下压板三个部件进行刚体处理。同时通过下压板参考点输出多股簧压缩和恢复自由高两个过程的响应曲线,即多股簧的恢复力值。

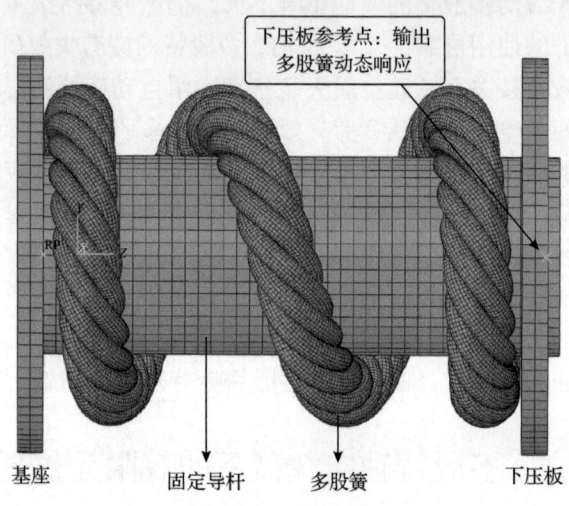

图 9.1 多股簧有限元模型示意图

2. 接触属性及边界条件

在多股簧有限元模型中,不考虑多股簧钢丝在捻制钢索和绕制弹簧过程中引起的内部预应力作用,如前所述,多股簧加载前钢丝间均发生了初始接触。加载后,钢丝间接触更加紧密。因此,在设置接触时,多股簧钢丝间的接触面、多股簧与固定导杆间的接触面均选用通用接触算法在两接触面传递载荷;多股簧与固定导杆间的接触面、多股簧钢丝间的接触面均设置为有摩擦接触(摩擦系数 $\mu = 0.1$[21])。

在固定导杆、基座和下压板上分别建立参考点,通过参考点分别对这三个零件设置刚体约束;然后对基座和固定导杆的参考点设置固定约束,对下压板的参考点施加谐波位移,谐波位移参数根据多股簧的最大压缩率来确定,同时通过下压板参考点设置多股簧的动态响应输出。

在多股簧有限元模型中,多股簧与基座、下压板之间均为有摩擦接触,可以保证多股簧运动仿真时不会随轴旋转,因此模型中的多股簧与基座、下压板之间不施加任何约束。试验中多股簧两端采用铜焊使得端部钢丝不松散,因此在多股簧有限元模型中,对多股簧端头位置的中心层钢丝和外层钢丝采用绑定约束。

多股簧有限元模型的计算结果受网格大小的影响,为了获得较为合理的计算结果,首先需要进行灵敏度分析。在不同压缩率工况下多股簧使用相同的单元类型,本节中多股簧的几何参数如表 9.2 所示,为加快计算,圈数设置为 3 圈,其中两圈为端部并圈,中间一圈为有效圈数。压缩率根据给定的弹簧参数规格设置为 50%,通过改变横截面轮廓线上的网格节点数,进行了三种不同网格大小下的网格灵敏度分析。三种网格大小下所得多股簧网格灵敏度分析如表 9.3 所示。

表 9.2 多股簧的几何参数

参数	数值
中心层钢丝股数	1
中心层钢丝直径	1.8mm
外层钢丝股数	5
外层钢丝直径	1.8mm
钢索捻向	左
钢索索距	14.5mm
多股簧螺旋方向	右
多股簧中径	22.5mm
多股簧螺距	19mm
多股簧有效圈数	1
并圈数	2
并圈螺距	19/3mm

表 9.3 多股簧网格灵敏度分析

参数	网格编号		
	1	2	3
单元数	118087	262087	533299
节点数	153325	319492	624626
恢复力 F/kN	880	1020	1065
相对误差 Dif.(F)/%	−17.37	−4.23	—
最大 Mises 应力 σ_{M_max}	1882	1783	1739
相对误差 Dif.(σ_{vM_max})/%	8.22	2.53	—

原则上，划分网格时采用细密的网格有助于降低离散误差，但是过于细密的网格将会带来巨大的计算负担。如表9.3所示，网格编号2下所有结果的相对误差均小于5%，因此后面采用网格编号2的网格密度，该密度也能够保证多股簧有限元仿真结果的精度和效率。

9.1.2 模型有效性验证

由于多股簧结构复杂且钢丝直径小，测量钢丝表面的应力、应变非常困难，所以对于多股簧的有限元仿真，可采用多股簧响应试验进行验证。

为了检验有限元分析结果是否符合试验条件，本节将对多股簧进行动态压缩试验。试验在疲劳试验机上进行，响应试验装置图如图9.2所示，主要由加载横梁、数字控制器、定位芯轴、固定环与称重传感器、加载挡板多股簧构成。定位芯轴穿过加载横梁和固定环及多股簧，其中多股簧安装在加载横梁与固定环之间。加载横梁的位移值可由数字控制器内置的位移传感器测得。称重传感器测得的多股簧恢复力以及位移传感器测得的多股簧压缩量数据由数字控制器自动采集。

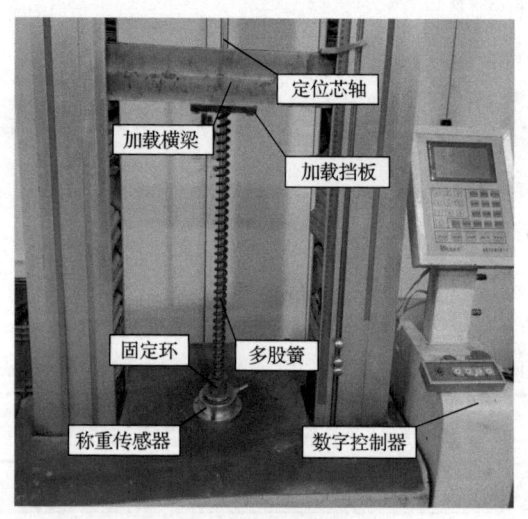

图9.2 响应试验装置图

首先，在有限元仿真中，通过下压板参考点输出在压缩恢复过程中多股簧的响应，将多股簧的最大压缩率(压缩量与自由高的比值)调至60%。然后，将实测响应与有限元仿真响应进行对比，结果如图9.3所示。由图可知，有限元仿真响应和实测响应误差较大的区间分别为压缩过程的初始阶段和恢复自由高过程的初始阶段，最大误差不超过10%。图9.4为同规格多股簧的参数要求，其中，给出了两个响应参考点，分别为(231 ± 33)N与(1050 ± 150)N，允许误差均为±14.29%。动态响应仿真的误差在可接受范围内，验证了仿真方案的可靠性和计算结果的准确性。

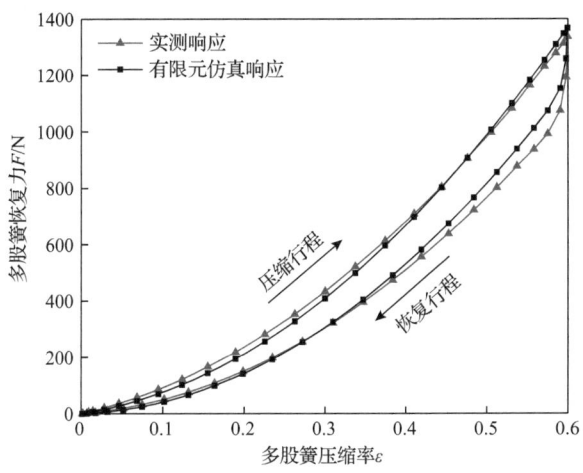

图 9.3 实测响应与有限元仿真响应对比结果

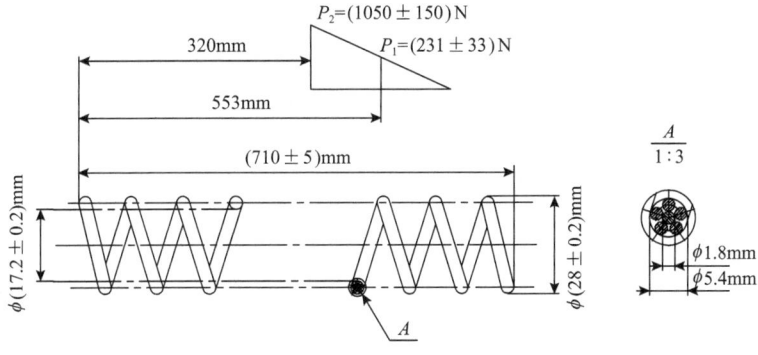

图 9.4 同规格多股簧的参数要求

9.1.3 多股簧疲劳寿命预测

本节首先介绍多股簧有限元模型的建立以及材料疲劳参数的获取方法，接着结合有限元计算得到应力应变历程和多轴疲劳分析方法预测多股簧的疲劳寿命。

本节研究对象为(1+5)双层结构多股簧，其实物模型、弹簧几何参数分别如图 9.5 和表 9.4 所示。

图 9.5 含中心股多股簧

表 9.4 弹簧几何参数

钢丝直径/mm	弹簧中径/mm	弹簧螺距/mm	钢索索距/mm	自由高/mm
1.8	22.5	19	14.5	120

多股簧的应力应变历程结果可以通过有限元法得到。因此,根据设计参数在UG10.0中建立多股簧的几何模型,然后将其导入ABAQUS软件,建立多股簧有限元模型。多股簧有限元模型(多股簧疲劳寿命预测)如图9.6所示,多股簧采用C3D8R的八节点六面体单元,以扫掠的方式绘制网格,模型共包括162557个节点、116824个单元。在多股簧有限元模型中,多股簧钢丝材料为T9A。模型中的接触属性及边界条件如下:多股簧与固定导杆的接触面选用无摩擦接触属性,钢丝间接触设置为有摩擦接触,摩擦系数 $\mu = 0.1$。对基座和固定导杆设置固定约束,对下压板施加谐波位移,同时通过下压板设置响应输出。

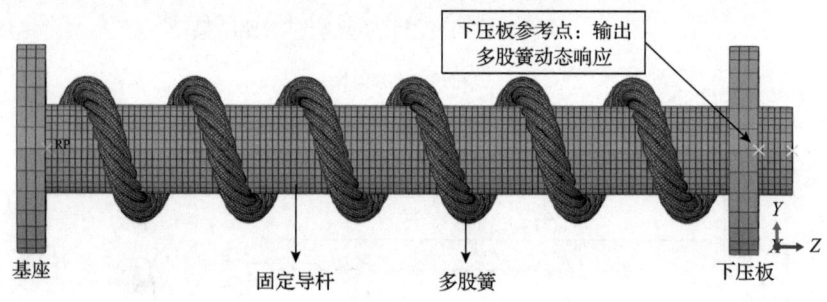

图 9.6 多股簧有限元模型(多股簧疲劳寿命预测)

因为多股簧端部半圈中的钢丝容易发生疲劳断裂,并且钢丝接触区是最关键和最危险的区域,该区域网格过大易导致有限元计算结果出现应力不连续或者应力最大值超出屈服强度的问题,所以需要细化该区域附近的有限元网格,以便得到较为精确的应力状态。经细化的全局有限元模型计算将需要巨大的计算机内存和计算时间。因此,一般采用子模型建模技术[132]。其基本理念是:依据相对较粗网格的全局模型的计算结果,采用插值法来考察经过网格细化的局部区域的精细应力情况。子模型建模技术是指从全局模型上切分需要分析的局部关键区域,划分精细的网格重新计算。通过该技术能够得到局部区域准确的、精细的结果,而且该局部区域的精细建模对整体解决方案有不可忽视的作用[133]。子模型分析包括:完成对全局模型的分析计算,并保存子模型边界附近的分析结果;创建子模型,定义子模型边界;设置各个分析步中需要驱动的节点和自由度,以定义子模型分析中被驱动变量随时间的变化;使用驱动变量进行子模型分析,得到计算结果。试验中钢丝断裂的位置基本在端部半圈处,因此子模型选取端部半圈作为研究对象,子模型的有限元网格如图 9.7 所示,共包括 60942 个节点、50146 个单元,且钢丝之间接触面的接触属性和全局模型的接触属性一致。多股簧子模型的切割面采用全局模型中对应节点的位移 (u_x, u_y, u_z) 作为边界条件。

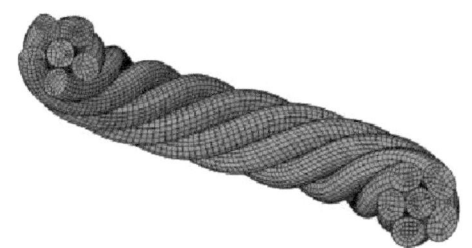

图 9.7　子模型的有限元网格

为了获取钢丝材料的力学性能参数,通过万能试验机对钢丝材料样品进行材料拉伸试验。多股簧使用时的温度为室温,所以选择室温作为拉伸试验的试验温度。试验所用的设备为 RGM-2100 电子万能试验机,并按照标准《金属材料　拉伸试验　第 1 部分:室温试验方法》(GB/T 228.1—2021)中的试验方法进行钢丝材料拉伸试验。

通过钢丝材料拉伸试验可得钢丝材料的断面收缩率 R_a=0.24。通过 Muralidharan-Manson 模型[134]计算得到了钢丝材料的疲劳参数。钢丝材料应变寿命特性如表 9.5 所示。

表 9.5　钢丝材料应变寿命特性

参数	数值
σ'_f	3233
ε'_f	0.433
τ'_f	1866
γ'_f	0.75

注:$\sigma'_f(\tau'_f)$ 为轴向(剪切)疲劳强度系数;$\varepsilon'_f(\gamma'_f)$ 为轴向(剪切)疲劳延性系数。

将表 9.5 中的疲劳参数代入疲劳寿命预测模型中,然后通过疲劳软件 Fe-Safe 预测多股簧的疲劳寿命。Fe-Safe 主要包括最大剪应变(maximum shear strain, MSS)模型、布朗-米勒(Brown-Miller, BM)模型、Smith-Watson-Topper(SWT)模型,将这三种多轴疲劳模型得到的预测值进行多股簧疲劳试验验证,以评估预测效果。

需要注意的是,预测过程中没有考虑由正定工艺产生的残余应力,因为多股簧结构复杂且钢丝较细,测量残余应力和在有限元中附加残余应力都很困难。钢丝材料表面粗糙度根据《冷拉碳素弹簧钢丝》(GB/T 4357—2022)要求,其值为 3.2～6.3μm。

不同振幅下多股簧预测疲劳寿命如图 9.8 所示,不同预压量下多股簧预测疲劳寿命如图 9.9 所示。由图可知,在大部分工况下多股簧疲劳寿命的预测结果中,MSS 模型均给出了较大的预测值,BM 模型次之,而 SWT 模型给出了较小的预测寿命结果。在多股簧受压时,钢丝主要承受拉伸载荷和弯曲载荷,而 SWT 模型是针对拉伸失效为主导的材料疲劳失效模式,以最大正应变平面为临界平面,所以给出的预测值与试验值较为接近;MSS 模型和 BM 模型均以最大剪应变平面为临界平面,给出的疲劳寿命预测值偏大。

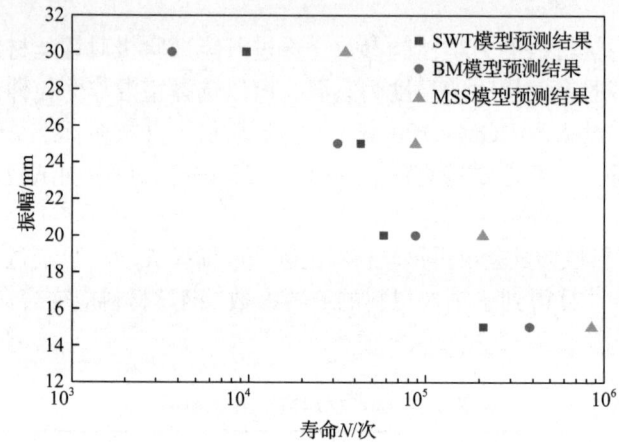

图 9.8　不同振幅下多股簧预测疲劳寿命

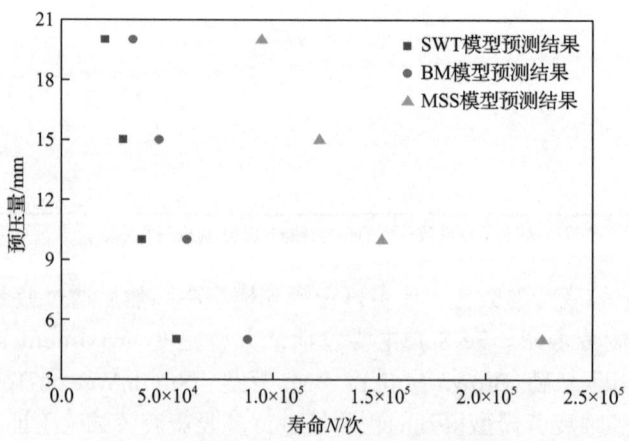

图 9.9　不同预压量下多股簧预测疲劳寿命

9.2 多股簧疲劳试验及分析

多股簧的疲劳试验是在 TPJ-20 疲劳试验机上进行的，该疲劳试验机配备了一个计数器，用于记录压缩循环的次数。安装的疲劳试验工装可同时满足多个弹簧的疲劳测试要求。弹簧疲劳试验机和疲劳试验工装如图 9.10 所示。弹簧疲劳试验机提供谐波载荷运动，行程可在 0~100mm 自由调节。必须在测试开始之前设置行程，并且在测试期间保持不变。对于不同的工况，应在每次试验前调整预加载荷和振幅。

图 9.10 弹簧疲劳试验机和疲劳试验工装

多股簧通常由 3~14 股钢丝组构成。虽然对于钢丝数比较多的多股簧，单根钢丝的断裂对弹簧本身的使用没有太大的影响，但是相邻钢丝存在快速断裂的可能，相邻多根钢丝断裂情况如图 9.11 所示。当多股簧中钢丝数量少至 3 股时，单根钢丝的断裂对弹簧的使用影响较大，甚至无法继续工作。因此，多股簧的失效以单根钢丝

图 9.11 相邻多根钢丝断裂情况

的断裂为标准。

多股簧由多根钢丝缠绕而成,每根钢丝都可能发生疲劳断裂。因此,在试验过程中,通过压力传感器和连续观察的方法检测多股簧中钢丝是否断裂。(1+5)多股簧由两层钢丝组成。如果中心层钢丝先发生断裂,则中心层钢丝的断裂对多股簧的响应具有较大的影响,此时可以通过称重传感器测量多股簧的动态响应来确认;如果外层钢丝先发生断裂,那么可以通过连续观察来确认。通过上述方法确认多股簧的疲劳破坏后,记录循环次数和发生断裂的位置。失效的弹簧被新的弹簧取代,然后继续测试。每种工况下测试 8 个多股簧,以避免钢丝材料缺陷造成影响。最后,将 8 个多股簧的测试疲劳寿命平均值作为该工况下的疲劳寿命,工况安排如表 9.6 所示。试验后,观察断裂部位,并与有限元计算的应力、应变结果和寿命云图进行对比。

表 9.6 工况安排

试验编号	振幅/mm	预压量/mm
1	20	5
2	20	10
3	20	15
4	20	20
5	15	0
6	20	0
7	25	0
8	30	0

图 9.12 为多股簧试验疲劳寿命。图中曲线根据不同工况下多股簧疲劳试验寿命点拟合所得。从图中可以看出,位移幅度的增大或预压量的增大会降低多股簧

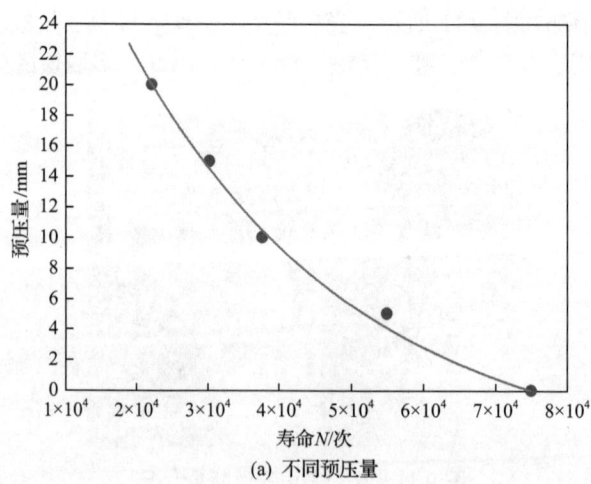

(a) 不同预压量

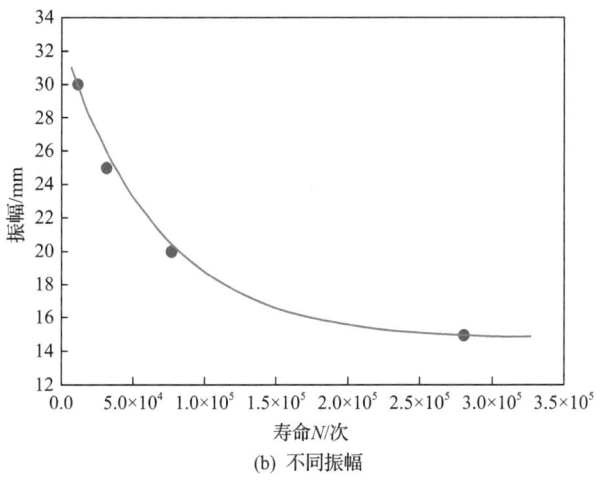

(b) 不同振幅

图9.12 多股簧试验疲劳寿命

的疲劳寿命,且位移幅度对多股簧疲劳寿命的影响大于预压量。

为了评估三种疲劳模型对多股簧疲劳寿命预测的准确性,本书使用相对保守方法将这些模型预测疲劳寿命值与试验疲劳寿命值进行比较。不同振幅下多股簧试验疲劳寿命与预测疲劳寿命对比如图9.13所示,不同预压量下多股簧试验疲劳寿命与预测疲劳寿命对比如图9.14所示。从图中可以观察到,通过MSS模型得到的疲劳寿命预测值超出了±2倍误差带范围,因此MSS模型预测结果与试验结果相关性最差。对于BM模型,在不同振幅下,其疲劳寿命预测结果较好地符合1:1.5的相关性,但是在不同预压量下,其疲劳寿命预测值则超出了±1.5倍误差带范围。对于SWT模型,在不同振幅和不同预压量下,其预测疲劳寿命很好地符合1:1.5

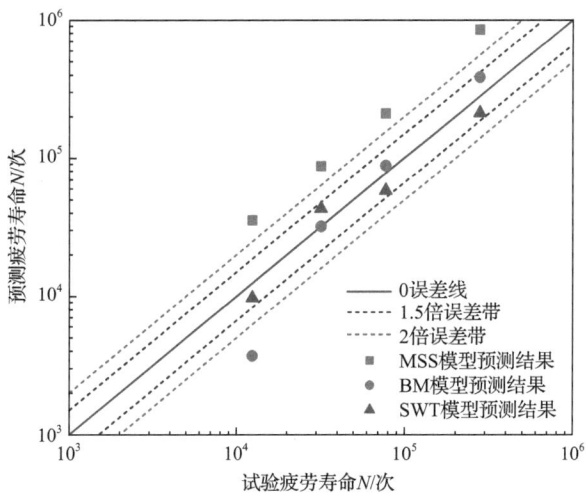

图9.13 不同振幅下多股簧试验疲劳寿命与预测疲劳寿命对比

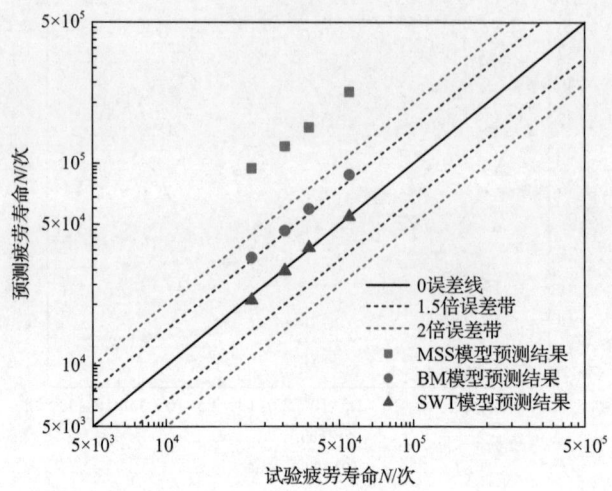

图 9.14　不同预压量下多股簧试验疲劳寿命与预测疲劳寿命对比

的相关性，即其预测值在 ±1.5 倍误差带范围内；通过对比发现，在不同预压量下，三种预测模型中，SWT 模型给出的疲劳寿命预测值与实际较为吻合。

虽然 SWT 模型给出的预测值较为吻合，但是其预测精度可以进一步提高。在多股簧疲劳寿命预测流程中，对预测精度影响较大的主要包括有限元计算精度和材料疲劳参数值的准确性。针对有限元计算精度问题，随着计算机技术的不断发展、计算能力的不断提高，可以划分更细密的网格以获取更加准确的应力、应变计算结果。针对材料疲劳参数问题，目前条件有限，无法进行材料的多轴疲劳试验以确定较为准确的疲劳参数值，因此需要根据实际条件，尽可能地通过试验方式确定材料疲劳参数值。

图 9.15 为多股簧 Mises 应力分布云图。其中，外层钢丝具有最大 Mises 应力，

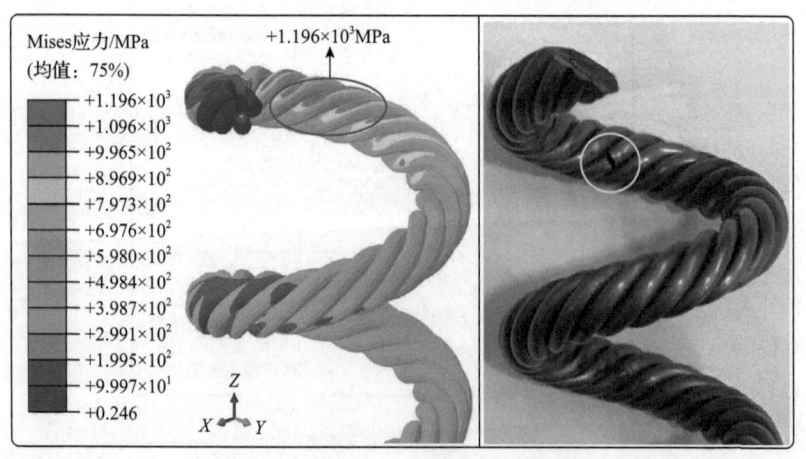

图 9.15　多股簧 Mises 应力分布云图

最大的 Mises 应力点位于从端部开始的半圈位置。最大 Mises 应力点位置与实际断裂位置相吻合，且疲劳试验中发现断裂的钢丝均为外层钢丝。表 9.7 显示了所有钢丝的 Mises 应力值，所有外层钢丝的最大应力均大于中心层钢丝的最大应力，结合图 9.15 中钢丝的最大应力位于端部半圈，最大应力出现位置与试验中断裂钢丝均为外层钢丝的情况相吻合。

表 9.7 所有钢丝的 Mises 应力值

参数	中心层钢丝	外层钢丝编号				
		1	2	3	4	5
应力值/MPa	1044	1087	1063	1168	1196	1114

外层钢丝截面应力分布云图及扫描电子显微镜断口图对比如图 9.16 所示。可以看出，外层钢丝主要承受弯曲载荷。因为断裂发生在外层钢丝上，通过扫描电子显微镜分析了钢丝断口，发现钢丝断口呈现弯曲疲劳断裂形式，与外层钢丝主要承受的弯曲载荷情况较为一致。

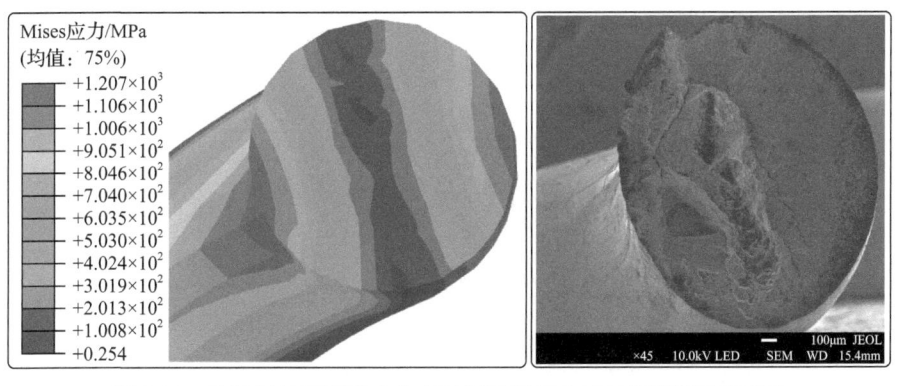

图 9.16 外层钢丝截面应力分布云图及扫描电子显微镜断口图对比

将计算得到的子模型疲劳寿命结果文件导入 ABAQUS 软件，查看多股簧寿命云图结果。理论预测断裂区域与实际断裂区域对比如图 9.17 所示。从图 9.17 可以看出，理论预测的疲劳断裂区域在弹簧端部小于半圈处，该区域同时位于弹簧内圈（与固定导杆接触处），与实际断裂区域基本一致。多根钢丝断裂图如图 9.18 所示，疲劳寿命云图中显示了相邻的多根钢丝具有相似的预测疲劳断裂危险区域，与实际多股簧中相邻两根钢丝断裂实物情况相吻合。该结果的一致性进一步验证了疲劳理论模型预测多股簧疲劳寿命的适用性。

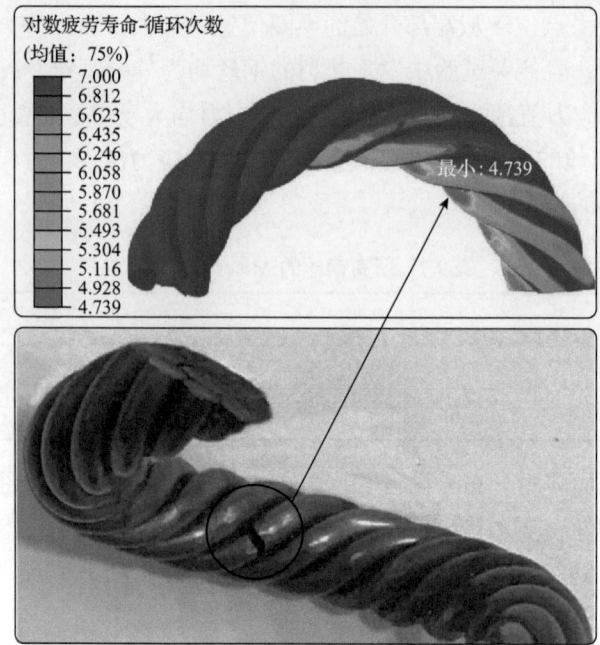

图 9.17 理论预测断裂区域与实际断裂区域对比

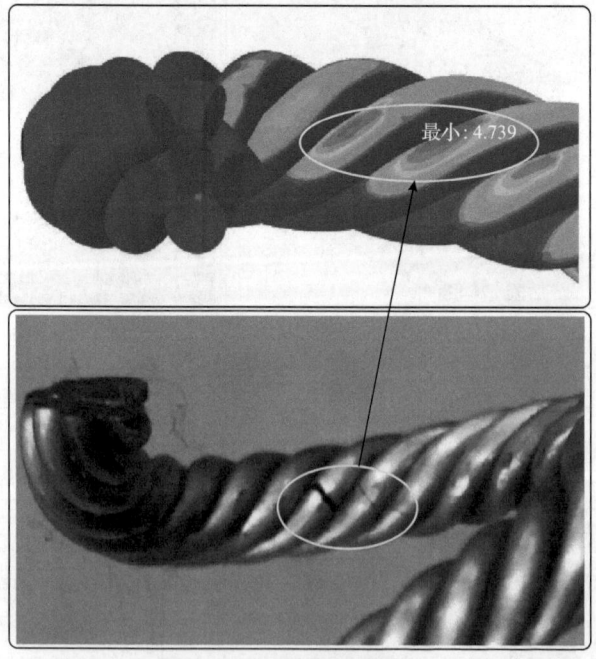

图 9.18 多根钢丝断裂图

9.3 多股簧断裂分析

9.3.1 多股簧疲劳断裂

在疲劳试验中，在经历持续一段时间的压缩循环之后，多股簧中出现钢丝断裂现象，其中，图 9.19 显示了试验中和部分试验之后的多股簧。多股簧钢丝疲劳断裂位置如图 9.20 所示。通过观察发现，钢丝断裂的位置和特征各不相同：图 9.20(a) 和图 9.20(d) 断裂位置均在端部半圈，且位于弹簧内圈位置，两者不同的是，图 9.20(d) 中断裂位置带有摩擦损伤。需要说明的是，试验中多股簧的疲劳断裂失效形式基本上与图 9.20(a) 相近。图 9.20(d) 和图 9.20(e)、图 9.20(f)、图 9.20(c) 断裂位置包括从端头开始的第一圈位置、第二圈位置和第三圈位置，而

(a) 试验中的多股簧

(b) 部分试验之后的多股簧

图 9.19 试验中和部分试验之后的多股簧

图 9.20 多股簧钢丝疲劳断裂位置

且图 9.20(b)、图 9.20(c)和图 9.20(e)中断裂位置均在弹簧外圈，图 9.20(f)断裂位置在弹簧内圈。对已经发生单根钢丝断裂的多股簧继续进行试验，得到多根钢丝断裂的失效多股簧，其断裂结果图如图 9.21 所示。

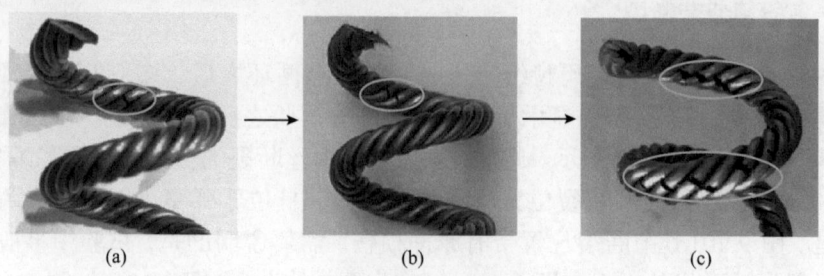

图 9.21 多股簧多根钢丝疲劳断裂

为了方便分析，本章将图 9.20(a)和图 9.20(d)断裂位置定义为理论疲劳断裂位置(根据第三种疲劳寿命预测结论命名)，图 9.20(b)、图 9.20(c)和图 9.20(e)、图 9.20(f)断裂位置定义为其他疲劳断裂位置，该定义只适用于本次试验中发生疲劳断裂的多股簧。

9.3.2 断口形貌分析

通过对多股簧中的断裂钢丝进行断口形貌分析可以为钢丝断裂原因提供更有效的依据，同时便于了解断裂的本质。首先，对截取的断裂钢丝样品进行超声波清洗并进行干燥处理以去除钢丝表面的杂质和油污，然后，将其置于电子显微镜下进行观察。理论疲劳断裂位置在端部半圈，而且位于弹簧内圈，对该断裂形式的多股簧进行分析。将 8 种不同工况下的断裂钢丝用砂轮切下，断口分析样品切割方式如图 9.22 所示，这有利于识别钢丝断裂截面各疲劳区域在多股簧整体中的相对位置。疲劳寿命云图中的裂纹萌生位置如图 9.23 所示。

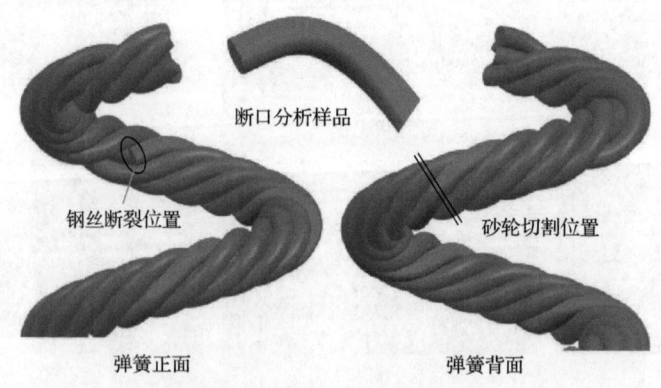

图 9.22 断口分析样品切割方式

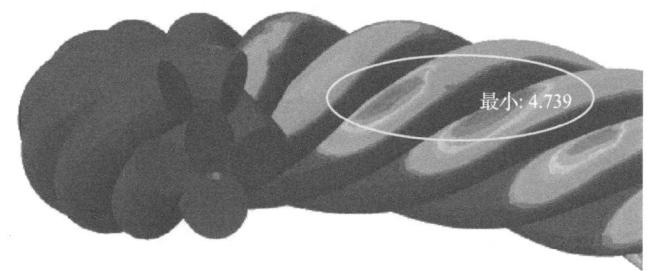

图 9.23　疲劳寿命云图中的裂纹萌生位置

将切割下来的钢丝置于电子显微镜下进行断口宏观观察,如图 9.24 和图 9.25 所示,为了便于比较裂纹萌生源的位置,选取图 9.23 作为比较对象。由图可知,根据钢丝的螺旋方向,确定了钢丝断面中裂纹萌生源、裂纹扩展区以及最终瞬断区的大概位置。在不同振幅以及不同预压量下,多股簧中断裂钢丝的裂纹萌生源均位于钢丝表面,且均与疲劳寿命云图中的理论预测位置较为一致,因为此处承受了较大的

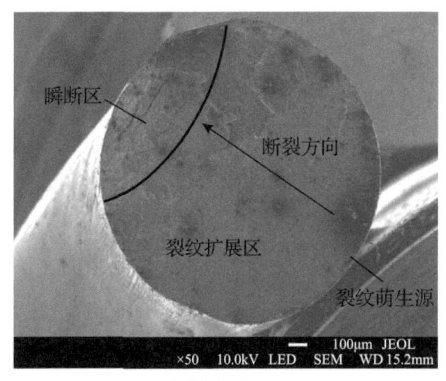

(a) 振幅15mm

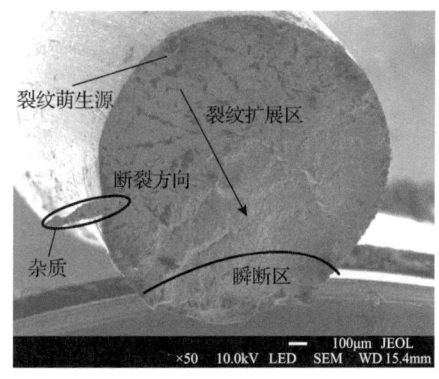

(b) 振幅20mm

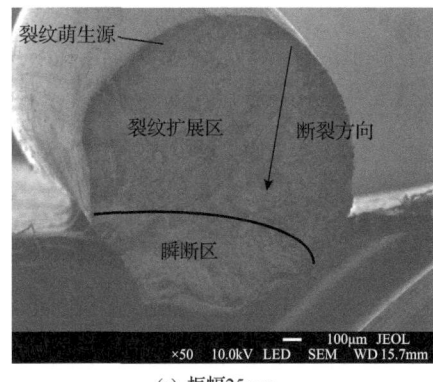

(c) 振幅25mm

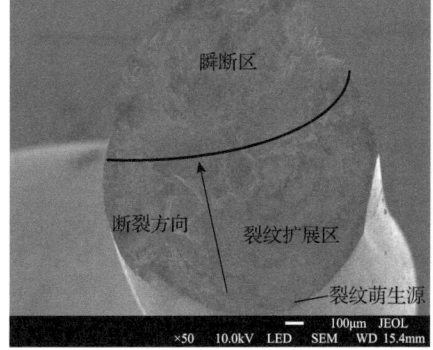

(d) 振幅30mm

图 9.24　不同振幅下钢丝断口宏观观察

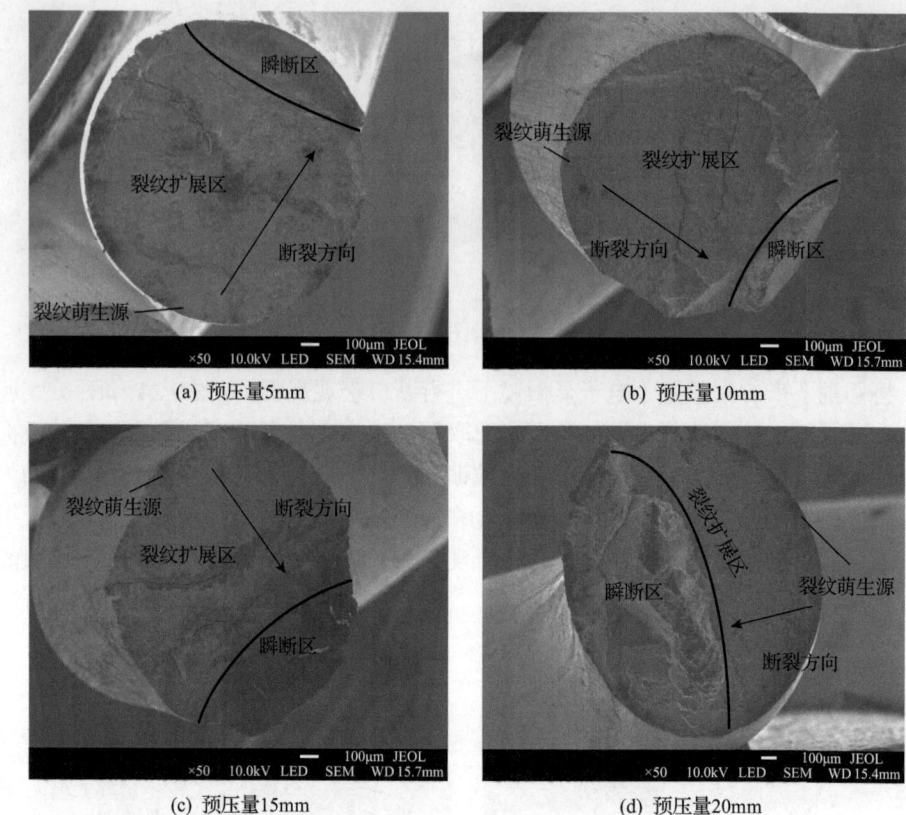

图 9.25　不同预压量下钢丝断口宏观观察

应力,所以是裂纹萌生的危险区域。随着载荷的增大,裂纹扩展区逐渐减小;相反,瞬断区则呈现逐渐增大的趋势。仔细观察发现,由裂纹扩展区到瞬断区的过渡区域,表面逐渐转为粗糙,而且在接近瞬断区位置的表面很不平整,这说明钢丝在中断之前承受了较大的应力水平。需要注意的是,在钢丝的断面,因为钢丝直径较小,循环周期均不超过 10^7 数量级,所以未能形成较为明显的疲劳条纹。图中部分钢丝断面中的黑点是氧化所致,因为疲劳试验初期断裂的钢丝缺乏相应的防氧化处理。

对钢丝断口样品进行微观分析,以预压量为10mm 的样品分析为例,如图 9.26~图 9.28 所示。图 9.26 显示了钢丝疲劳断口及钢丝侧面纹理,从图中可以看出,钢丝表面存在拉拔形成的线纹,线纹深浅不一且多。深线纹处易产生应力集中,成为薄弱位置而首先开裂。由图 9.26 中 A 区域可以看出,初始裂纹萌生于深线纹处。图 9.26 中 B 区域显示了瞬断区的脆性断裂的基本特征,即表面平整且呈现粗粒状。图 9.27 显示了钢丝裂纹萌生源及瞬断区。图 9.28 显示了二次裂纹和组织晶向示意图。二次微裂纹均位于裂纹扩展区,且居中于裂纹萌生源和瞬断区。需要注意的是,二次微裂纹可能是在捻制钢索和绕制弹簧过程中由钢丝承受弯曲和挤压变形导致的。这些微裂纹少部分起源于钢丝表面，大部分起源于钢丝内部。钢丝断面中心位置微裂纹逐渐沿断面横向扩展形成长裂纹，因为钢丝承受弯曲和拉伸载荷，所以其扩展方向与钢丝断裂方向接近垂直。同时，微裂纹沿钢丝轴线方向纵向扩展，如图 9.28 中存在的断面台阶，台阶面呈现纤维状。因为钢丝母材均是通过拉拔工艺等制成的，其组织为晶向沿钢丝轴线的纤维状索氏体，

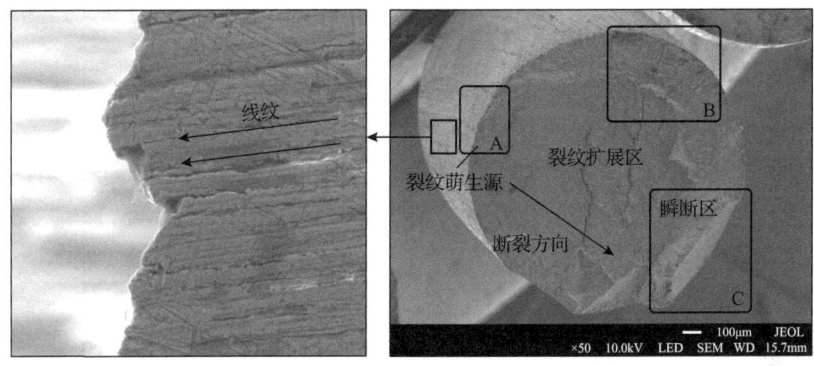

图 9.26　钢丝疲劳断口及钢丝侧面纹理

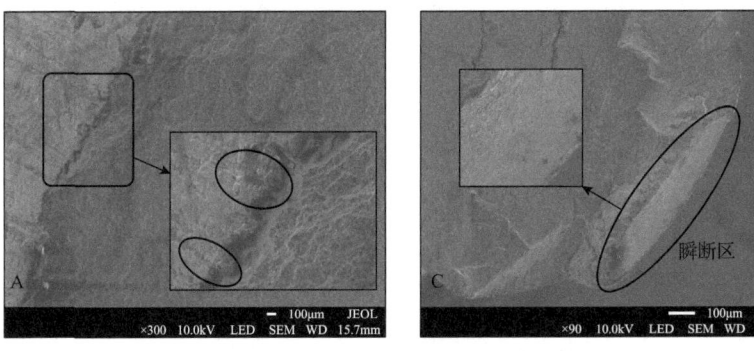

图 9.27　钢丝裂纹萌生源及瞬断区

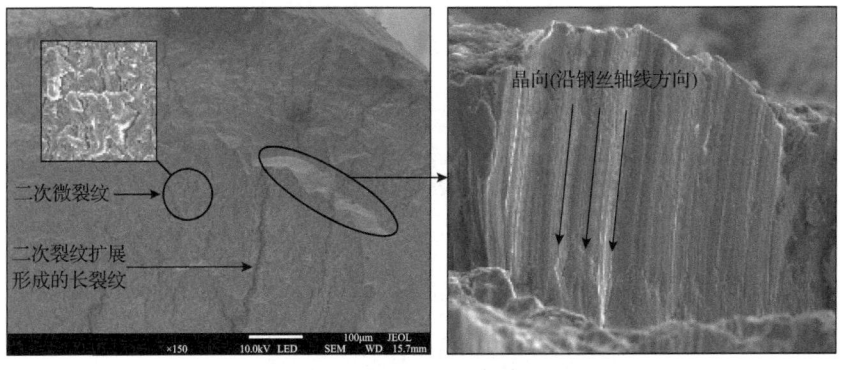

图 9.28　二次裂纹和组织晶向示意图

又因为钢丝承受弯曲载荷和拉伸载荷，长裂纹沿晶向撕裂，宏观表现为长裂纹沿钢丝轴线方向扩展。仔细观察发现，台阶面上同样具有微裂纹和孔洞。材料内部的孔洞和二次裂纹等缺陷易产生应力集中，降低了钢丝材料组织的连续性，影响了材料的力学性能，从而加速了裂纹的扩展。

由疲劳试验发现，在理论疲劳断裂位置，存在一根由磨损导致的疲劳断裂，如图9.29所示，其中图9.29(b)用于对比裂纹萌生源位置。由图可知，钢丝断裂位置出现了较为严重的磨损，磨损是在压缩循环中由多股簧与固定导杆接触摩擦导致。由于磨损产生的线纹容易成为薄弱位置，所以此处首先产生裂纹。其裂纹萌生源与正常疲劳断裂钢丝的差异大。根据疲劳试验寿命数据，预压量10mm工况下平均值为 3.6×10^4，而该磨损断裂钢丝的疲劳寿命为 2.9×10^4，与平均值相差25%。因此，多股簧与固定导杆接触摩擦磨损对多股簧的疲劳寿命影响较大。

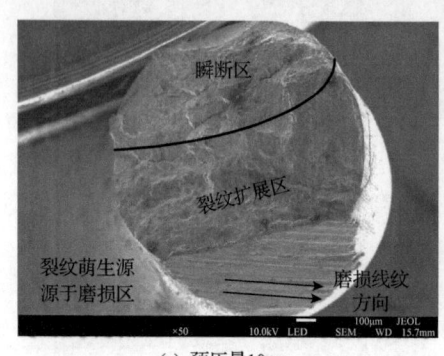 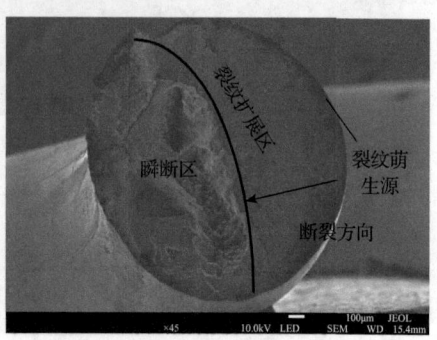

(a) 预压量10mm　　　　　　　　(b) 预压量20mm

图9.29　由磨损导致的疲劳断裂

在疲劳试验中，少数多股簧中钢丝断裂位置位于弹簧外圈，如图9.30所示。

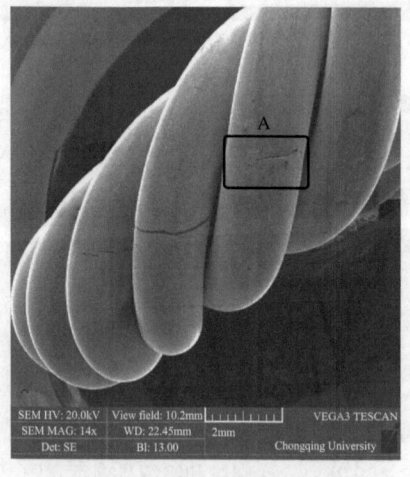

图9.30　弹簧外圈钢丝断裂图

由图可知,弹簧外圈多根钢丝出现裂纹,且裂纹均位于弹簧最外圈位置。为探究其失效原因,对 A 区域进行微观形貌分析,因为 A 区域处于裂纹萌生初期,便于寻找裂纹萌生源的位置。裂纹萌生区微观形貌如图 9.31 所示,其中,A 区域中长裂纹的萌生源可能为表面夹杂物表面伤痕处,因为钢丝未完全断裂,所以无法给出明确的裂纹萌生源位置;B 区域中具有明显的表面缺陷(凹坑),使得该区域产生应力集中,从而首先产生微裂纹。因此,表面缺陷会促进裂纹的萌生,从而降低多股簧的疲劳寿命。

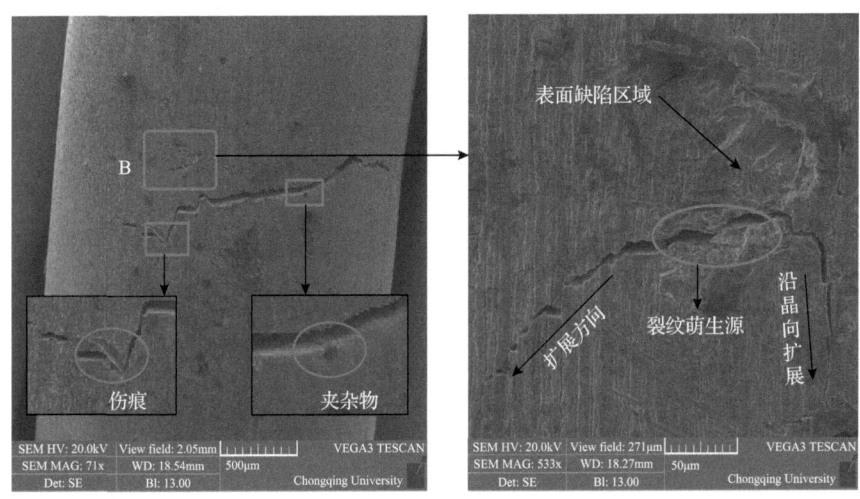

图 9.31 裂纹萌生区微观形貌

由前面的分析可知,一般情况下,多股簧疲劳断裂位置位于最大应力处,此时,裂纹萌生源一般位于钢丝表面的深线纹处。钢丝在生产过程中需要经过拉拔等工艺,表面不可避免地会产生深浅不一的线纹。因此,在选择钢丝时,应尽可能地选择表面质量较高的钢丝。

针对钢丝表面缺陷这一不可控因素,只能尽可能地减少钢丝表面缺陷的形成。在不考虑钢丝生产运输中产生地表面缺陷的情况下,对多股簧成形过程进行分析,钢丝需要经过绕线盘、钢索捻制和绕制弹簧三大主要步骤。根据观察,钢索捻制和绕制弹簧较大可能导致钢丝表面缺陷。多股簧绕簧机构如图 9.32 所示,在钢丝出丝结构中,钢索成形时钢丝承受较大的张力,使得钢丝与机床零件剧烈摩擦,可能引起表面缺陷。在钢索定位结构中,多股簧成形时产生的大恢复力使得钢索被紧紧地压向钢索孔的一侧,导致钢丝与孔边缘剧烈摩擦,从而产生表面缺陷。针对以上问题,应该适当地改进钢丝出丝结构和钢索定位结构,将滑动摩擦转化为滚动摩擦,在这两个结构中采用滚轮机构,可以在很大程度上避免钢丝表面缺陷。

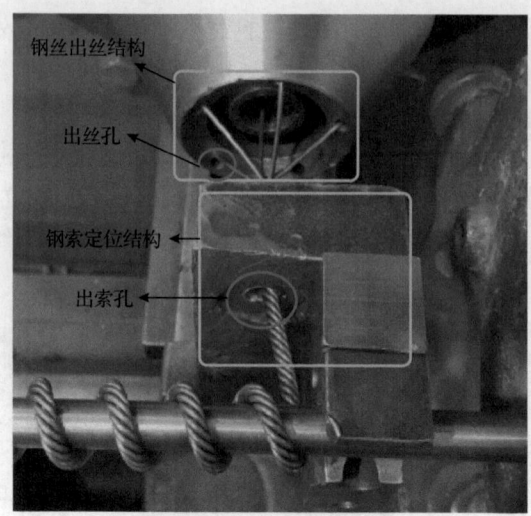

图 9.32 多股簧绕簧机构

第10章 多股簧循环载荷下扭动微动机理研究

多股簧在往复运动中用作复进簧,当弹簧承受轴向压缩载荷时,钢索主要受到扭矩作用而被拧紧,反之则被松开。经过多次应力循环,簧丝表面局部区域产生小片或小块金属剥落,形成麻点或凹坑,磨损加快,最后导致弹簧失效。扭动微动磨损(扭动微动磨损是指在交变载荷下,接触副接触界面发生微幅扭动的相对运动而产生的磨损)是造成这一现象的重要原因之一。

张德坤等[135-137]以点接触式提升钢丝绳为研究对象,分析了钢丝绳内部钢丝的微动磨损及其疲劳断裂行为。其将钢丝间的微小错动简化成上钢丝静止、下钢丝往复振动,因此属于径向微动磨损试验范畴。

针对多股簧工作过程中钢丝表面发生的扭动微动磨损,本章首先建立多股簧受冲击载荷时各股钢丝间法向接触力及角位移的数学模型;通过数学模型得到的试验参数,在新型试验装置上真实模拟多股簧工作过程中钢丝间发生的柱-柱接触扭动微动;研究不同试验工况及循环次数对多股簧钢丝扭动微动行为和损伤机理的影响[69,83,118]。

10.1 扭动微动机理研究

10.1.1 扭动微动接触

当两个弹性体被一个恒定的法向力压在一起,并且受到一个围绕其公法线轴变化的扭矩作用,但扭矩不足以使物体发生整体滑动时,接触面产生微滑区域和黏着区域,接触状态为扭动微动接触(图10.1)。图中,M为加载扭矩,P为法向加载力,r为接触点径向距离,a为赫兹接触半径,c为黏着区域半径,b为卸载条件下新的黏着区域半径,p和q_r分别为表面压力和表面切向力。在黏着区域,接触表面间不发生相对滑移,位移主要由表面层的弹性变形控制。在滑移区域,接触表面间发生相对滑移,表面切向力符合经典库仑摩擦定律,即摩擦力等于作用在接触面上的正压力与摩擦系数的乘积。

在一定扭矩作用下,接触面不可能处于完全黏着状态,在接触面边缘必然存在滑移区域。考虑接触面边缘存在滑移区域,Lubkin[138]得到了表面切向力、扭矩与扭转角的表达式。其中,表面切向力为

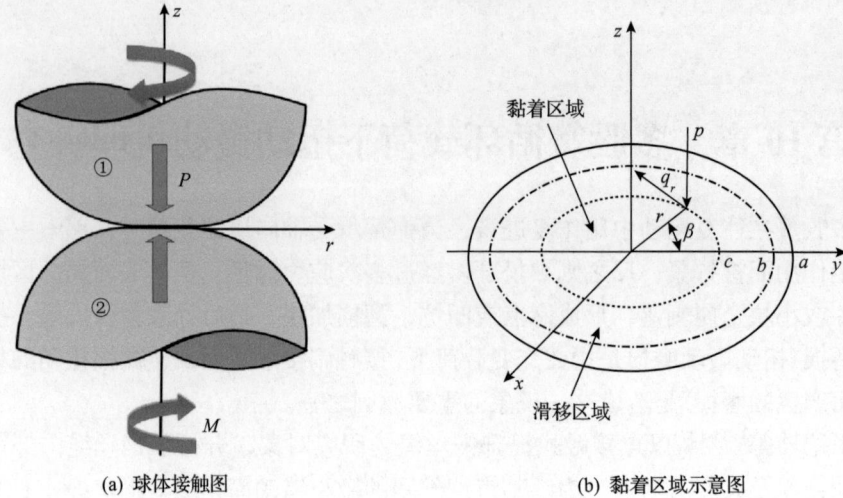

(a) 球体接触图　　　　　　　　　　(b) 黏着区域示意图

图 10.1　扭动微动接触示意图

$$\begin{cases} q_r = fp_0\sqrt{1-(r/a)^2}, & c < r \leqslant a \\ q_r = fp_0\sqrt{1-(r/a)^2}\left[1+\dfrac{2}{\pi}\left(k'^2 D(k')F(k,\phi)-K(k')E(k,\phi)\right)\right], & 0 < r \leqslant c \end{cases}$$

(10.1)

式中，f 和 p_0 分别为摩擦系数和最大赫兹接触应力；$F(k,\phi)$ 和 $E(k,\phi)$ 分别为第一类和第二类不完全椭圆积分；$K(k')$ 为第一类完全椭圆积分；且有

$$\begin{cases} \phi = \arcsin\left(\dfrac{1}{k}\sqrt{\dfrac{c^2-r^2}{a^2-r^2}}\right) \\ k'^2 = 1-k^2 = 1-c^2/a^2 \\ D(k') = (K(k')-E(k'))/k'^2 \end{cases}$$

(10.2)

式中，$E(k')$ 为第二类完全椭圆积分。

扭转角与黏着区域半径的关系为

$$\dfrac{\theta a^2}{fP} = \dfrac{3k'^2}{4\pi G}D(k'), \quad 1/G = 1/G_1 + 1/G_2 \tag{10.3}$$

式中，θ 为扭转角；G 为接触对等效剪切模量；G_1、G_2 分别为两个接触体的剪切模量。

加载扭矩为

$$M = \frac{fPa}{4\pi}\left\{\frac{3\pi^2}{4} + kk'^2\left[6K(k') + (4k^2-3)D(k')\right] - 3k'K(k')\arcsin k\right.$$
$$\left. -3k'^2 K(k')\int_0^{\pi/2} \frac{\arcsin(k\sin\alpha)}{(1-k^2\sin^2\alpha)^{3/2}}d\alpha + 3k'^2 D(k')\int_0^{\pi/2} \frac{\arcsin(k\sin\alpha)}{\sqrt{1-k^2\sin^2\alpha}}d\alpha\right\} \quad (10.4)$$

式中，α 为积分变量。

不同黏着区域半径下的表面切向力分布如图 10.2 所示，不同黏着区域半径下的加载扭矩值如图 10.3 所示。黏着区域半径和切向力根据最大赫兹接触压力 p_0 和赫兹接触半径 a 进行无量纲化。

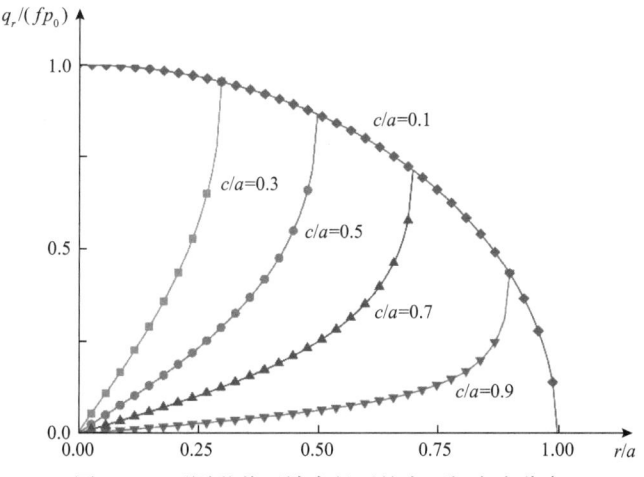

图 10.2 不同黏着区域半径下的表面切向力分布

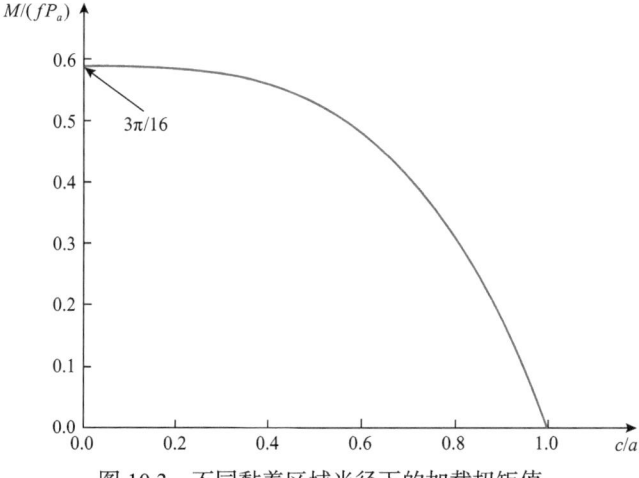

图 10.3 不同黏着区域半径下的加载扭矩值

根据 $M\text{-}\theta$ 关系曲线，可以准确地划分微动运行工况。由式(10.3)和式(10.4)很难直接推导出 $M\text{-}\theta$ 关系式，表达式也十分复杂。Deresiewicz[139,140]推导了 $M\text{-}\theta$ 关系式的简化公式，使烦琐、枯燥的数值计算变成简单、直观的拟合曲线。

$$\frac{Ga^2}{fP}\theta \approx \frac{1}{8}\left[1-\left(1-\frac{3M}{2fPa}\right)^{1/2}\right]\left[3-\left(1-\frac{3M}{2fPa}\right)^{1/2}\right] \quad (10.5)$$

黏着区域半径和扭矩与扭转角呈一一对应关系，若已知黏着区域半径，则由式(10.3)和式(10.4)即可反求出相应的扭矩与扭转角，此解法为精确解。对比精确解、近似解、完全黏着假设解，加载情况下的扭矩-扭转角关系曲线如图10.4所示。

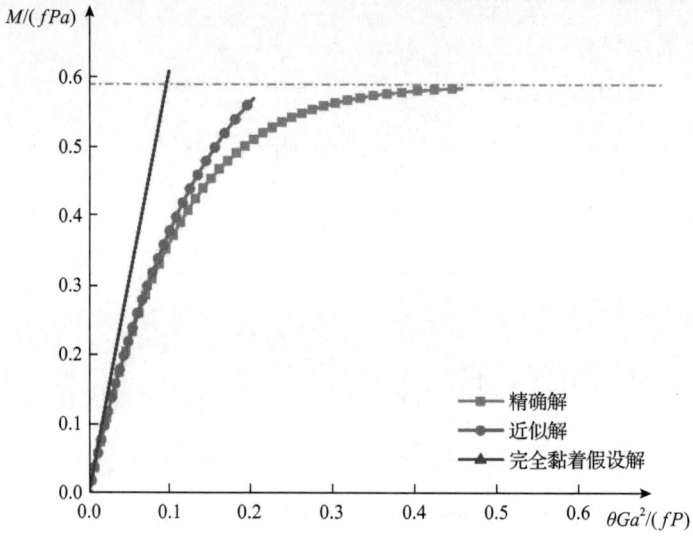

图 10.4　加载情况下的扭矩-扭转角关系曲线

由图10.4可知，在完全黏着假设情况下，$M\text{-}\theta$ 关系曲线呈直线状。接触表面不发生相对滑移，位移主要由表面层的弹性变形控制。当扭矩较小时，近似解与精确解较为吻合；当黏着区域半径与赫兹接触半径比例小于 0.3 时，近似解相比精确解误差较大，即随着扭矩增加，近似解相比精确解误差逐渐增大。精确的 $M\text{-}\theta$ 关系曲线为后续研究提供了可靠的理论基础。

10.1.2　循环载荷下的扭动微动

在循环载荷下，在施加扭矩 M_0 后卸载，接触圆的边界处会产生反向微滑，并引起扭转角滞后。黏着区域半径由 c 变为新值 b。当 $b<r\leqslant a$ 时，接触表面间发生相对滑移，表面切向力符合经典库伦摩擦定律。当 $c<r\leqslant b$ 时，接触表面间没有相对滑移。当 $0\leqslant r\leqslant c$ 时，接触表面处于完全黏着状态，表面切向力由加载和卸

载两部分作用叠加组成。在卸载过程中，表面切向力的表达式为

$$\begin{cases} q_r = -fp_0\sqrt{1-(r/a)^2}, & b < r \leqslant a \\ q_r = -fp_0\sqrt{1-(r/a)^2}\left[1+\dfrac{4}{\pi}\left(k_1'^2 D'(k_1)F(k_1,\phi_1) - K'(k_1)E(k_1,\phi_1)\right)\right], & c < r \leqslant b \\ q_r = -fp_0\sqrt{1-(r/a)^2}\left[1+\dfrac{4}{\pi}\left(k_1'^2 D'(k_1)F(k_1,\phi_1) - K'(k_1)E(k_1,\phi_1)\right)\right. \\ \qquad \left. -\dfrac{2}{\pi}\left(k'^2 D'(k)F(k,\phi) - K'(k)E(k,\phi)\right)\right], & 0 \leqslant r \leqslant c \end{cases}$$

(10.6)

式中，k_1、k_1'、ϕ_1 的定义和 k、k'、ϕ 类似，只需将 c 替换为 b。

卸载过程表面切向力如图 10.5 所示。

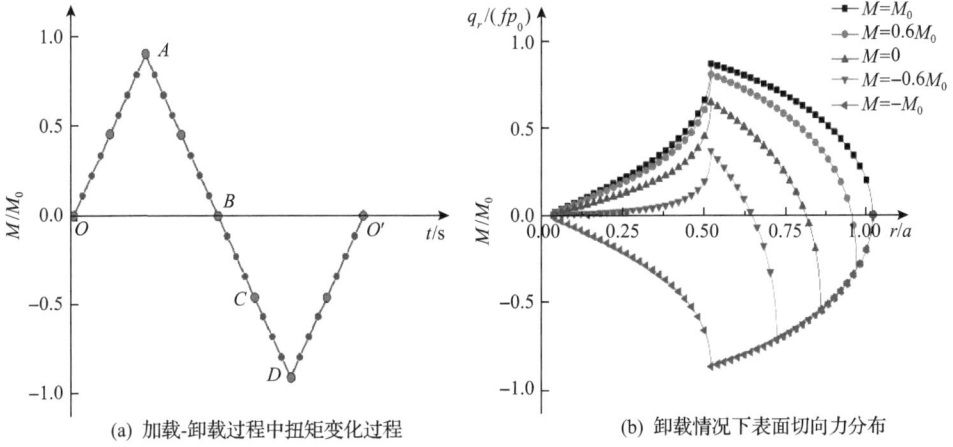

(a) 加载-卸载过程中扭矩变化过程　　(b) 卸载情况下表面切向力分布

图 10.5　卸载过程表面切向力

图 10.5(a) 表示加载-卸载过程中扭矩变化过程，由点 O 到 O' 是一个循环加载过程，点 A 和 D 分别表示正向最大扭矩点、反向最大扭矩点。为了便于理解，假设给定初始黏着区域半径 c，随着卸载扭矩的变化，新的黏着区域半径随之变化。以 $c=0.5a$ 为例，M_0 代表加载扭矩，M 代表当前卸载扭矩，在 M 由 M_0 减小到 $-M_0$ 的过程中，b 值和正向最大切向力逐渐减小，反向最大切向力逐渐增大。当 M 值减小到 $-M_0$ 时，b 值由 a 减小为 c，此时切向力分布与初始切向力分布大小相等、方向相反。表面切向力根据最大赫兹接触压力 p_0 和赫兹接触半径 a 进行无量纲化。在卸载情况下，扭转角的表达式为

$$\theta = \dfrac{3fP}{4\pi Ga^2}k'^2 D(k') - \dfrac{3fP}{2\pi Ga^2}k_1'^2 D(k_1')$$

(10.7)

卸载状态下的扭矩 M 和新的黏着区域半径 b 呈一一对应关系，若已知卸载状态下的扭矩值，则可以求出新的黏着区域半径 b，然而求解公式非常复杂。在得到表面切向力分布公式的情况下，采用反求解法，即给定 b，通过对表面切向力在接触区域径向积分，求解出卸载状态下的扭矩值，积分公式为

$$M = 2\pi \int_0^a q_r r^2 \mathrm{d}r \tag{10.8}$$

大量不同工况下的微动磨损试验结果表明，切向微动接触表面间的摩擦力与位移的变化曲线是微动试验中最基本和最重要的信息，位移幅值和法向载荷是决定微动磨损行为的重要参量。对于扭动微动磨损，扭动微动的扭矩与旋转角度即角位移幅值的变化关系尤为重要。根据式(10.7)和式(10.8)，图 10.6(a)表示初始黏着区域半径 $c=0.5a$ 时，循环加载下 M-θ 曲线。在循环加载过程中，虽然扭矩与初始加载扭矩相等，但是扭转角不等，如图 10.6 中 OA 和 $O'A$ 曲线段所示。在点 B 和 C，当扭矩或扭转角为零时，相应的扭转角和扭矩却不为零，这是因为接触圆的边界处引起了反向微滑，黏着区域的扭转角存在滞后。由图 10.6(b)可知，当 $c=0.7a$ 时，M-θ 曲线呈椭圆形，随着 c 值的减小，M-θ 曲线由椭圆形向平行四边形过渡。由 M-θ 曲线形状可知扭动微动运行状态，当 M-θ 曲线呈椭圆形时，接触中心处于黏着状态，接触边缘发生微滑，接触表面不发生相对滑动。当 M-θ 曲线呈平行四边形时，扭动微动运行于完全滑移状态，接触表面发生较大的相对滑动。

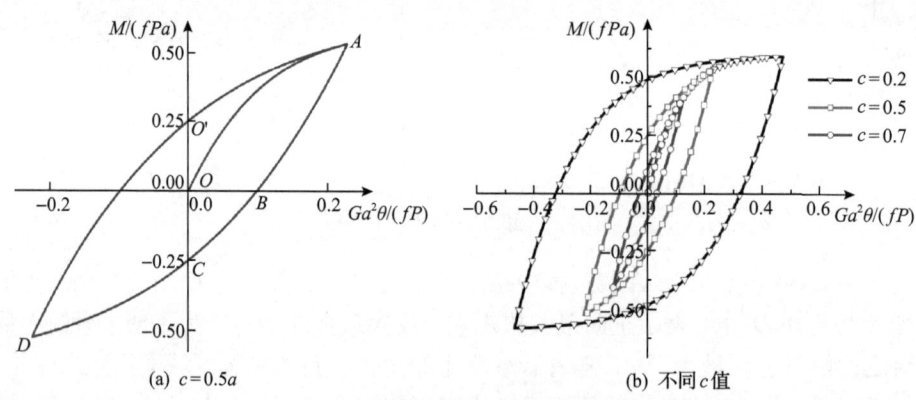

(a) $c=0.5a$　　　　　　　　　　(b) 不同 c 值

图 10.6　循环加载下 M-θ 变化曲线

10.2　多股簧钢丝扭动微动半解析方法

10.2.1　半解析方法

对于扭动微动，研究人员推导了加载条件下表层下应力分布公式的解析解，

并计算出最大应力位置。现有的大部分研究仅限于加载问题,对于卸载问题,其表面切向力表达式非常复杂,很难推导出表层下应力分布解析解,如何有效地求解表层下应力场成为一个难点。采用半解析方法求解卸载情况下扭动微动表层下的应力分布,计算出扭动微动循环加载下最大应力值出现位置,对扭动微动理论研究和工程实践具有重要意义。

求解区域三维网格离散化如图 10.7 所示,表面法向力和切向力分布可由经典赫兹接触理论和解析解求得,表层下的求解区域网格离散化,待求点应力由表面压力产生的应力和切向力产生的应力叠加得到,应力值由表面压力及切向力和相应影响系数决定,求解过程如下:

(1) 根据计算区域尺寸和精度要求,将计算区域划分为三维网格体,x-y 平面内网格数量为 $M \times N$(图 10.7)。

(2) 将求解区域表面压力和切向力分布函数 $p(x,y)$、$q(x,y)$ 离散化为 $(M+1) \times (N+1)$ 矩阵,然后补零使其成为 $2M \times 2N$ 矩阵 $\boldsymbol{p}$、$\boldsymbol{q}$。

(3) 在 2 倍的计算区域内求得影响系数矩阵 $\boldsymbol{K}$,设其中心在坐标原点,维数为 $2M \times 2N$。

(4) 对矩阵 $\boldsymbol{p}$、$\boldsymbol{q}$、$\boldsymbol{K}$ 分别进行傅里叶变换,得到其傅里叶变换矩阵 $\tilde{\boldsymbol{p}}$、$\tilde{\boldsymbol{q}}$、$\tilde{\boldsymbol{K}}$,维数均为 $2M \times 2N$。

(5) $\tilde{\boldsymbol{p}}$、$\tilde{\boldsymbol{q}}$、$\tilde{\boldsymbol{K}}$ 对应项相乘得到频域内的应力矩阵 $\tilde{\boldsymbol{\sigma}}$。

(6) 对应力矩阵 $\tilde{\boldsymbol{\sigma}}$ 进行傅里叶逆变换,得到时域内的应力矩阵 $\boldsymbol{\sigma}$,即得到表层下的应力值。

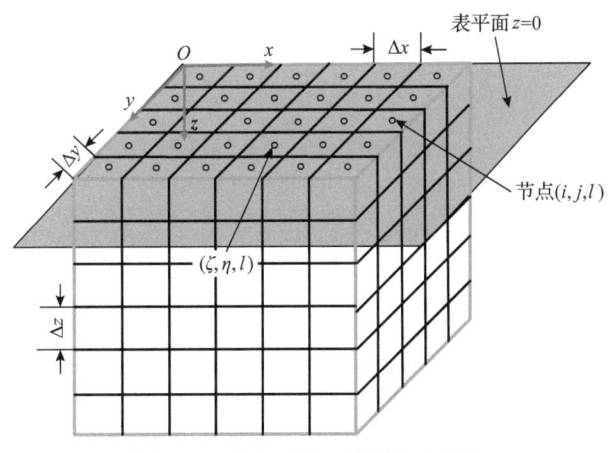

图 10.7 求解区域三维网格离散化

在接触问题中,表层下的应力可通过 Green 函数来计算,分为影响系数的计算及多重积分和的计算两步,计算公式为

$$\begin{aligned}\sigma_{mn}(x,y,z) &= \iint \big(p(\xi,\eta)g_{Pmn}(x-\xi,y-\eta,z) + q_x(\xi,\eta)g_{Q_xmn}(x-\xi,y-\eta,z) \\ &\quad + q_y(\xi,\eta)g_{Q_ymn}(x-\xi,y-\eta,z)\big)\mathrm{d}\xi\mathrm{d}\eta \\ &= p*g_{Pmn} + q_x*g_{Q_xmn} + q_y*g_{Q_ymn}\end{aligned}$$

(10.9)

式中，$p(\xi,\eta)$、$q_x(\xi,\eta)$、$q_y(\xi,\eta)$ 为表层力和切向力分布，可由解析公式求出；$g(x-\xi,y-\eta,z)$ 称为影响函数，在接触问题中也称为 Green 函数，其中 ξ、η 为表层力作用点分别在 x 轴、y 轴方向上的坐标分量（图 10.7）；下标 P_{mn} 为表面压力与内应力间的关系，$m,n=x,y,z$；下标 Q_xmn 和 Q_ymn 为 x 方向和 y 方向表面切向力与内应力间的关系，$m,n=x,y,z$。

表层下应力计算分为影响系数的计算及多重积分和的计算两步。基于线弹性叠加原理，可对式(10.9)进行差分离散，将计算区域先在 z 轴方向分层，间距为 Δz，再将每一层离散化，间距分别为 Δx、Δy，如图 10.7 所示。当采用等间距网格时，$g(x-\xi,y-\eta,z)$ 只与两点之间的距离有关且存在对称性，式(10.9)可以简化为

$$\sigma_{mn}^{ijl} \equiv \sigma_{mn}(x_i,y_j,z_l) = \sum_\xi \sum_\eta \Big(p(\xi,\eta)D_{Pmn}^{i-\xi,j-\eta,l} + q_x(\xi,\eta)D_{Q_xmn}^{i-\xi,j-\eta,l} + q_y(\xi,\eta)D_{Q_ymn}^{i-\xi,j-\eta,l}\Big)$$

(10.10)

式中，$D_{Pmn}^{i-\xi,j-\eta,l}$、$D_{Q_xmn}^{i-\xi,j-\eta,l}$、$D_{Q_ymn}^{i-\xi,j-\eta,l}$ 为影响系数；i、j、l 为待求应力点网格在 x 轴方向、y 轴方向、z 轴方向的坐标编号；$m,n=x,y,z$。

以 x 轴方向的切向力为例，其影响系数为

$$\begin{aligned}D_{Q_xmn}^{i-\xi,j-\eta,l} &= \int_{x_\xi-\Delta x/2}^{x_\xi+\Delta x/2}\int_{x_\eta-\Delta y/2}^{x_\xi+\Delta y/2} g_{Q_xmn}(x_i-\bar{x},y_j-\bar{y},z_l)\mathrm{d}\bar{x}\mathrm{d}\bar{y} \\ &= \int_{x_i-x_\xi-\Delta x/2}^{x_i-x_\xi+\Delta x/2}\int_{y_j-y_\eta-\Delta y/2}^{y_j-y_\eta+\Delta y/2} g_{Q_xmn}(x,y,z_l)\mathrm{d}x\mathrm{d}y\end{aligned}$$

(10.11)

将其代入关系式 $T_{Q_xmn}(x,y,z) = 2\pi\iint g_{Q_xmn}(x,y,z)\mathrm{d}x\mathrm{d}y$，影响系数可以简写为

$$\begin{cases}D_{Q_xmn}^{i-\xi,j-\eta,l} = \big(T_{Q_xmn}(x_+,y_+,z_l) + T_{Q_xmn}(x_-,y_-,z_l) - T_{Q_xmn}(x_+,y_-,z_l) - T_{Q_xmn}(x_-,y_+,z_l)\big)/2\pi \\ x_+ = x_i - x_\xi + \Delta x/2 \\ x_- = x_i - x_\xi - \Delta x/2 \\ y_+ = y_j - x_\eta + \Delta y/2 \\ y_- = y_j - x_\eta - \Delta y/2\end{cases}$$

(10.12)

由式(10.12)可知，影响系数由 z 轴坐标值、表面力作用点和待求应力点间距离

的坐标分量(x_i-x_ξ, y_j-x_η)、离散化间隔$(\Delta x, \Delta y)$决定。Johnson[81]介绍了 Green 函数 T 的求解方法。以表面压力-应力影响系数为例，函数 T 的表达式为

$$\begin{cases} T_{Pxx}(x,y,z)=-2\nu\arctan\dfrac{xy}{Rz}+2(1-2\nu)\arctan\dfrac{x}{R+y+z}-\dfrac{xz}{R(R+y)} \\ T_{Pyy}(x,y,z)=T_{Pxx}(y,x,z) \\ T_{Pxz}(x,y,z)=-z^2/[R(R+y)] \\ T_{Pzz}(x,y,z)=-\arctan\dfrac{xy}{Rz}+\dfrac{xz}{R(R+y)}+\dfrac{yz}{R(R+x)} \\ T_{Pxy}(x,y,z)=(2\nu-1)\lg(R+z)-\dfrac{z}{R} \\ T_{Pyz}(x,y,z)=-z^2/[R(R+x)] \end{cases} \quad (10.13)$$

式中，$R=\sqrt{x^2+y^2+z^2}$；$\arctan(xy/Rz)|_{z=0}=(\pi/2)\mathrm{sgn}(xy)$。

由式(10.13)即可计算出式(10.12)中的影响系数。

仔细研究方程(10.10)可以发现，该表达式实际上是离散线卷积运算，因此可以采用信号处理中常用的频域分析方法来求解，从而大幅提高计算效率。根据离散圆卷积与傅里叶变换定理，式(10.9)在频域内的表达式为

$$\sigma_{mn}(x,y,z)=\mathrm{IFFT}\left[\tilde{p}\tilde{g}_{Pmn}+\tilde{q}_x\tilde{g}_{Q_xmn}+\tilde{q}_y\tilde{g}_{Q_ymn}\right] \quad (10.14)$$

式中，$\tilde{p}$、$\tilde{q}_x$、$\tilde{q}_y$、$\tilde{g}_{Pmn}$、$\tilde{g}_{Q_xmn}$、$\tilde{g}_{Q_ymn}$ 为表面力分布函数和相应 Green 函数在频域内的响应函数；IFFT 表示快速傅里叶逆变换。

基于离散卷积快速傅里叶变换方法，采用半解析方法求解光滑表面间存在扭动微动的接触问题。两接触体的弹性特性相同，即接触为同质接触。球的弹性模量 $E=210\mathrm{GPa}$，泊松比 $\nu=0.3$；球的接触半径 $R=18\mathrm{mm}$，法向力 $P=20\mathrm{N}$。计算结果根据最大赫兹接触压力和赫兹接触半径进行无量纲化。计算区域取 $-1.5a<x<1.5a$、$-1.5a<y<1.5a$ 及 $0<z<1.5a$，网格数目取 $128\times128\times64$。$c=0.5$、$f=0.4$ 时的无量纲 Mises 应力分布如图 10.8 所示。分别采用解析解与半解析方法求解，Mises 应力最大值出现在接触表面上，距离接触原点 $0.6a$；当 r 方向距离接触原点接近 $1.5a$ 时，Mises 应力趋近于 0。采用半解析方法所得结果与解析解精确吻合。

10.2.2 循环载荷下的应力计算

采用半解析方法求解卸载情况下扭动微动表面下的应力分布情况。计算区域取 $-1.5a<x<1.5a$、$-1.5a<y<1.5a$ 及 $0<z<1.5a$，网格数目取 $128\times128\times64$。设初始加载扭矩为 M_0，图 10.9 给出扭矩分别等于 M_0、$0.85M_0$、$0.3M_0$、0 时，$c=0.5$、$f=0.4$ 时的无量纲 Mises 应力分布。

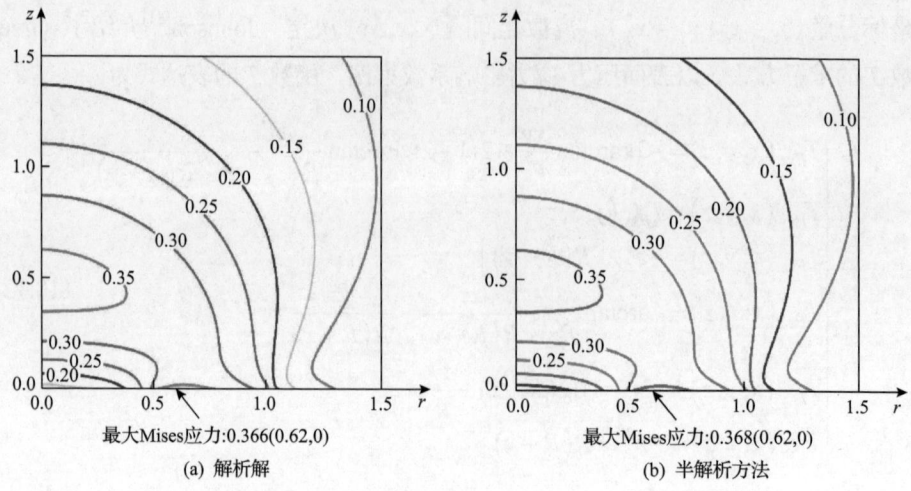

(a) 解析解   (b) 半解析方法

图 10.8　$c=0.5$、$f=0.4$ 时不同方法的无量纲 Mises 应力分布

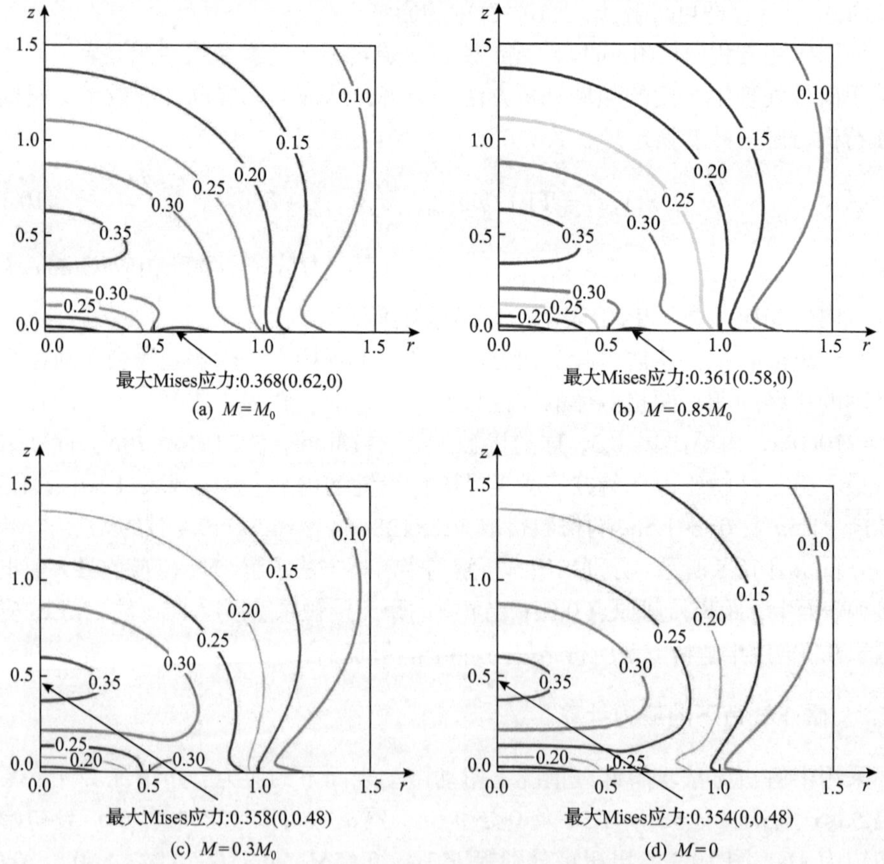

(a) $M=M_0$ (b) $M=0.85M_0$

(c) $M=0.3M_0$ (d) $M=0$

图 10.9　$c=0.5$、$f=0.4$ 时不同扭矩的无量纲 Mises 应力分布

由图10.9可知,当r超过接触半径a后,应力值迅速减小。当扭矩减小为$0.85M_0$时,Mises应力变化不大,最大Mises应力位于表面,距离接触原点$0.6a$。这是因为扭动微动存在滞后效应,此刻扭矩作用产生的表面切向力分布改变不大,由半解析方法的原理可知,表层下的应力分布取决于表面切向力、压力分布及相应影响函数,在仅改变扭矩的情况下,赫兹压力分布保持不变,而影响函数与扭矩大小无关,由网格单元距离决定。当扭矩减小到$0.3M_0$或0时,表面切向力明显减小,且滑移区域和黏着区域的表面切向力方向相反,此时表层切向力对表层下的应力分布影响降低,表层下的应力分布与法向接触力单独作用时的应力分布类似,最大Mises应力位于表层下,距离接触原点$0.48a$,与经典赫兹接触理论吻合。随着扭矩的减小,最大Mises应力点朝着表层下移动。

进一步研究循环扭矩接触体内最大应力值位置。一般来讲,最大应力点也是接触体内的初始屈服点,材料磨损机制与初始屈服点位置有关。对于扭动微动接触,表面下的应力分布与表面接触压力、摩擦力大小分布及接触面积有很大的关系。局部较高的压力和表面下大的塑性变形,将导致接触疲劳和界面失效。当法向接触力单独作用时,接触应力场中的最大应力发生在对称轴表面的下方,在深度为$0.48a$处。在循环扭矩作用下,最大应力点位置不断变化。$c=0.3$时不同黏着系数对初始屈服点位置的影响如图10.10所示,$f=0.4$时不同黏着系数对初始屈服点位置的影响如图10.11所示。

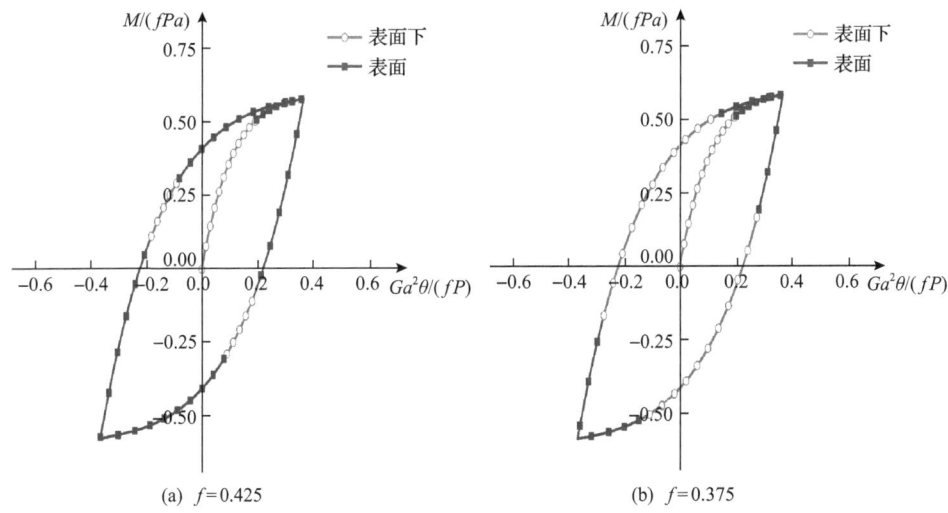

图10.10　$c=0.3$时不同黏着系数对初始屈服点位置的影响

以$f=0.4$、$c=0.3$为例,精确初始屈服点位置如表10.1所示,在循环扭矩过程中,最大应力点不断变化。

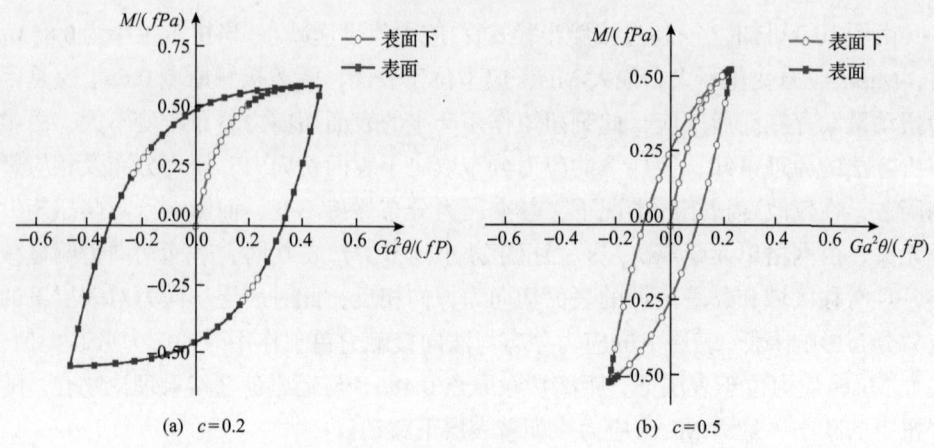

(a) $c=0.2$ (b) $c=0.5$

图 10.11　$f=0.4$ 时不同黏着系数对初始屈服点位置的影响

表 10.1　精确初始屈服点位置

$Ga^2\theta/(fP)$	$M/(fPa)$	初始屈服点位置	
		r/a	z/a
0.1001	0.3621	0	0.492
0.1503	0.4531	0	0.492
0.2551	0.5454	0	0.492
0.3652	0.5768	0.430	0
0.2882	0.2241	0.398	0
0.2398	0.0539	0.375	0
0.2232	0.0034	0	0.492
0.1184	−0.2426	0	0.492
−0.0090	−0.4172	0	0.492
−0.0196	−0.4274	0.562	0
−0.0861	−0.4802	0.516	0
−0.2838	−0.5619	0.492	0
−0.3652	−0.5768	0.430	0

10.2.3　多股簧扭动微动试验

本节进行多股簧扭动微动试验，试验装置示意图如图 10.12 所示，该试验装置可分为定位与法向载荷施加机构、回转运动机构、样品夹持系统、载荷测量系统和控制单元 5 部分。各部分的功能介绍如下。

1) 定位与法向载荷施加机构

定位与法向载荷施加机构由立式电机 1、卧式电机 3、垂直导轨 2 及水平导轨 4 组成，实现试验装置上样品系统在 X, Y, Z 三个自由度的运动。该系统可实现

Z 轴方向法向载荷的施加，提供恒力模式和线性模式加载，法向载荷由闭环伺服机械系统精确控制(加载范围为 0.5mN～500N)，在 X-Y 轴方向水平移动，可方便地确定试验点位置。

2) 回转运动机构

回转运动机构由高精度电机 11 及紧固装置 12 组成。

3) 样品夹持系统

样品夹持系统通过上夹具 7 和下夹具 10 使上钢丝 8 和下钢丝 9 接触。

4) 载荷测量系统

载荷测量系统将高精度六维力/力矩传感器 5 固定在水平运动机构上，并通过限位块 6 与上样品相连。六维传感器能对接触界面产生的载荷和扭矩的 6 个分量(F_x、F_y、F_z、T_x、T_y、T_z)随时间(循环次数)的变化进行实时记录，数据采样频率为 20kHz。

5) 控制单元

控制单元通过计算机进行闭环控制，对试验中所产生的数据进行实时记录，由 ATI-DAQ 软件对试验结果进行分析。

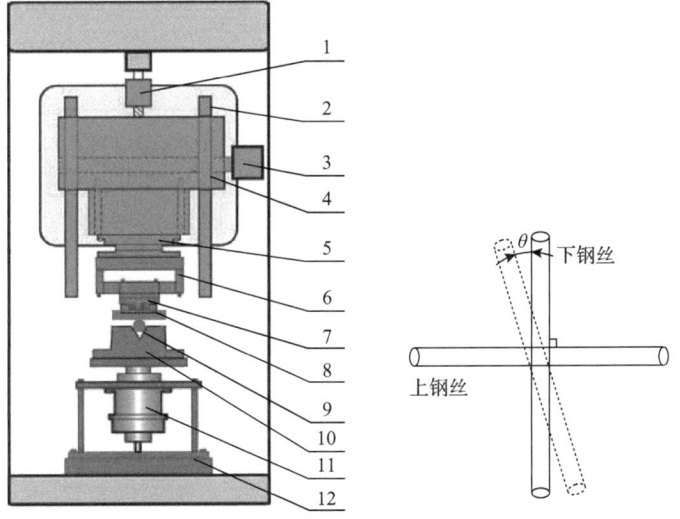

图 10.12 扭动微动试验装置示意图

1-立式电机；2-垂直导轨；3-卧式电机；4-水平导轨；5-六维力/力矩传感器；6-限位块；7-上夹具；8-上钢丝；
9-下钢丝；10-下夹具；11-高精度电机；12-紧固装置

以 "3+9" 多股簧(即多股簧由内层 3 根钢丝和外层 9 根钢丝拧成)中的钢丝为研究对象，钢丝为碳素弹簧钢丝 T9A，其直径为 1.5mm，主要成分(以质量分数计)为 0.89%C、0.3%Mn、0.0085%S、0.16%Cu、0.017%P、0.26%Si、0.08%Cr、0.01%Ni，硬度为 468HV，弹性模量为 205GPa，切变模量为 80GPa，抗拉强度为 1550MPa，表面粗糙度为 0.02μm。为了更好地贴合实际工况，两根钢丝之间呈 90°

相互对磨的形式,采用柱-柱接触方式,上钢丝静止,下钢丝通过扭动微动试验机的旋转平台带动扭转角 θ 往复扭动,如图 10.12 所示。试验环境如下:大气、干摩擦、室温为 (20 ± 3) ℃、相对湿度 RH 为 50%~60%。

由于多股簧工作中主要承受冲击载荷,结合多股簧实际工况,取试验机角速度 $\omega=10(°)/s$,质量块冲击速度 v 分别为 10m/s、20m/s 及 30m/s(自动武器复进簧的后座速度),$D=28mm$、$P=35mm$、$d_n=4.76mm$、$\beta=19°$、$N=12$、$m=1.3kg$、$k=1250N/m$。扭动微动磨损试验具体参数见表 10.2。

表 10.2 扭动微动磨损试验具体参数

试验组	冲击速度 $v/(m/s)$	载荷工况 F_n/N	$\theta/(°)$	周期数 C
1	10	34	8	5000
2	20	68	16	5000
3	30	102	24	5000

试验工况决定了微动接触区的应力分布和黏着区域的大小等。多股簧钢丝在不同试验工况下的扭矩-扭转角曲线如图 10.13 所示,在 10 次循环时,由于表面膜

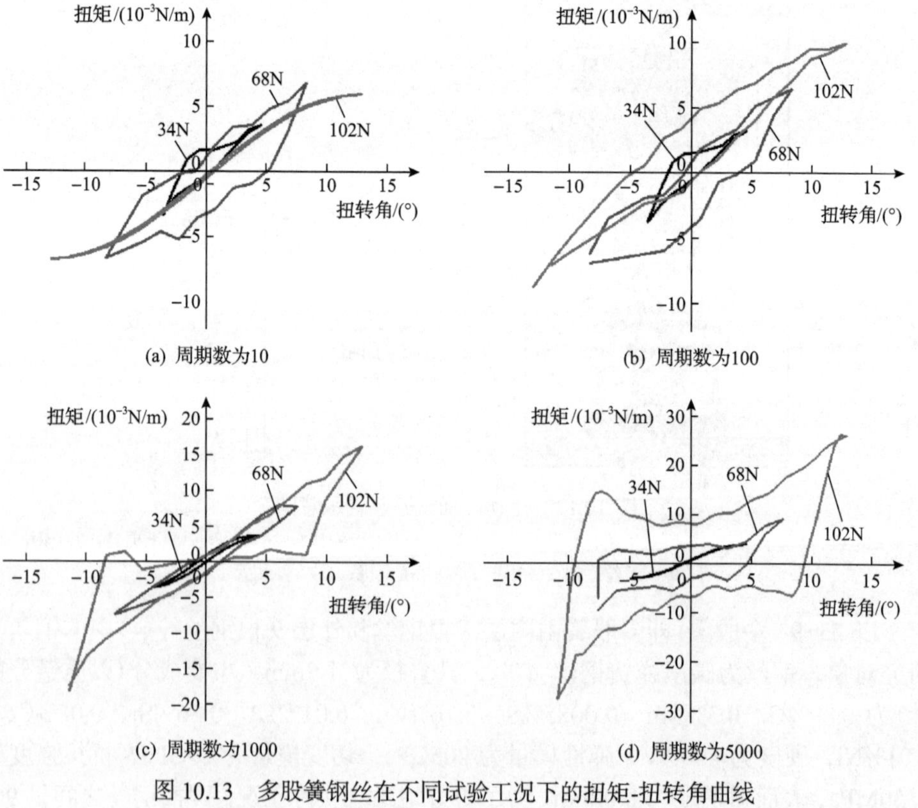

(a) 周期数为10

(b) 周期数为100

(c) 周期数为1000

(d) 周期数为5000

图 10.13 多股簧钢丝在不同试验工况下的扭矩-扭转角曲线

的影响，34N 载荷工况的扭矩-扭转角曲线为椭圆，68N 载荷工况的扭矩-扭转角曲线为平行四边形，而 102N 载荷工况的扭矩-扭转角曲线为直线。当循环次数增加到 100 次时，低载荷工况(F_n=34N 和 F_n=68N)的扭矩-扭转角曲线均未发生明显改变，而高载荷工况(F_n=102N)的扭矩-扭转角曲线由直线形转变为椭圆形。在 1000 次循环时，三类不同法向载荷的扭矩-扭转角曲线均发生了明显改变，呈中心收缩状，这说明表面膜发生了破坏，上下钢丝间发生了金属对金属的直接接触。当循环次数增加到 5000 次时，34N 载荷工况的扭矩-扭转角曲线呈直线形，扭动微动处于部分滑移状态；68N 和 102N 载荷工况的扭矩-扭转角曲线呈平行四边形，扭矩明显增大，扭动微动处于完全滑移状态。在三种载荷条件下，随着法向载荷的增加，扭矩增大，相当于切向滑动条件下摩擦力增大，这符合摩擦学的基本规律。

图 10.14～图 10.16 为不同工况下相同循环周期数(C=5000)时，多股簧钢丝磨痕扫描电子显微镜形貌。当质量块冲击速度为 10m/s 时，扭动微动运行于混合区(图 10.14)，磨痕中心处于黏着状态，损伤较轻微。环状的微滑区则发生了明显的磨损，表面金属已按剥层机制剥落，但未有明显的剥落坑出现。当质量块冲击速度为 20m/s 时(图 10.15)，扭动微动运行于滑移区，此时接触中心黏着区域消失，出现一定的金属材料剥落，有明显的塑性变形。当质量块冲击速度为 30m/s 时(图 10.16)，扭动微动运行于混合区，此时接触中心仍处于黏着状态，但边缘滑移区出现大量的金属材料剥落，损伤已十分严重。

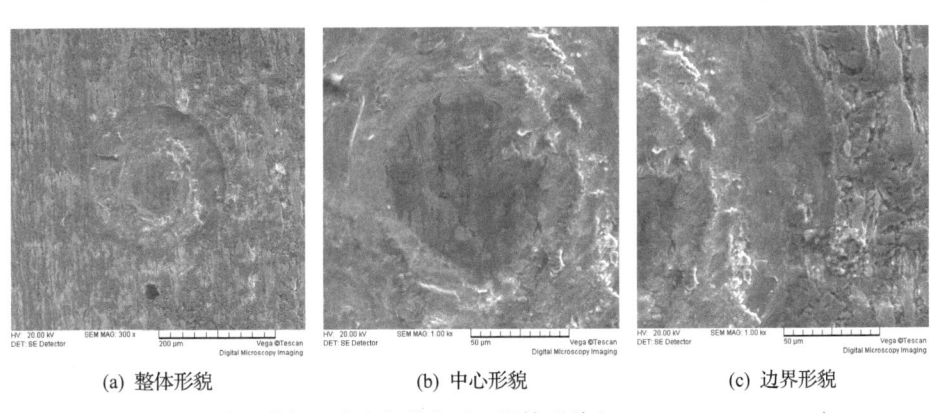

(a) 整体形貌　　　　　　　　(b) 中心形貌　　　　　　　　(c) 边界形貌

图 10.14　多股簧钢丝磨痕扫描电子显微镜形貌(F_n=34N, θ=4°, C=5000)

当质量块冲击速度为 20m/s 和 30m/s 时，钢丝磨损区域较 10m/s 时明显增大，这是钢丝间法向接触力和角位移幅值增大的结果。随着质量块冲击速度的增大，扭动微动运行呈"混合区-滑移区-混合区"变化规律。这说明，随着质量块冲击速度的增大，钢丝间法向力和角位移幅值也增大，微动运行区域首先从混合区向滑移区过渡；但法向载荷越大，钢丝间越不容易发生相对滑移，当质量块冲击速度增大到一定程度时，钢丝中心会始终处于黏着状态，因此又出现从滑移区向混

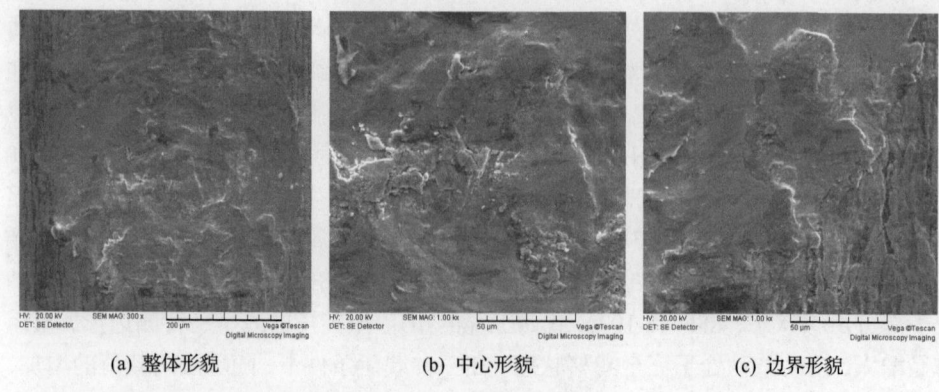

(a) 整体形貌　　　　　　(b) 中心形貌　　　　　　(c) 边界形貌

图 10.15　多股簧钢丝磨痕扫描电子显微镜形貌（F_n=68N, θ=8°, C=5000）

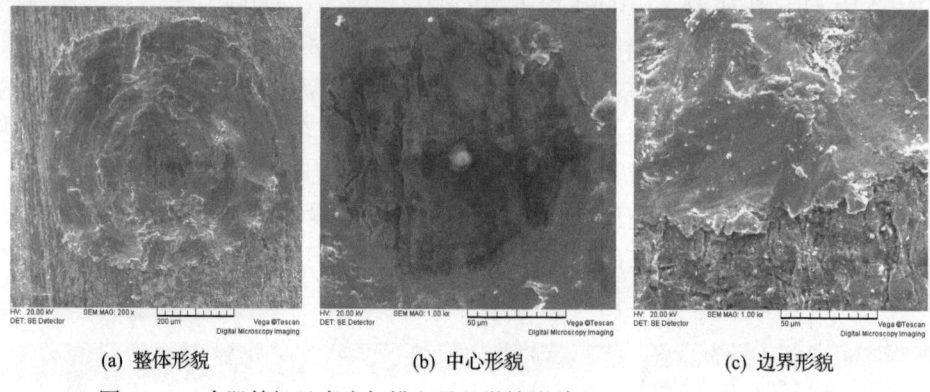

(a) 整体形貌　　　　　　(b) 中心形貌　　　　　　(c) 边界形貌

图 10.16　多股簧钢丝磨痕扫描电子显微镜形貌（F_n=102N, θ=12°, C=5000）

合区过渡的现象。对于部分滑移区，虽然损伤轻微，但其磨损主要表现为磨粒磨损和轻微氧化磨损；对于混合区和滑移区，损伤加剧，磨痕表面有明显的塑性变形，损伤机制主要为磨粒磨损、氧化磨损和剥层。

多股簧钢丝在不同循环周期数下的扭矩-扭转角曲线（F_n=102N，θ=12°）如图 10.17 所示。由扭矩-扭转角曲线分析可知，当 C=100 时，扭动微动运行于部分滑移状态，微滑仅发生在接触区边缘；随着循环周期数增加到 5000 次，曲线形状变宽，接触界面的相对运动关系发生改变，由部分滑移转变为完全滑移。

将图 10.17 中的扭矩及扭转角进行无量纲化，结合图 10.6，得到扭矩-扭转角曲线试验与理论对比图，见图 10.18。

多股簧钢丝磨痕在 c=0.5 时扫描电子显微镜形貌如图 10.19 所示，多股簧钢丝磨痕在 c=0 时扫描电子显微镜形貌如图 10.20 所示。由图可知，当 c=0.5 时，最大应力点在表层以下，磨损以轻微的氧化磨损为主，表面出现部分裂纹。当 c=0 时，即扭动微动运行在完全滑移状态，此时最大应力点出现在接触表面，磨损机制主要是黏附磨损，磨损较为严重，伴有大块材料剥落。

第 10 章 多股簧循环载荷下扭动微动机理研究

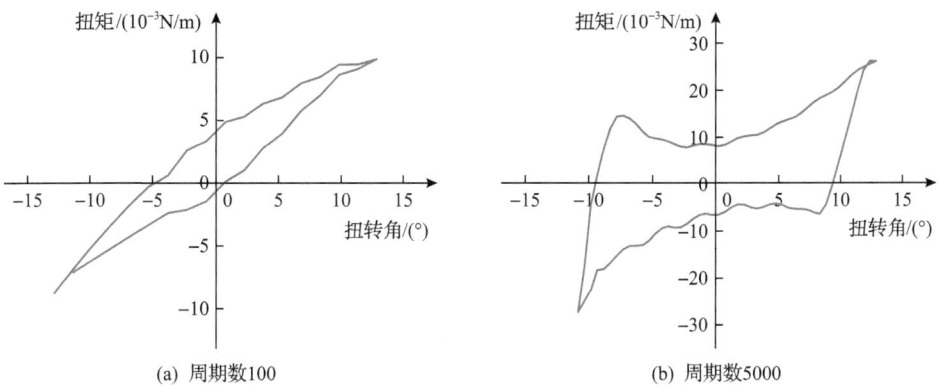

(a) 周期数100 (b) 周期数5000

图 10.17 多股簧钢丝在不同循环周期数下的扭矩-扭转角曲线（F_n=102N, θ=12°）

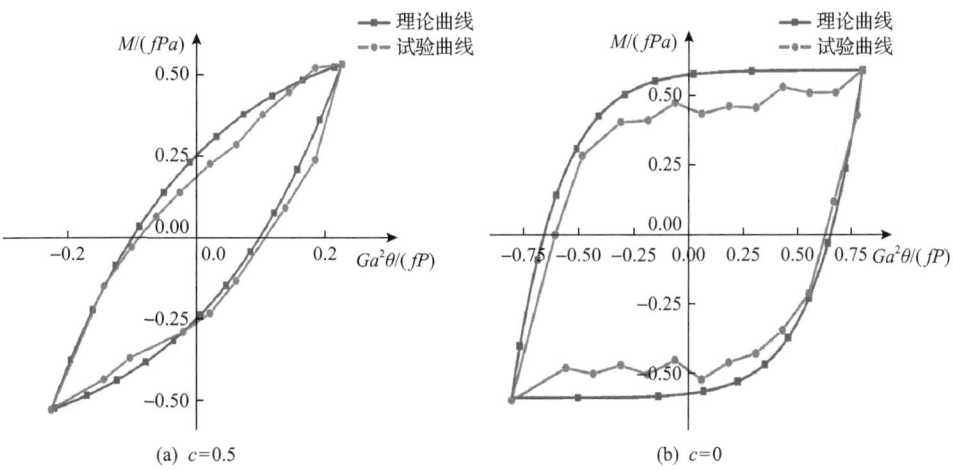

(a) c=0.5 (b) c=0

图 10.18 扭矩-扭转角曲线试验与理论对比图

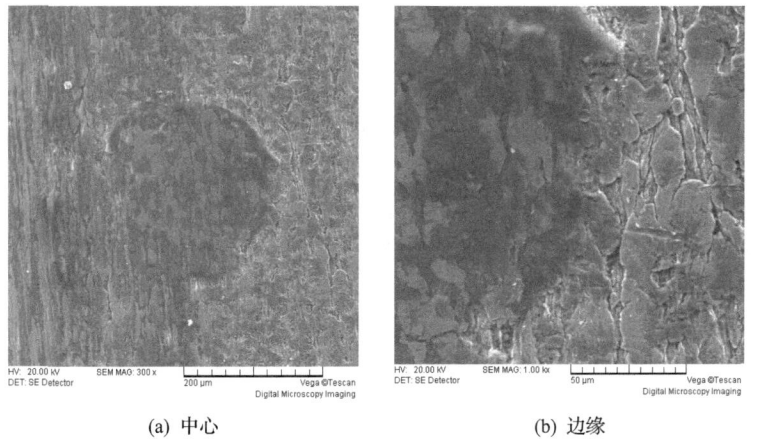

(a) 中心 (b) 边缘

图 10.19 多股簧钢丝磨痕在 c=0.5 时扫描电子显微镜形貌

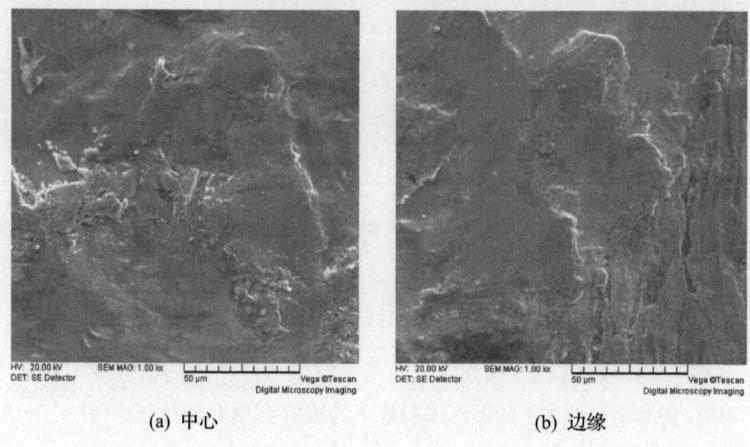

(a) 中心　　　　　　　　　　(b) 边缘

图 10.20　多股簧钢丝磨痕在 $c=0$ 时扫描电子显微镜形貌

图 10.21 给出循环周期数为 5000 时，多股簧钢丝磨痕表面不同工况下的 O 元素能量色散 X 射线分布图。可见，对低载荷工况（$F_n=34N$ 和 $F_n=68N$），O 元素的能量色散 X 射线呈 V 形分布，O 元素在接触中心的含量较低，沿半径方向向外到磨痕边缘处逐渐增加。这是因为接触中心黏着，O 元素不易进去，氧化反应被抑制；而在相对滑移区域，越靠外，相对的氧化反应的程度也越高，O 元素含量也越高。对高载荷工况（$F_n=102N$）的 O 元素呈 UVU 形分布，O 元素在接触中心的含量也较低，沿半径方向向外有一定增加，但在发生明显磨损的外侧环状区域含量极低。中心区域含量较低，也与接触中心黏着有关；磨痕外侧环状区域 O 元素含量极低，可能是因为在高载荷工况下，外侧磨损严重，外侧新暴露出的金属还来不及氧化，所以 O 元素含量低。总的来说，三种工况下的 O 元素分布大趋势是没有问题的。

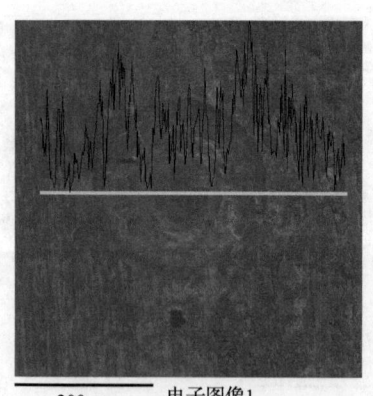

(a) $F_n=34N, \theta=4°$

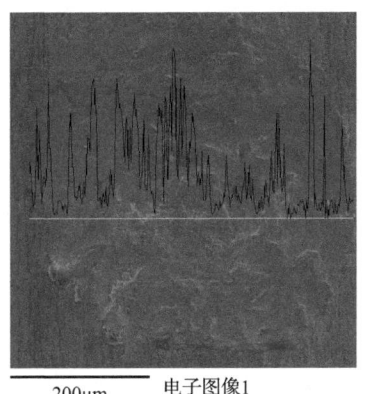
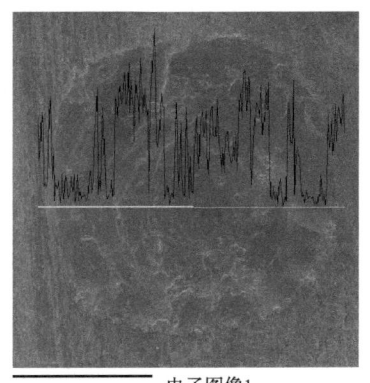

(b) F_n=68N, θ=8° (c) F_n=102N, θ=12°

图 10.21 多股簧钢丝磨痕表面不同工况下的 O 元素能量色散 X 射线分布图（C=5000）

10.3 多股簧钢丝椭圆接触研究

10.3.1 多股簧钢丝椭圆接触分析

多股簧是由多股钢丝拧成单层或多层同轴同螺旋方向的钢索绕制而成的圆柱螺旋弹簧。通过微分几何方法得到了多股簧钢丝间的接触角，结合经典赫兹理论建立了钢丝间椭圆接触模型，得到了钢丝椭圆接触表面长半轴、短半轴、最大表面接触压力。深入研究钢丝的内部应力分布（钢丝表层下 Mises 应力与最大应力点位置），为后续多股簧的疲劳寿命分析奠定了重要的理论基础。

不同钢丝接触角 ζ 的椭圆接触几何特征参数如表 10.3 所示。

表 10.3 不同钢丝接触角 ζ 的椭圆接触几何特征参数

ζ /(°)	$k=b/a$	a/mm	b/mm	p_0/MPa
90.0	1.000000	0.099160	0.099160	4855
85.0	0.890042	0.105196	0.093628	4847
80.0	0.791545	0.111834	0.088522	4823
75.0	0.702809	0.119194	0.083771	4781
70.0	0.622459	0.127427	0.079318	4723
65.0	0.549373	0.136724	0.075112	4649
60.0	0.482628	0.147334	0.071107	4557
55.0	0.421461	0.159588	0.067260	4448
50.0	0.365240	0.173941	0.063530	4320
45.0	0.313439	0.191027	0.059875	4174

续表

$\zeta/(°)$	$k=b/a$	a/mm	b/mm	p_0/MPa
40.0	0.265621	0.211776	0.056252	4007
35.0	0.221426	0.237600	0.052611	3819
30.0	0.180565	0.270770	0.048892	3606
25.0	0.142811	0.315211	0.045016	3364
20.0	0.108005	0.378394	0.040869	3087

弹簧中径为 30mm、弹簧螺旋升角为 $\pi/6$，外层钢丝捻角为 $\pi/3$，中心钢丝直径为 4mm，外层钢丝直径为 4mm，可以求得相邻钢丝夹角为 37°。钢丝间夹角由钢索索距 S、钢丝直径 d 和钢索股数 N 决定。在多股簧设计、加工过程中，改变相应参数，可以精确控制钢丝间夹角值。

当两个半径相同的圆柱体以轴线垂直的方式接触时，接触区域为圆形，这和一个半径相同的球体与平面接触的情况相同。当两圆柱体轴线呈一定角度接触时，接触面为椭圆形(图 10.22)。

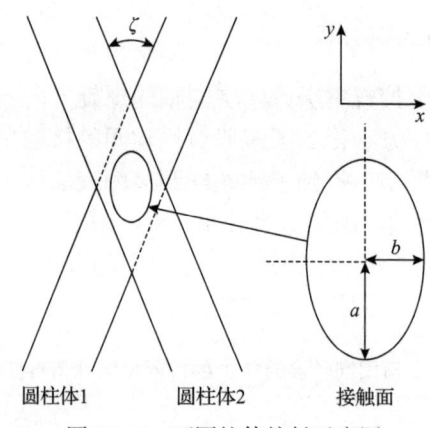

图 10.22 两圆柱体接触示意图

钢丝弹性模量 E=210GPa，泊松比 ν=0.3，半径 R=1.5mm，法向力 P=102N。不同接触角的椭圆接触表面几何特征参数如图 10.23 所示。

由表 10.3 和图 10.23 可知，随着接触角增大，椭圆短半轴与长半轴之比和最大表面接触压力增加。当接触角 ζ 增大为 90°时，钢丝轴线垂直，此时椭圆接触演变为赫兹圆接触，最大接触应力为 4855MPa；当接触角 ζ=35°时，最大赫兹接触压力为 3819MPa。接触区域形状随着接触角的减小而由圆形向椭圆形演变。当钢丝间夹角小于 15°时，椭圆接触演变为线接触，即接触椭圆短轴 b 为 0。结果表明：钢丝间接触角大小对接触椭圆长半轴与短半轴大小和最大表面接触压力影响很大。

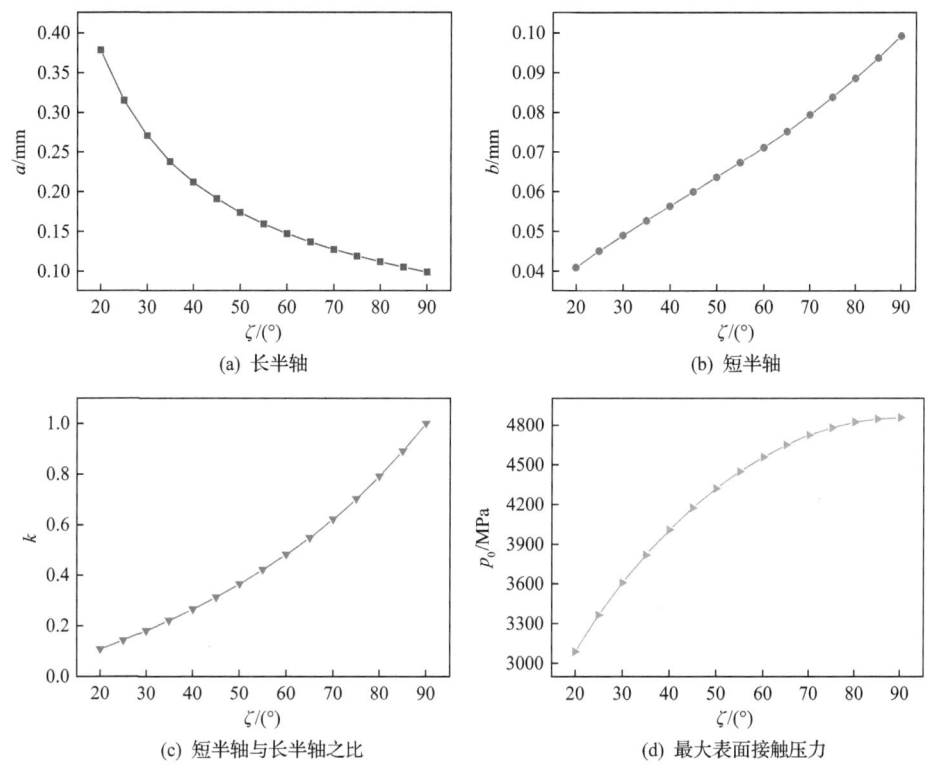

(a) 长半轴 (b) 短半轴

(c) 短半轴与长半轴之比 (d) 最大表面接触压力

图 10.23　不同接触角的椭圆接触表面几何特征参数

10.3.2　椭圆接触表层下应力分布

得到椭圆接触表面的几何特征和应力状态后，研究椭圆接触下的表层下应力分布，椭圆接触示意图和应力分量如图 10.24 所示。坐标值以接触椭圆长半轴 a 无量纲

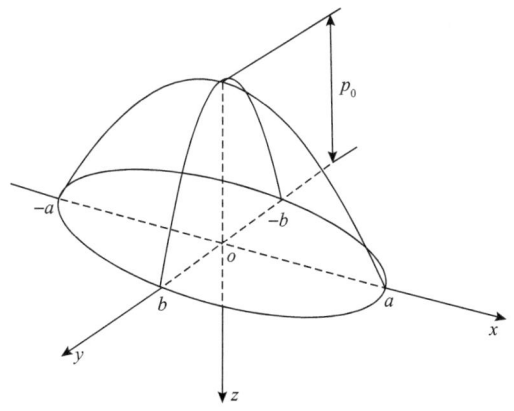

图 10.24　椭圆接触示意图和应力分量

化，例如，坐标值 z 此时代表实际值 z/a。

因为表层下应力分布非轴对称，所以计算结果采用直角坐标系表达，其中 x 轴平行于接触椭圆长半轴 a，y 轴平行于接触椭圆短半轴 b，z 轴垂直于接触平面。经典接触理论表明，体内应力点 z 轴坐标值超过长半轴 a 时，Mises 应力值会减小到可以忽略不计的状态。同时，Mises 应力值在接触表面变化较大。因此，计算区域取为 $-1.5a < x < 1.5a$、$-1.5a < y < 1.5a$ 及 $0 < z < 1.5a$。图 10.25 和图 10.26 给出了不同钢丝接触角时表层下 Mises 应力分布，应力平面分别选取 x-y 平面、x-z 平面、y-z 平面。

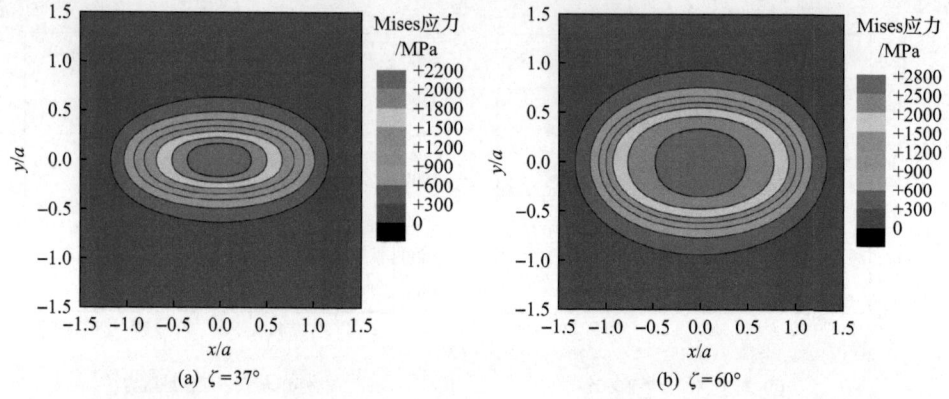

图 10.25　Mises 应力分布 ($z=0.25a$)

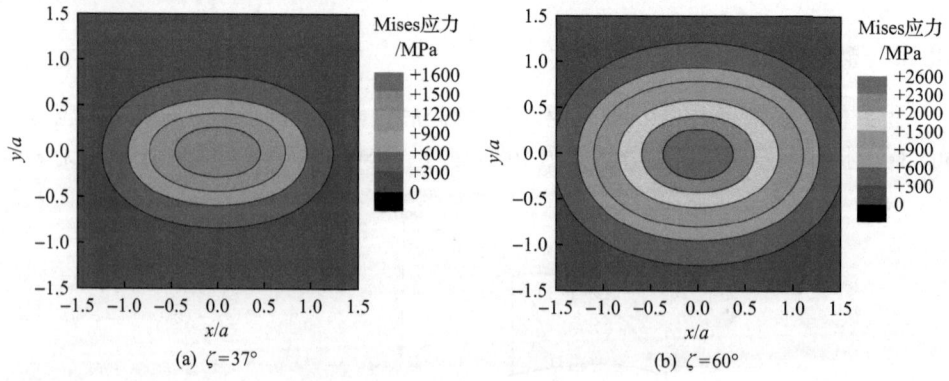

图 10.26　Mises 应力分布 ($z=0.5a$)

由图 10.25 和图 10.26 可知，Mises 应力随着接触角的增加而增大。当钢丝间接触角由 30°增加到 60°时，最大 Mises 应力由 2200MPa 增大到 2800MPa。同时，Mises 应力分布形状与接触表面形状类似，均呈椭圆状。随着深度 z 增大，Mises 应力值等比例减小。

图 10.27 和图 10.28 给出了接触角分别为 37°和 60°时，$y=0$ 平面和 $x=0.25a$

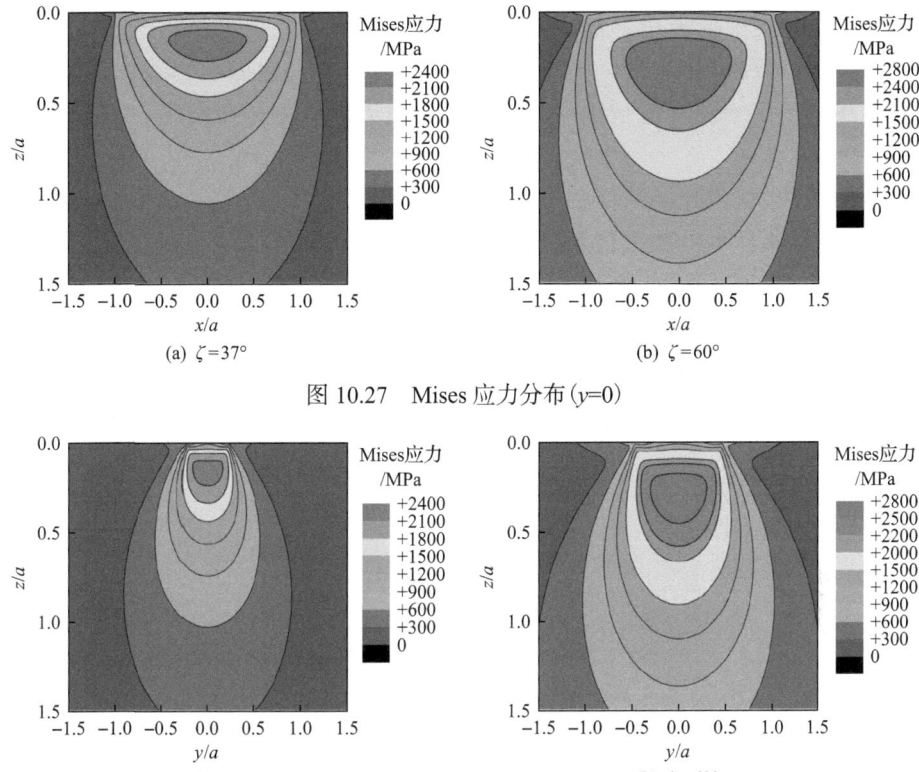

图 10.27 Mises 应力分布 (y=0)

图 10.28 Mises 应力分布 (x=0.25a)

的 Mises 应力分布。Mises 应力随着接触角的增加而增大。当接触角减小时，Mises 应力分布形状向椭圆形演变。接触角越大，最大 Mises 应力点距离接触表面越远。$x=0.25a$ 平面的 Mises 应力分布规律与 $y=0$ 平面的 Mises 应力分布规律类似。同时，随着 z 值增大，Mises 应力值等比例减小。

为了验证上述椭圆接触表面区域和表层下应力分布的正确性，采用大型商业通用有限元软件 ABAQUS 对钢丝进行静载分析。多股簧钢丝椭圆接触有限元模型如图 10.29 所示。与正交接触不同，椭圆接触无法采用对称接触方式，为了减少模型

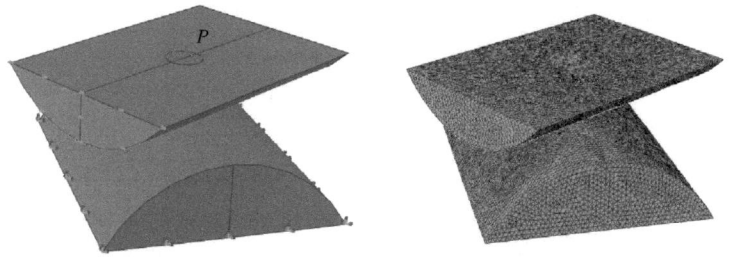

图 10.29 多股簧钢丝椭圆接触有限元模型

单元数，静载模型仅采用钢丝下半部分。下钢丝平面固定，上钢丝在 x 轴方向和 y 轴方向受到位移约束，上钢丝施加 y 轴方向的法向压力为-102N，采用 ABAQUS/standard 模块进行静载分析，得到表层下应力分布情况，并与解析解进行对比。

多股簧钢丝椭圆接触下接触压力和接触区域如图 10.30 所示。由图 10.30 可知，静载下钢丝接触区域的最大接触压力为 4654MPa，与解析解得到的最大接触压力 4557MPa 接近，接触区域明显为椭圆形状。

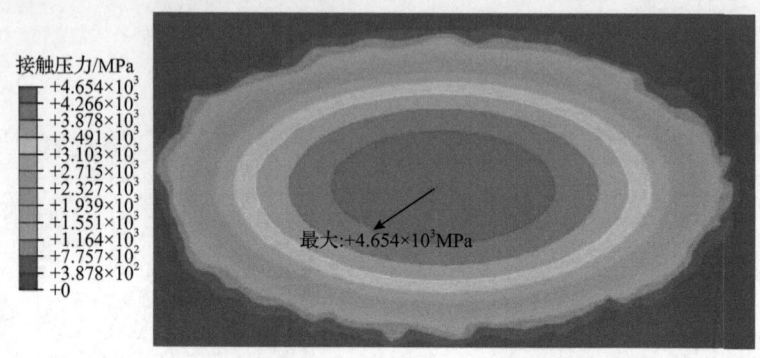

图 10.30　多股簧钢丝椭圆接触下接触压力和接触区域

表层下 Mises 应力分布对比如图 10.31、图 10.32 所示，应力平面分别选取 x-y 平面、x-z 平面。由图可知，有限元计算结果与解析解结果非常接近，应力云图变化趋势完全吻合，最大 Mises 应力误差在 5%以内。

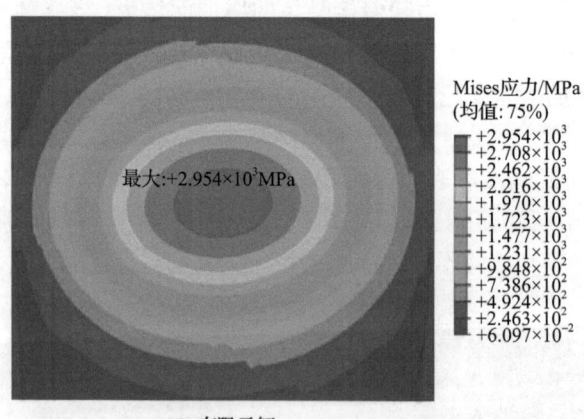

(a) 有限元解

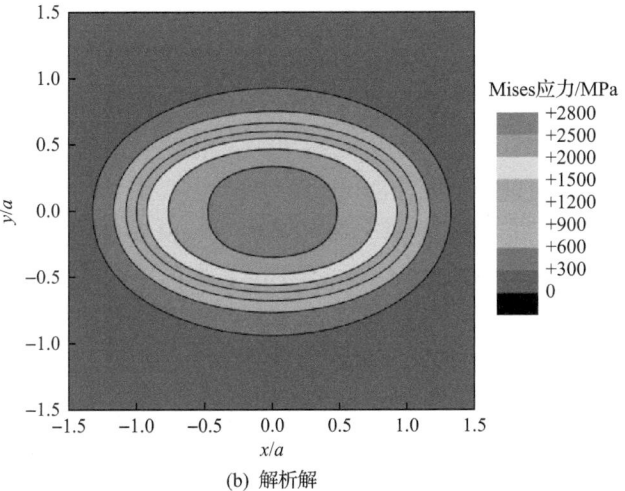

(b) 解析解

图 10.31 表层下 Mises 应力分布($z=0.25a$)

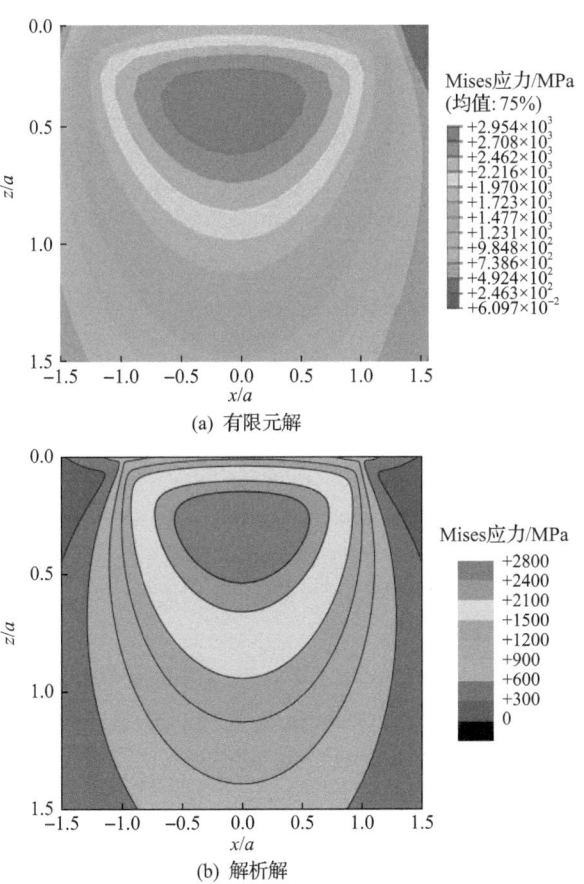

(b) 解析解

图 10.32 Mises 应力分布对比图($y=0$)

参 考 文 献

[1] 张英会, 刘辉航, 王德成. 弹簧手册[M]. 2版. 北京: 机械工业出版社, 2008.

[2] 殷仁龙. 机械弹簧设计理论及其应用[M]. 北京: 兵器工业出版社, 1993.

[3] Carlson H. Spring Manufacturing Handbook[M]. New York: M. Dekker, 1982.

[4] Carlson H. Spring Designer's Handbook[M]. New York: M. Dekker, 1978.

[5] 罗辉. 机械弹簧制造技术[M]. 北京: 机械工业出版社, 1987.

[6] 成大先. 机械设计手册[M]. 北京: 化学工业出版社, 2004.

[7] Clark H H. Spring Design and Application[M]. New York: McGraw-Hill, 1961.

[8] 黄之初, 王军, 李子成. 变激励振动磨粉磨机理分析及实验研究[J]. 武汉工业大学学报, 1994, 16(4): 95-99.

[9] 于道文. 多股螺旋弹簧的动应力及其有效寿命[J]. 南京理工大学学报, 1994, 18(3): 24-29.

[10] 邓非. 城市"禁摩"的公共政策分析[D]. 武汉: 中南民族大学, 2013.

[11] 宋方臻, 宋波, 孙淑娟. 非线性弹簧支承转子系统的动力性能分析[J]. 机械科学与技术, 1999, 18(4): 587-591.

[12] 宋方臻, 宋波, 马玉真. 含立方非线性非对称钢缆弹簧支承转子系统的动力特性研究[J]. 振动与冲击, 2000, 19(4): 22-24.

[13] 田正东, 姚熊亮, 沈志华, 等. 基于MR的船用减振抗冲隔离器力学特性研究[J]. 哈尔滨工程大学学报, 2008, 29(8): 783-788.

[14] Costello G A, Phillips J W. Contact stresses in thin twisted rods[J]. Journal of Applied Mechanics, 1973, 40(2): 629-630.

[15] Costello G A, Phillips J W. Static response of stranded wire helical springs[J]. International Journal of Mechanical Sciences, 1979, 21(3): 171-178.

[16] Sathikh S, Moorthy M K, Krishnan M. A symmetric linear elastic model for helical wire strands under axisymmetric loads[J]. The Journal of Strain Analysis for Engineering Design, 2007, 31(5): 389-399.

[17] 王时龙, 雷松, 周杰, 等. 两端并圈多股弹簧的冲击响应研究[J]. 振动与冲击, 2011, 30(3): 64-68.

[18] Wang S L, Peng Y X, Zhou J, et al. Structural design and simulation analysis of machine tool for stranded wires helical springs[C]. Proceedings of the 9th International Conference on Frontiers of Design and Manufacturing, Changsha, 2010: 1-7.

[19] 彭玉鑫. 多股簧数控加工机床结构分析与改进[D]. 重庆: 重庆大学, 2010.

[20] 钱学毅. 多股螺旋弹簧优化设计[J]. 机械研究与应用, 2005, 18(4): 80-81.

[21] Yang W H, Wang S L, Zhao Y, et al. Deformation-based accurate geometric model of stranded

wire helical spring[J]. International Journal of Mechanics and Materials in Design, 2020, 16(3): 589-617.

[22] Wang S L, Lei S, Zhou J, et al. Mathematical model for determination of strand twist angle and diameter in stranded-wire helical springs[J]. Journal of Mechanical Science and Technology, 2010, 24(6): 1203-1210.

[23] Wang S L, Zhao Y, Zhou J, et al. Static response of stranded wire helical springs to axial loads: A two-state model[J]. Proceedings of the Institution of Mechanical Engineers—Part C: Journal of Mechanical Engineering Science, 2013, 227(7): 1608-1618.

[24] 闵建军, 王时龙. 多股螺旋弹簧动态计算分析[J]. 机械工程学报, 2007, 43(3): 199-203.

[25] 闵建军, 王时龙. 多股螺旋弹簧的动态设计方法[J]. 中国机械工程, 2007, 18(8): 895-899.

[26] Bouc R. Forced vibration of mechanical systems with hysteresis[C]. The 4th Conference on Nonlinear Oscillations, Prague, 1967: 315.

[27] Wen Y K. Method for random vibration of hysteretic systems[J]. Journal of the Engineering Mechanics Division, 1976, 102(2): 249-263.

[28] 丁传俊. 小口径火炮关键零件及自动机性能退化建模方法研究[D]. 南京: 南京理工大学, 2018.

[29] Ikhouane F, Rodellar J. On the hysteretic Bouc-Wen model—Part I: Forced limit cycle characterization[J]. Nonlinear Dynamics, 2005, 42(1): 63-78.

[30] 陈树辉. 强非线性振动系统的定量分析方法[M]. 北京: 科学出版社, 2007.

[31] Lau S L, Cheung Y K. Amplitude incremental variational principle for nonlinear vibration of elastic systems[J]. Journal of Applied Mechanics, 1981, 48(4): 959-964.

[32] Ling F H, Wu X X. Fast Galerkin method and its application to determine periodic solutions of non-linear oscillators[J]. International Journal of Non-Linear Mechanics, 1987, 22(2): 89-98.

[33] 金肖玲, 王永, 黄志龙. 多自由度非线性随机系统的响应与稳定性[J]. 力学进展, 2013, 43(1): 56-62.

[34] Ni Y Q, Ko J M, Ying Z G. Random seismic response analysis of adjacent buildings coupled with non-linear hysteretic dampers[J]. Journal of Sound and Vibration, 2001, 246(3): 403-417.

[35] Giaralis A, Spanos P D. Derivation of equivalent linear properties of Bouc-Wen hysteretic systems for seismic response spectrum analysis via statistical linearization[C]. Hstam International Congress on Mechanics, Chania, 2013: 56340516.

[36] 萧红. 多股螺旋弹簧绕制成形的若干关键问题研究[D]. 重庆: 重庆大学, 2010.

[37] 张安锐. 基于成形仿真的多股螺旋弹簧加工参数优化研究[D]. 重庆: 重庆大学, 2018.

[38] 翟瑞雪. 型材平面拉弯的弹复解析理论及其验证[D]. 秦皇岛: 燕山大学, 2013.

[39] Elsharkawy A A, El-Domiaty A A. Determination of stretch-bendability limits and springback for T-section beams[J]. Journal of Materials Processing Technology, 2001, 110(3): 265-276.

[40] 官英平, 张庆, 赵军. 中性层内移对弯曲回弹的影响[J]. 锻压技术, 2007, 32(2): 26-28.

[41] 钱志平, 吕玫, 高才良. 中导轨拉弯成形截面畸变控制及模具设计[J]. 锻压技术, 2001, 26(3): 47-48.

[42] Miller J E, Kyriakides S, Bastard A H. On bend-stretch forming of aluminum extruded tubes - I: Experiments[J]. International Journal of Mechanical Sciences, 2001, 43(5): 1283-1317.

[43] 丁学会. 随动强化特性对型材拉弯回弹的影响[D]. 秦皇岛: 燕山大学, 2019.

[44] 曾渝, 王颖婧, 张晓蕾, 等. 6016铝板性能解析及挽救工艺研究[J]. 汽车工艺与材料, 2018, (8): 1-5.

[45] Yu T X, Johnson W. Influence of axial force on the elastic-plastic bending and springback of a beam[J]. Journal of Mechanical Working Technology, 1982, 6(1): 5-21.

[46] 刘天骄. 挤压型材拉弯回弹预测与补偿方法研究[D]. 西安: 西北工业大学, 2016.

[47] Alhammadi A, Rafique H, Alkaabi M, et al. Experimental investigation of springback in air bending process[J]. IOP Conference Series: Materials Science and Engineering, 2018, 323: 12-21.

[48] 殷仁龙. 弹塑性弯曲理论与冷绕螺旋弹簧的回弹[J]. 南京理工大学学报(自然科学版), 1992, (5): 73-76.

[49] 王文骞. 弹簧数控卷绕成形及回弹数值分析[D]. 洛阳: 河南科技大学, 2015.

[50] 冯鹏志. 我国近三年弹簧产品进出口统计及简析[J]. 弹簧工程, 2003, (1): 44.

[51] 周杰, 彭玉鑫, 王时龙, 等. 多股螺旋弹簧数控机床结构设计及控制系统改进[J]. 组合机床与自动化加工技术, 2009, 50(10): 71-74, 78.

[52] 王时龙, 周杰, 康玲. 多股螺旋弹簧绕制过程中的动态张力[J]. 机械工程学报, 2008, 44(6): 36-42.

[53] 王时龙, 田志锋, 彭玉鑫, 等. 多股簧数控机床设计及其张力控制系统的研究[J]. 制造技术与机床, 2010, (9): 62-65.

[54] 周杰. 多股簧精密数控加工机床控制软件的研发[D]. 重庆: 重庆大学, 2007.

[55] Peng Y X, Wang S L, Zhou J, et al. Structural design, numerical simulation and control system of a machine tool for stranded wire helical springs[J]. Journal of Manufacturing Systems, 2012, 31(1): 34-41.

[56] 黄河, 王时龙, 王甫茂. 基于PC的多股簧数控绕簧系统的研究[J]. 机床与液压, 2010, 38(18): 81-84.

[57] Costello G A, Phillips J W. A more exact theory for twisted wire cables[J]. Journal of the Engineering Mechanics Division, 1974, 100(5): 1096-1099.

[58] Phillips J W, Costello G A. General axial response of stranded wire helical springs[J]. International Journal of Non-Linear Mechanics, 1979, 14(4): 247-257.

[59] 于道文. 多股螺旋弹簧的工作特性和寿命分析[J]. 弹簧工程, 1997, (3): 11-16.

[60] 萧红, 王时龙, 周杰, 等. 多股簧的设计计算及有限元仿真分析[J]. 重庆大学学报, 2011, 34(7): 20-27.

[61] 张晓峰, 雷松. 基于 ANSYS 的多股螺旋弹簧有限元分析[J]. 现代机械, 2011, (2): 51-53.

[62] 刘森林, 魏志芳, 刘伟, 等. 基于动态特性分析的复进簧寿命预测[J]. 火炮发射与控制学报, 2019, 40(1): 1-6.

[63] Darban H, Nosrati M, Djavanroodi F. Multiaxial fatigue analysis of stranded-wire helical springs[J]. International Journal of Damage Mechanics, 2015, 24(7): 1013-1025.

[64] 满海鸥, 龙书林, 刘涛. 某型发射器复进簧失效原因分析及其对策[J]. 兵器材料科学与工程, 2012, 35(2): 88-90.

[65] Del L L, Rubio G C, Mesmacque G, et al. Multiaxial fatigue and failure analysis of helical compression springs[J]. Engineering Failure Analysis, 2006, 13(8): 1303-1313.

[66] 张德坤, 葛世荣. 带有微动磨损缺口钢丝的疲劳特性[J]. 机械工程学报, 2006, 42(1): 173-177.

[67] Zhu M H, Zhou Z R. Composite fretting wear of aluminum alloy[J]. Key Engineering Materials, 2007, 353-358: 868-873.

[68] Cai Z B, Zhu M H, Zhou Z R. An experimental study torsional fretting behaviors of LZ50 steel[J]. Tribology International, 2010, 43(1-2): 361-369.

[69] Wang S L, Li X Y, Lei S, et al. Research on torsional fretting wear behaviors and damage mechanisms of stranded-wire helical spring[J]. Journal of Mechanical Science and Technology, 2011, 25(8): 2137-2147.

[70] 王时龙, 萧红, 周杰, 等. 多股螺旋弹簧的微分几何研究[J]. 中国机械工程, 2009, 20(17): 2089-2093, 2099.

[71] Zhu H B, Zhao Y T, He Z F, et al. An elastic-plastic contact model for line contact structures[J]. Science China Physics, Mechanics & Astronomy, 2018, 61(5): 54611.

[72] 赵昱. 多股螺旋弹簧响应特性的理论研究与实践[D]. 重庆: 重庆大学, 2015.

[73] Zhou J, Wang S L, Kang L, et al. Design and modeling on stranded wires helical springs[J]. Chinese Journal of Mechanical Engineering, 2011, 24(4): 626-637.

[74] Wang X Y, Meng X B, Wang J X, et al. Mathematical modeling and geometric analysis for wire rope strands[J]. Applied Mathematical Modelling, 2015, 39(3-4): 1019-1032.

[75] Love A E H. A Treatise on the Mathematical Theory of Elasticity[M]. New York: Courier Dover Publications, 1944.

[76] Costello G A. Theory of Wire Rope[M]. 2nd ed. New York: Springer, 1997.

[77] Usabiaga H, Pagalday J M. Analytical procedure for modelling recursively and wire by wire stranded ropes subjected to traction and torsion loads[J]. International Journal of Solids and Structures, 2008, 45(21): 5503-5520.

[78] Fuller F B. Decomposition of the linking number of a closed ribbon: A problem from molecular biology[J]. Proceedings of the National Academy of Sciences, 1978, 75(8): 3557-3561.

[79] Ramsey H. A theory of thin rods with application to helical constituent wires in cables[J]. International Journal of Mechanical Sciences, 1988, 30(8): 559-570.

[80] Yu C L, Jiang W G, Liu C, et al. A beam finite element model for efficient analysis of wire strands[J]. International Journal of Performability Engineering, 2017, 13(3): 315-322.

[81] Johnson K L. Contact Mechanics[M]. Cambridge: Cambridge University Press, 1985.

[82] Zhu H B, He Z F, Zhao Y T, et al. Experimental verification of yield strength of polymeric line contact structures[J]. Polymer Testing, 2017, 63: 118-125.

[83] Li X Y, Wang S L, Wang Z J, et al. Location of the first yield point and wear mechanism in torsional fretting[J]. Tribology International, 2013, 66: 265-273.

[84] Jiang W G. A concise finite element model for pure bending analysis of simple wire strand[J]. International Journal of Mechanical Sciences, 2012, 54(1): 69-73.

[85] Chen Y P, Meng F M, Gong X S. Parametric modeling and comparative finite element analysis of spiral triangular strand and simple straight strand[J]. Advances in Engineering Software, 2015, 90: 63-75.

[86] Stanova E, Fedorko G, Kmet S, et al. Finite element analysis of spiral strands with different shapes subjected to axial loads[J]. Advances in Engineering Software, 2015, 83: 45-58.

[87] 常向东. 钢丝绳摩擦磨损特性及其剩余强度研究[D]. 徐州: 中国矿业大学, 2019.

[88] Chang X D, Peng Y X, Zhu Z C, et al. Breaking failure analysis and finite element simulation of wear-out winding hoist wire rope[J]. Engineering Failure Analysis, 2019, 95: 1-17.

[89] Dimitrov A, Gu R Q, Golparvar-Fard M. Non-uniform B-spline surface fitting from unordered 3D point clouds for as-built modeling[J]. Computer-Aided Civil and Infrastructure Engineering, 2016, 31(7): 483-498.

[90] 杨文翰. 多股螺旋弹簧几何模型优化及力学特性研究[D]. 重庆: 重庆大学, 2021.

[91] Costello G A, Butson G J. Simplified bending theory for wire rope[J]. Journal of the Engineering Mechanics Division, 1982, 108(2): 219-227.

[92] Costello G A. Large deflections of helical spring due to bending[J]. Journal of the Engineering Mechanics Division, 1977, 103(3): 481-487.

[93] McConnell K G, Zemke W P. The measurement of flexural stiffness of multistranded electrical conductors while under tension[J]. Experimental Mechanics, 1980, 20(6): 198-204.

[94] 王茂林. 具有多中心股的多股螺旋压缩弹簧的分析计算[J]. 兵工学报, 1995, 16(1): 60-65.

[95] Furukawa T, Ito M, Izawa K, et al. System identification of base-isolated building using seismic response data[J]. Journal of Engineering Mechanics, 2005, 131(3): 268-275.

[96] 党选举, 梁卫, 姜辉. Preisach 模型框架下的高频响音圈电机神经网络迟滞建模[J]. 微电机,

2012, 45(9): 22-28.

[97] Padthe A K, Drincic B, Oh J, et al. Duhem modeling of friction-induced hysteresis[J]. IEEE Control Systems, Magazine, 2008, 28(5): 90-107.

[98] Ni Y Q, Ko J M, Wong C W. Identification of non-linear hysteretic isolators from periodic vibration tests[J]. Journal of Sound and Vibration, 1998, 217(4): 737-756.

[99] Kaul S. Multi-degree-of-freedom modeling of mechanical snubbing systems[J]. Journal of Vibroengineering, 2011, 13(2): 195-212.

[100] Ikhouane F, Gomis-Bellmunt O. A limit cycle approach for the parametric identification of hysteretic systems[J]. Systems and Control Letters, 2008, 57(8): 663-669.

[101] 闻邦椿, 李以农, 徐培民, 等. 工程非线性振动[M]. 北京: 科学出版社, 2007.

[102] 毕继红, 王晖. 工程弹塑性力学[M]. 天津: 天津大学出版社, 2003.

[103] 丁大钧, 单炳梓, 马军. 工程塑性力学[M]. 南京: 东南大学出版社, 2007.

[104] 王勖成. 有限单元法[M]. 北京: 清华大学出版社, 2003.

[105] 赵腾伦. ABAQUS 6.6 在机械工程中的应用[M]. 北京: 中国水利水电出版社, 2007.

[106] 庄茁, 由小川, 廖剑晖, 等. 基于 ABAQUS 的有限元分析和应用[M]. 北京: 清华大学出版社, 2009.

[107] 马军, 葛世荣, 张德坤. 钢丝绳股内钢丝的载荷分布[J]. 机械工程学报, 2009, 45(4): 259-264.

[108] 王桂兰, 张海鸥. 钢丝绳成形过程共转坐标系弹塑性有限元分析[J]. 华中科技大学学报, 2001, 29(8): 65-67.

[109] 王时龙, 任伟军, 周杰, 等. 多股螺旋弹簧的空间曲线模型研究[J]. 中国机械工程, 2007, 18(11): 1269-1272.

[110] 王时龙, 周杰, 康玲, 等. 多股簧数控加工机床: CN101633027[P]. 2010-01-27.

[111] 闵建军, 王时龙, 周杰. 新型多股簧钢丝动态张力控制系统研究[J]. 液压与气动, 2007, 31(9): 26-29.

[112] 王时龙, 雷松, 周杰, 等. 冷绕成形螺旋弹簧回弹理论及数值模拟[J]. 中南大学学报(自然科学版), 2011, 42(2): 373-378.

[113] 杨建锁, 王时龙, 周杰, 等. 多股螺旋弹簧加工机床数控系统的研究[J]. 组合机床与自动化加工技术, 2007, 48(6): 46-48, 52.

[114] 周杰, 邹政, 王时龙, 等. 基于多股簧数控加工机床的多通道张力动态监控系统的研发[J]. 组合机床与自动化加工技术, 2009, 50(12): 54-57.

[115] 李硕本. 冲压工艺理论与新技术[M]. 北京: 机械工业出版社, 2002.

[116] 张其. 多股簧数控加工机床张力控制系统的设计与研究[D]. 重庆: 重庆大学, 2017.

[117] 刘青. 多股簧全自动数控加工机床控制系统的研制[D]. 重庆: 重庆大学, 2016.

[118] 雷松. 多股簧冲击特性与损伤机理研究[D]. 重庆: 重庆大学, 2010.

[119] 郝兵, 李守仁. 冲击载荷下弹簧质量系统瞬态响应的近似求法[J]. 哈尔滨工程大学学报, 2003, 24(4): 427-430.

[120] 郝兵, 李帅. 冲击载荷下螺旋弹簧质量系统的稳态响应[J]. 机械设计与研究, 2003, 19(4): 46-48, 8.

[121] 吴善跃, 黄映云, 朱石坚. 空气弹簧冲击载荷特性的试验研究[J]. 振动与冲击, 2006, 25(2): 113-116, 189.

[122] 刘卫东, 姚辉, 吴文伶. 冲击载荷下圆柱螺旋弹簧强度可靠性研究[J]. 南昌大学学报(工科版), 2001, 23(3): 49-52.

[123] 符朝兴, 刘大维, 师忠秀. 单片钢板弹簧受短波冲击的瞬态响应研究[J]. 机械设计与制造, 2006, 9: 61-63.

[124] 于道文. 复进簧簧圈振动和动态应力[J]. 兵工学报, 1980, 1(1): 1-12.

[125] Phillips J W, Costello G A. Large deflections of impacted helical springs[J]. The Journal of the Acoustics Society of American, 1972, 51(3B): 967-973.

[126] Clark H H. Stranded wire helical springs for machine guns[J]. Product Engineering, 1946, 17(7): 154-158.

[127] 王时龙, 周杰, 李小勇, 等. 多股螺旋弹簧应用及研究现状[J]. 汽车工程学报, 2011, 1(6): 499-504.

[128] 刘志鹏. 多股螺旋弹簧疲劳寿命预测及失效研究[D]. 重庆: 重庆大学, 2020.

[129] 张瑞, 易力力, 刘志鹏. 多股螺旋弹簧疲劳寿命影响因素[J]. 兵工学报, 2022, 43(2): 458-466.

[130] 王大刚. 钢丝的微动损伤行为及其微动疲劳寿命预测研究[D]. 徐州: 中国矿业大学, 2012.

[131] Wang D G, Zhang D K, Wang S Q, et al. Finite element analysis of hoisting rope and fretting wear evolution and fatigue life estimation of steel wires[J]. Engineering Failure Analysis, 2013, 27: 173-193.

[132] Cormier N G, Smallwood B S, Sinclair G B, et al. Aggressive submodelling of stress concentrations[J]. International Journal for Numerical Methods in Engineering, 1999, 46(6): 889-909.

[133] Kim H S, Mall S. Investigation into three-dimensional effects of finite contact width on fretting fatigue[J]. Finite Elements in Analysis and Design, 2005, 41(11-12): 1140-1159.

[134] Muralidharan U, Manson S S. A modified universal slopes equation for estimation of fatigue characteristics of metals[J]. Journal of Engineering Materials and Technology, 1988, 110(1): 55-58.

[135] 张德坤, 葛世荣, 朱真才. 提升钢丝绳的钢丝微动摩擦磨损特性研究[J]. 中国矿业大学学报, 2002, 31(5): 367-370.

[136] 张德坤, 葛世荣. 钢丝的微动磨损及其对疲劳断裂行为的影响研究[J]. 摩擦学学报, 2004, 24(4): 355-359.

[137] 张德坤, 葛世荣. 钢丝微动磨损的评定参数及理论模型研究[J]. 摩擦学学报, 2005, 25(1): 50-54.

[138] Lubkin J L. The torsion of elastic spheres in contact[J]. Journal of Applied Mechanics, 1951, 18(2): 183-187.

[139] Deresiewicz H. Contact of elastic spheres under an oscillating torsional couple[J]. Journal of Applied Mechanics, 1954, 21(1): 52-56.

[140] Deresiewicz H. Oblique contact of nonspherical elastic bodies[J]. Journal of Applied Mechanics, 1957, 24(4): 623-624.